高等教育应用型人才培养规划教材

计算机文化基础

《计算机文化基础》编委会　编

西南交通大学出版社
·成　都·

图书在版编目（CIP）数据

计算机文化基础/《计算机文化基础》编委会编.
一成都：西南交通大学出版社，2016.8（2018.11 重印）
高等教育应用型人才培养规划教材
ISBN 978-7-5643-5008-6

Ⅰ. ①计… Ⅱ. ①计… Ⅲ. ①电子计算机 – 高等学校
– 教材 Ⅳ. ①TP3

中国版本图书馆 CIP 数据核字（2016）第 210073 号

高等教育应用型人才培养规划教材

计算机文化基础
《计算机文化基础》编委会　编

责 任 编 辑	张　波
封 面 设 计	墨创文化
出 版 发 行	西南交通大学出版社 （四川省成都市二环路北一段 111 号 西南交通大学创新大厦 21 楼）
发 行 部 电 话	028-87600564　028-87600533
邮 政 编 码	610031
网　　　址	http://www.xnjdcbs.com
印　　　刷	成都中永印务有限责任公司
成 品 尺 寸	185 mm × 260 mm
印　　　张	18.25
字　　　数	456 千
版　　　次	2016 年 8 月第 1 版
印　　　次	2018 年 11 月第 2 次
书　　　号	ISBN 978-7-5643-5008-6
定　　　价	39.50 元

课件咨询电话：028-87600533

《计算机文化基础》编委会

前　言

"计算机文化基础"是高校网络教育公共基础课程之一。本书编者根据多年的教学与实践经验，结合计算机技术最新动态，并参考系列教材中的"计算机应用基础"而编写了本书。希望读者通过对本书的阅读能够掌握使用计算机的基本技能，并学会运用科学的思维方法和计算机技术来解决具体问题。本书主要作为网络教育专科层次"计算机文化基础"课程的专用教材，也可以作为高校计算机相关基础类课程的参考教材。

本书主要面向网络教育的学生，根据网络教育的学习特点与教学要求，在编写过程中尽量多地使用案例引导学生进行学习，将理论教学融合在案例讲解过程当中，这种形象直观的教学方式尤其适合从业人员进行学习；同时，本书内容不拘泥于已有同类教材的内容，注重与当前流行技术的结合，让学生在掌握课程内容的同时，也能够了解到当前最流行的概念、技术与工具。

本书所有的讲解与操作示例都以 Windows 7 和 Office 2010 为软件环境，遵循深入浅出、循序渐进的教学规律，分为计算机基础知识、Windows 操作系统及其应用、Word 文字编辑、Excel 电子表格、PowerPoint 电子演示文稿、计算机网络及应用、常用软件的使用，共 7 章内容。每章的内容都分为课程讲授和例题解析两个部分，在课程讲授的基础上，结合例题进行了详细的分析与讲解，进一步加深了对知识点的理解。

为了便于学生学习，本书在文字讲授的基础上，还对重要知识点，特别是需要演示的知识点提供了微信视频资源，通过微信扫描封面二维码让读者能够快速查看到知识点讲解与演示的在线视频。视频由编委会老师根据教学需要精心设计并进行录制，通过视频的观看让读者能够更直观和快速地领会知识点的内容，这也是本书区别于其他同类教材的特色之处。

本书由西南交通大学远程与继续教育学院教材编审委员会组织编写，全书由李有梅、罗霄、贺强审稿，其中第一、二章由罗桓编写，第三章由李敏编写，第四章由刘俊编写，第五章由邱波编写，第六章由刘永中编写，第七章由邱韧编写。参与审稿与编写工作的老师都是长期在网络教育领域从事计算机技术教学、研究与开发的专业教师，具有很强的计算机理论与实践经验；同时，对网络教育学生的学习特点与习惯都十分熟悉，所编写的内容具有很强的针对性与适用性。全书的编写与审稿工作凝聚了全体编委老师的辛勤劳动与付出，同时也得到了相关专家的大力支持，在此对书稿编写过程当中给予指导与支持的所有专家表示诚挚的感谢。

计算机技术是一门发展非常迅速的学科，相关的理论与技术具有极强的时效性，同时，由于编写人员水平有限，错误与疏漏在所难免，欢迎各位专家与读者在阅读过程中不吝批评与指正，在此先行致谢。

西南交通大学远程与继续教育学院教材编审委员会
2016 年 8 月

目　录

计算机基础知识与信息技术

计算机经过 20 世纪末期的高速发展，由面向高精尖的科技科研技术，普及成为了如今人们工作生活必不可少的产品。计算机技术的各分支方向，现已广泛地进入了科研创新、日常工作、生活娱乐等各个领域，作为一种工具，人们掌握计算机尤其是微型计算机的一些原理和使用方法，就像学会写字、开车一样重要。本章我们就一起来学习计算机最基本的一些基础知识：到底什么是计算机，计算机如何工作，它是怎么提高我们的工作效率，怎么使我们工作更加有创造力？希望通过对本章的学习，同学们对计算机不再感觉那么神秘，也为后面学习计算机的使用，或者以后更加深入地学习计算机原理、计算机程序设计等奠定良好的基础。

1.1 计算机的基本概念

1.1.1 计算机概述

1.1.1.1 什么是计算机

计算机（Computer）是一种由电子器件构成的、具有计算能力和逻辑判断能力、具有自动控制和记忆功能的信息处理设备。从广义上讲，只要能够进行计算或者辅助计算的机器，都可以叫做计算机，例如没有电子器件的、全靠机械零件造出的机械计算机。这种设备已经完全被电子计算机所取代，我们就不讨论它了，本书中所指的计算机，都是由电子器件构成的"电子计算机"。

计算机是一种自动化的电子设备，它按照人们事先编写的程序对输入的原始数据进行加工处理，以获得预期的输出信息，并利用这些信息来提高社会生产率、改善人们的生活质量等。

计算机之所以不同于其他的计算装置，主要是因为它具有以下 3 个突出特征。

1. 基本器件由电子器件构成

现代电子计算机基于数字电路的工作原理。从理论上讲，计算机处理数据的速度只受到电信号传播速度的限制，因此，计算机可以达到很高的运行速度。

2. 具有内部存储信息的能力，都以二进制表示

数字电路中只有"0"和"1"两种脉冲信号，为了方便硬件设计，计算机内部的信息以二进制表示。由于具有内部存储能力，因此不必每次都从外部获取数据，这样就可以使处理数据的时间减少到最短，并使程序控制成为可能。这是计算机与其他类型计算装置的一个重要区别。

3. 运算过程由程序自动控制

计算机具有内部存储能力，可以从内部存储单元中依次取出指令和数据，来控制计算机的操作，这种工作方式叫做存储程序控制。它是电子计算机最重要的一个特征。

1.1.1.2 计算机的工作方式

首先向计算机系统输入一些内容。输入可以通过人、环境或其他计算机来完成。计算机可以处理的输入信息有文档中的文字或符号、计算用的数字、完成处理功能的指令以及图片、音频信号等数据。然后，计算机先存储这些数据，随后对这些数据进行处理，包括执行计算、分析字符和数字、根据用户指令修改文档和图片以及绘图等。处理完成的数据，先由计算机保存起来。最后，计算机产生输出，包括输出报告、文档、音乐、图形和图片等信息，以便给用户查看。

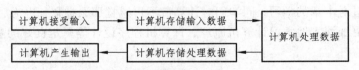

图 1.1　计算机的工作方式简图

至于以上工作过程中的输入、存储、处理、再存储、输出的详细过程，我们会在后面讲解。

1.1.2 计算机的发展简史

1.1.2.1 早期的算盘和计算尺

从计算机的英文单词"Computer"上来看，是指从事数据计算的人。因此，早期它的起源，也是来源于数据计算。中国发明的算盘和欧洲人发明的计算尺，如图1.2所示，直至今天，仍然使用广泛。

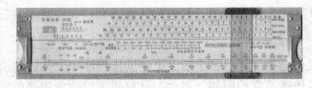

（a）算盘　　　　　　　　　　　　（b）计算尺

图 1.2　算盘和计算尺

　　古老的算盘，在计算机已被普遍使用的今天，不仅没有被废弃，反而因它的灵便、准确、快读等优点，在许多国家方兴未艾。因此，人们往往把算盘的发明与中国古代四大发明相提并论，即使现代最先进的电子计算器也不能完全取代算盘的作用。

　　而计算尺通常由 3 个互相锁定的有刻度的长条和一个滑动窗口（称为游标）组成。在上世纪 70 年代之前使用广泛，之后被电子计算器所取代，成为过时技术。

1.1.2.2　机械或者机电式计算机

　　计算机科学中的术语"算法"本意是指用阿拉伯数字进行的计算，近代人们对计算量的需求越来越大，因而出现了机械式计算机（图 1.3）。17 世纪，帕斯卡、笛卡儿、莱布尼茨都梦想着可以对所有的数学问题进行编码，而且可以机械地生成求解方法的通用语言。

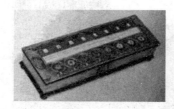

图 1.3　帕斯卡制造的加法机和莱布尼茨制造的乘法机

　　1822 年，为了解决当时人工计算数学用表所产生的误差，巴贝奇设计了差分机（图 1.4）。1834 年，巴贝奇又成功设计了一台分析机。但都由于当时技术条件的限制而仅仅停留在设计阶段，没有具体实现。

图 1.4　英国数学家巴贝奇和他设计的差分机模型

　　1936 年，美国数学家艾肯提出用机电的方法来实现差分机的设想，在 IBM 公司的赞助下，1944 年由艾肯设计、IBM 公司制造的庞然大物 Mark-Ⅰ计算机（图 1.5）在哈佛大学投入运行，使巴贝奇的梦想变成了现实。

图 1.5　IBM 公司的 Mark-Ⅰ机电计算机

1.1.2.3　第一台电子计算机的诞生

美国军方在第二次世界大战结束后，开始大力发展新式武器，但弹道问题的研究要经过许多复杂的计算，而以前的计算工具已经远远不能满足这种需求，急需一种能够自动、快速进行计算的机器。这种背景下，1946 年宾夕法尼亚大学，两位年轻的物理学家莫奇利（J. W. Mauchly）和埃克特（J. P. Eckert）主持研制了世界上第一台电子计算机 ENIAC（图 1.6），名字来源于"电子数值积分和计算机"。

ENIAC 用了 18 000 多个电子管、1 500 多个继电器，耗电 150 kW，占地 170 m^2，总重量为 30 t，每秒可做 5 000 次加法运算。它的诞生，开辟了计算机科学的新纪元。

图 1.6　第 1 台电子计算机 ENIAC

但是，ENIAC 所谓的程序控制实际上是通过线路的不同连接方式来实现的。为了计算一个题目，往往需要花费数小时甚至数天的时间才能完成线路的连接，而计算过程本身却仅用几秒或几分钟的时间。随后，美籍匈牙利数学家冯·诺依曼在宾夕法尼亚大学针对 ENIAC 的不足，他提出了改进的设计方案 EDVAC（图 1.7）。在该方案中，冯·诺依曼做了以下两项重大改进：第一，机器的数制由原来的十进制改为二进制；第二，采用了存储程序方式控制计算机的操作过程。基于此，它奠定了现代计算机的基本体系构架，对计算机的发展产生了深远影响。冯·诺依曼被称为现代计算机之父，这种构架的计算机被称为"冯·诺依曼计算机"。具体的体系结构，我们会在 1.2 节中学习。

图 1.7　冯·诺依曼和他的 EDVAC 计算机

1.1.2.4　现代计算机发展的四个阶段

从第一台电子计算机 ENIAC 开始，现代计算机的发展经历了半个多世纪，由于构成计算机基本部件的电子器件发生了几次重大的技术革命，使计算机得到迅猛发展，也给计算机发展中阶段的划分提供了世人公认的依据。

1. 第一代计算机（1946—1957 年）

从硬件方面来看，第一代计算机大都采用了电子管作为计算机的基本逻辑部件，普遍体积庞大、笨重、耗电多、性能低、成本高；从软件方面来看，主要使用机器语言来进行程序设计（上世纪 50 年代中期开始使用汇编语言）。这一代计算机主要用于军事目的和科学研究，其中具有代表意义的机器有 ENIAC、EDVAC、EDSAC、UNIVAC 等。

主要标志：

（1）确立了模拟量可变换成数字量进行计算，开创了数字化技术的新时代；

（2）形成了电子计算机的基本结构，即冯·诺依曼结构；

（3）确定了程序设计的基本方法，采用机器语言和汇编语言编程；

（4）首次采用阴极射线管（CRT）作为计算机的字符显示器。

2. 第二代计算机（1958—1964 年）

第二代计算机的电子元件采用了半导体晶体管，因此计算速度和可靠性都有了大幅度提高。人们在使用汇编语言的基础上，开始使用计算机高级语言（如 FORTRAN 语言、COBEL 语言等）。因此，计算机的应用范围开始扩大，由军事领域和科学研究扩展到数据处理和事务处理。在这一时期，具有代表意义的机器有 UNIVAC II 和 IBM 7000 系列计算机等。

主要标志：

（1）开创了计算机处理文字和图形的新阶段；

（2）系统软件出现了监控程序，提出了操作系统的概念；

（3）高级语言已投入使用；

（4）开始有了通用机和专用机之分；

（5）开始出现鼠标，并作为输入设备。

3. 第三代计算机（1965—1970 年）

第三代计算机的电子元件主要采用了中、小规模的集成电路，计算机的体积、重量进一步减小，运算速度和可靠性进一步提高。特别是在软件方面，操作系统的出现使计算机的功能越来越强。因此，计算机的应用又扩展到文字处理、企业管理、交通管理、情报检索、自动控制等领域。这一时期，具有代表意义的机器有 Honeywell 6000 系列和 IBM 360 系列等。

主要标志：

（1）运算速度已达每秒 100 万次以上；

（2）操作系统更加完善，出现了分时操作系统；

（3）出现结构化程序设计方法，为开发复杂软件提供了技术支持；

（4）序列机的推出，较好地解决了"硬件不断更新，而软件相对稳定"的矛盾；

（5）计算机可根据其性能分成巨型机、大型机、中型机和小型机。

4. 第四代计算机（1971 年至今）

第四代计算机是使用大规模集成电路和超大规模集成电路的计算机。软件方面，随着操作系统不断发展和完善，数据库系统进一步发展，软件业已发展成为现代新型行业。在这一代计算机中，由于使用了大规模集成电路和超大规模集成电路，使得数据通信、计算机网络有了极大发展，微型化的计算机也异军突起，遍及全球。计算机的应用开始普及，应用领域扩展到了社会的各个角落。实际上，人们常把这一时期出现的大中型计算机称为第四代计算机，具有代表意义的机种有 IBM 4300 系列、IBM 3080 系列以及 IBM 9000 系列等。

主要标志：

（1）操作系统不断完善，应用软件的开发成为现代工业的一部分；

（2）计算机应用和更新的速度更加迅猛，产品覆盖各类机型；

（3）计算机的发展进入了以计算机网络为特征的时代。

1.1.2.5　微型计算机的发展

微型计算机是第四代计算机的典型代表。它的字长从 4 位、8 位、16 位、32 位至 64 位迅猛增长，以其性能稳定、体积小巧玲珑、价格低廉，尤其是对环境没有特殊要求且易于批量生产为显著特点，在 20 世纪 80 年代进入全盛时期，迅速发展。

IBM-PC 微型计算机是目前使用最多的计算机，它的发展是以微处理器的更新为标志的。1971 年 Intel 公司使用大规模集成电路推出了微处理器 4004，宣布第四代计算机问世。随后微型计算机发展进入崭新的时期。

扩展学习：IBM 微型计算机的发展历程

　　1981 年 8 月，第一台字长为 8 位的微机 IBM-PC（Personal Computer）在 IBM 公司诞生，它采用 Intel 的 8088 芯片作为微处理器，内部总线为 16 位，外部总线为 8 位。1984 年，IBM 公司采用 Intel 微处理器 80286，推出了 IBM PC/AT（Advanced Type），Intel 80286 是完全 16 位的微处理器。内存达到 1 MB，并配有高密软磁盘和 20 MB 以上的硬盘。1986 年，兼容机厂家 Compaq 公司率先使用了 Intel 80386 微处理器，开辟了 386 微机的时代，Intel 80386 是一个 32 位的微处理器。1989 年，Intel 公司的 80486 芯片问世，接着出现了以它为 CPU 的 486 微型计算机。1993 年，Intel 公司推出了 64 位的 Pentium 芯片，将微机带入 Pentium 微机时代。而今，Intel 已经推出了第六代酷睿系列处理器，采用 14 nm 制作工艺，技术的更新速度令人咋舌。

微信视频资源 1-1——"现代计算机的发展简史"

1.1.3　计算机的特点

我们上面讲过了一些计算机的特点，现在归纳总结一下：

1. 自动控制能力

计算机是由程序控制其操作过程的机器。只要根据应用的需要，事先编制好程序输入计算机，计算机就能自动、连续地工作，完成预定的处理任务。存储这些程序，是计算机能自动控制处理的基础。

2．高速运算能力

现代计算机运算速度最高可达每秒几万亿次，即使是个人计算机，运算速度也可以达到每秒几千万到几亿次，远远高于人的计算速度。大量的科学计算过去需要几年、几十年，而现在利用计算机只需要几天或几小时甚至几分钟就可以完成。

3．很强的记忆能力

计算机拥有容量很大的存储装置，它不仅可以存储指挥计算机工作的程序，还可以存储所处理的原始数据信息、处理的中间结果与最后结果。这些资源可以包括文字、图像、声音等形式。

4．很高的计算精度

由于计算机采用二进制数字进行计算，因此可以用增加表示数字的设备和运用计算技巧等手段，即增加计算机字长，使数值计算的精度越来越高，可根据需要获得千分之一到百分之一，甚至更高的精度。例如，对圆周率的计算，数学家们经过长期艰苦的努力只算到了小数点后 500 位，而使用计算机很快就能够算到小数点后 200 万位。

5．逻辑判断能力

计算机可以进行逻辑运算，并根据运算结果选择相应的处理，也就是因果关系分析能力，这样就拥有了逻辑判断能力，这也是通过程序预先设定好的。这样，在人工智能等研究方面，计算机就可以发挥出巨大的作用。

6．通用性强

由于计算机的可编程性，它可以将任何复杂的信息处理任务分解成一系列的基本算术运算和逻辑运算，反映在计算机的指令操作中，按照不同的顺序组织成不同程序，存入存储器中。计算机在工作时自动调用，十分灵活方便，这样，一台计算机就能够适应多种工作的需要，能应用于各行各业，具有很强的通用性。

1.1.4　计算机的主要分类

计算机分类方式有很多，我们主要研究以下 3 种方式。

1.1.4.1　按照计算机处理数据的方式分类

（1）电子数字计算机。它以数字量（也称不连续量）作为运算对象进行运算，其特点是运算速度快，精确度高，具有"记忆"（存储）和逻辑判断能力。计算机的内部操作和运算是在程序控制下自动进行的。

（2）电子模拟计算机。电子模拟计算机是一种用连续变化的模拟量（如电压、长度、角度来模仿实际所需要计算的对象）作为运算量的计算机，现在已经很少使用。

（3）数模混合计算机。数模混合计算机兼有数字和模拟两种计算机的优点，既可以接收、处理和输出模拟量，也可以接收、处理和输出数字量。

1.1.4.2　按照计算机使用范围分类

（1）通用计算机。它是用来解决不同类型问题而设计的计算机。它既可以进行科学计算，又可用于数据处理和工业控制等，因此用途广泛结构复杂。

（2）专用计算机。它是为某种特殊目的而设计的计算机。如用于数控机床、银行存款的计算机。针对性强、效率高，但结构比通用计算机简单。

1.1.4.3　按照计算机的规模和处理能力分类

按照计算机的规模和处理能力可以把计算机分为巨型机、大中型机、小型机、工作站、微型机五大类。

1. 巨型计算机

巨型计算机（supercomputer）又称为超级计算机或超级电脑，它是一个相对的概念，在一定时期内速度最快、性能最高、体积最大、耗资最多的计算机系统。具有很强的计算和处理数据的能力，主要特点表现为高速度和大容量，配有多种外部和外围设备及丰富的高功能的软件系统。

"天河一号"为我国首台千万亿次超级计算机。它每秒 1 206 万亿次的峰值速度和每秒563.1 万亿次的 Linpack 实测性能，使这台名为"天河一号"（图 1.8）的计算机位居同期公布的中国超级计算机前 100 强之首，也使中国成为继美国之后世界上第二个能够自主研制千万亿次超级计算机的国家。

图 1.8　"天河一号"千万亿次超级计算机系统

巨型机结构复杂、价格昂贵，主要用于军事部门、天气预报、地质勘探、大型科学计算等领域。

 微信视频资源 1-2——我国首台世界超级计算机"天河一号"研制成功，排世界第 5

2. 大中型计算机

大中型计算机（mainframe）的性能介于巨型计算机和小型计算机之间。大中型计算机具有丰富的外部设备和功能强大的软件，一般用于要求高可靠性、高数据安全性和中心控制等场合，例如常用于计算机中心和计算机网络中。大中型计算机的运算速度在每秒几千万次到一亿次之间。

如图 1.9 所示，一台大中型计算机通常放在与衣柜一般大小的机柜中，然后再通过通信线路与外围设备相连接。

3. 小型计算机

小型机（midrange computer、minicomputer）是指采用 8～32 颗处理器，性能和价格介于PC 服务器和大型主机之间的一种高性能 64 位计算机。小型计算机应用范围非常广，可广泛应用于企业管理、银行、学校等单位。

图 1.9　与衣柜一般大小的大中型计算机主机系统　　图 1.10　IBM 小型计算机主机系统

4. 微型计算机

微型计算机以微处理器为核心，配以内存储器及输入输出（I/O）接口电路和相应的辅助电路而构成。它具有体积小、价格低、功能较全、可靠性高、操作方便等优点。因此，微机的发展非常迅速，现在已经进入社会的各个领域乃至家庭，极大地推动了计算机的应用和普及。在我国使用的微机主要是 IBM-PC 系列机及其兼容机。

如图 1.11 所示，微型计算机有多种形状和尺寸。随着微型计算机技术的发展，除了主流的桌上型微机外，一体机、笔记本电脑、掌上型 PAD 电脑和移动终端也越来越被更多的用户所使用。

图 1.11　微型计算机有多种形状和尺寸

5. 工作站

工作站与高档微机之间的界限并不是非常明确，通常可以把工作站看作一台高档微机。但是相对普通的微型计算机来说，工作站有其独特之处，它易于联网、拥有大容量存储设备、大屏幕显示器、具有强大的图形图像处理能力，尤其适用于计算机辅助设计及制造（CAD/CAM）。

综上所述，在理解计算机分类的时候，我们要知道，随着大规模、超大规模集成电路的发展，目前小型机、微型机、工作站乃至大中型机的性能指标界限已不再明显，现在某些高档微机的速度已经达到甚至超过了十年前一般大中型计算机的运行速度。

1.1.5　计算机的应用领域

现在，计算机的应用已广泛而深入地渗透到人类社会的各个领域。从科研、生产、国防、文化、教育、卫生直到家庭生活，都离不开计算机提供的服务。计算机大幅度地提高了生产效率，使社会生产力达到了前所未有的水平。据估计，现在计算机已有 5 000 多种用途，并且每年以 300～500 种速度增加，为了讨论上的方便，我们将其应用领域归纳成如下几类。

1.1.5.1　科学计算

科学计算也称数值计算，是计算机最早应用的领域。科学计算指用计算机来解决科学研究和工程技术中所出现的复杂的计算问题。在诸如数学、物理、化学、天文、地理等自然科学领域以及航天、汽车、造船、建筑等工程技术领域中，计算工作量是很大的，进行这些计算正是计算机的特长。利用计算机进行数值计算，可以节省大量时间、人力和物力。

例如：在 IBM 的华生研究中心，可以找到这部叫做 Blue Gene/W 或 BGW 的超级计算机，其峰值的运行速度可以达到 114 万亿次浮点计算。组成 Blue Gene/W 的是 20 台冰柜那样的架子组成，每一个架子里面包含 1 024 个节点，每一个节点拥有两个 700 MHz 的 Power 440 处理器和 512 MB 的内存。主要的动作就是科学计算。如图 1.12 所示。

图 1.12　BGW 超级计算机

1.1.5.2　信息处理

信息处理也称数据处理，是指人们利用计算机对各种信息进行收集、存储、整理、分类、统计、加工、利用以及传播的过程，目的是获取有用的信息作为决策的依据。信息处理是目前计算机应用最广泛的一个领域，有资料显示，如今世界上 80% 以上的计算机主要用于信息处理。现代社会是信息化社会，随着生产力的高度发展，导致信息量急剧膨胀。目前，信息已经和物质、能量一起被列为人类社会活动的三大支柱。因此，在人类所进行的各项社会活动中，不仅要考虑物质条件，而且要认真研究信息。

例如：计算机信息处理已广泛地应用于办公室自动化（OA）、企事业计算机辅助管理与决策、文字处理、文档管理、情报检索、激光照排、电影电视动画设计、会计电算化、图书管理、医疗诊断等各行各业。

1.1.5.3 自动控制

工业生产过程自动控制能有效地提高劳动生产率。过去工业控制主要采用模拟电路，其响应速度慢、精度低，现在已逐渐被计算机控制所代替。计算机控制系统把工业现场的模拟量、开关量以及脉冲量经放大电路和模/数（A/D）、数/模（D/A）转换电路传输给计算机，由计算机进行数据采集、显示以及控制现场。计算机控制系统除了应用于自动化生产外，还广泛应用于交通、邮电、卫星通信等。

例如，对大楼内的机电设备的运行进行自动检测、监视、优化控制、数据统计及管理和事故报警记录，如图 1.13 所示。

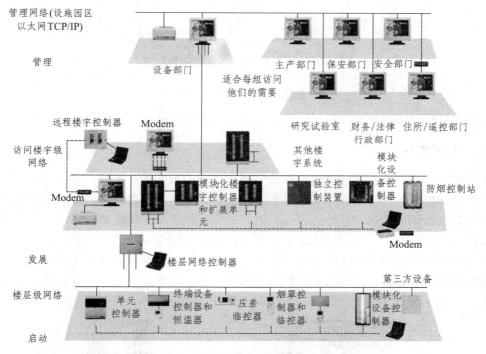

图 1.13　楼宇自动控制系统

1.1.5.4 计算机辅助工程

计算机可用于辅助设计、辅助制造、辅助教学、辅助测试等方面，统称为计算机辅助工程。

从上世纪 60 年代起，许多国家就开始了计算机辅助设计（Computer Aided Design，CAD）、计算机辅助制造（Computer Aided Manufacturing，CAM）、计算机辅助工程（Computer Aided Engineering，CAE）、计算机集成制造系统（Computer Integrated Manufacturing System，CIMS）的探索。应用计算机图形学，可以对产品结构、部件和零件等进行计算、分析、比较和制图，其方便之处是能够随时更改参数，反复迭代、优化直到满意为止。在此基础上，再进一步输出零部件表、材料表以及数控机床加工所需的操作指令程序，就可以把设计的产品加工出来，这就是计算机辅助制造的概念。

计算机辅助教学（Computer Aidded Instruction，CAI）是指利用计算机帮助学习的自动系统，它将教学内容、教学方法以及学习情况等存储在计算机中，使学生能够轻松自如地从中学到所需的知识。

计算机辅助测试（Computer Aidded Test，CAT）是指利用计算机进行大量复杂的测试工作。

图 1.14 就是 CAD 软件 AutoCAD 2009，广泛用于各个设计行业。

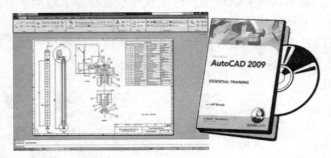

图 1.14　AutoCAD 软件

又如本教材对应的配套课程教学网站，也属于计算机辅助教学的范畴。

1.1.5.5　人工智能

人工智能（AI）指利用计算机模拟人的智能活动，如感知、推理、学习、理解等。人工智能是计算机应用的一个崭新领域，目前这方面的研究尚处于初级阶段。人工智能的研究领域主要包括自然语言理解、智能机器人、博弈、专家系统、自动定理证明等方面。人工智能是计算机应用中最诱人，也是难度最大且目前研究最活跃的领域之一。

图 1.15 所示的是一种远程控制的直升机，以及一种胜任各种地面地形的车辆。它主要用于搜索救援及军事目的，直升机可以识别人或者物体，一旦发现某人，这套系统可以发出全球卫星定位系统信息，

图 1.15　人工智能机器人

1.1.5.6　计算机网络

计算机技术和通信技术相结合，可以将分布在不同地点的计算机连接在一起，从而形成计算机网络，人们在网络中可以实现软件、硬件和信息资源的共享。特别是 Internet 的出现，

更是打破了地域的限制，缩短了人们传递信息的时间和距离，改变了人类的生活方式。关于这一点，我们还将在后面的章节中进行更加详细的讨论。

1.1.5.7 多媒体计算机系统

多媒体计算机系统是指能把视、听和计算机交互式控制结合起来，对音频信号、视频信号的获取、生成、存储、处理、回收和传输综合数字化所组成的一个完整的计算机系统。一个多媒体计算机系统一般由四个部分构成：多媒体硬件平台（包括计算机硬件、声像等多种媒体的输入/输出设备和装置）；多媒体操作系统（MPCOS）；图形用户接口（GUI）；支持多媒体数据开发的应用工具软件。这一技术被广泛应用于电子出版、教学和休闲娱乐等方面。

1.1.6 计算机的发展趋势

计算机目前已经这样先进了，今后还能够怎么发展呢？这是很多人心中的疑问。其实，在 30 多年前，美国科学家戈登·摩尔就提出了后来被称为"摩尔定律"的论述，即使中央处理器（CPU）的功能和复杂性每年（后期减缓为 18 个月）会增加 1 倍，芯片密度每 18 个月增加 1 倍，体积越来越小，而成本却成比例的递减。

这 30 多年已经印证了该定律。目前的微型计算机 CPU，其性能比起最初的 Intel 4004 已经有了百万倍的提高，而价格却不可同日而语，真正进入了普通人家中。因此，未来的计算机将向着巨型化、微型化、网络化和智能化的方向发展。

1. 巨型化

巨型化是指发展高速、存储量大和功能强大的巨型计算机。巨型机绝不会被淘汰，它会专注于计算能力和速度等性能方面的提升，而不会考虑体积、功耗和成本，它是国家投入大量人力和物力开发的，应用于生物工程、核试验、天文、气象等大规模科学计算领域。它追求的是计算机性能的极致。

2. 微型化

而对于日常应用，随着微电子技术的不断发展，计算机的体积变得更小，价格也会更低。

3. 网络化

Internet 革命必将更加深化，它链接这世界每个角落的计算机，实现资源共享，影响着每一个计算机用户，计算机的发展也必将围绕着网络进行。计算机技术、通信技术和控制技术，也被称为 3C 技术，它们的结合正是发展的方向。

4. 智能化

智能化是当今的技术热点。利用计算机来模拟人的感觉和思维过程，正是计算机发展的更高级领域。计算机不仅能够根据人的指示进行工作，还能具有"听""看""说"和"想"的能力，帮助人类完成更多不可思议的工作，这是计算机发展的终极理想。

1.2　计算机系统的组成

1.2.1　计算机的硬件系统和软件系统及其相互关系

计算机是一个系统，是由若干相互区别、相互联系和相互作用的要素组成的有机整体。一个完整的计算机系统由硬件系统和软件系统构成。两者缺一不可，密切配合，协调工作，共同完成计算机系统的功能（图 1.6）。

硬件系统是计算机系统的物理装置，即由电子线路、元器件和机械部件等构成的具体装置，是看得见、摸得着的"硬实体"；软件系统是计算机系统中运行的程序、这些程序所使用的数据以及相应的文档的集合。

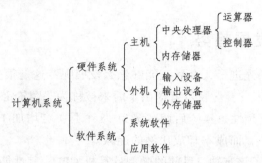

图 1.16　计算机系统的组成

计算机的软硬件系统之间的关系是非常密切的，主要有以下三点：

（1）硬件和软件相互依赖。硬件和软件相互依赖，缺一不可，共同完成计算机系统的功能。两者不可割裂开来。硬件是物质基础，有了硬件，软件才得以运行；另一方面，软件是硬件的指挥官，正是有了软件，硬件才知道去做什么。通常，人们把不安装任何软件的计算机称为"硬件计算机"或"裸机"。裸机由于不安装任何软件，只能运行机器语言程序，这样的计算机，它的功能显然不能得到充分有效地发挥。

（2）硬件和软件相互配合和渗透。计算机软件和硬件在逻辑功能上是等效的，即某些功能既可以用软件的方法也可以用硬件的方法来实现。例如，在早期的计算机中，没有硬件的乘除法指令，乘法或除法运算都要用加减指令编制程序来实现。后来随着硬件技术的提高，现在计算机中的乘除法已由硬件指令来完成。同样，早期多媒体计算机中动态图像的硬件解压，现在也由于 CPU 功能的强大改由软件来完成。从这两个例子我们可以看出，软硬件是相互配合渗透的。因此，我们也可以这样说，软硬件之间并没有固定不变的界面。

（3）硬件和软件能够相互推动对方的发展。无论是硬件还是软件的发展，都会给对方的发展以推动和促进，从而共同促进计算机技术的发展。例如，随着硬件技术的发展，计算机中内存的容量不断增加，但由于早期的 DOS 操作系统只能管理 640K 的常规内存，从而被现在的 Windows 操作系统所代替。我们可以这样说，硬件的发展推动了软件的发展。反过来，Windows 操作系统能够处理图像、声音等多种形式的媒体，所以又要求 CPU 内部增加多媒体处理指令以提高 Windows 的处理速度和能力，因此硬件也得到了发展。

图 1.17 是计算机系统的软硬件层次结构，体现了软硬件之间的分级和依赖。

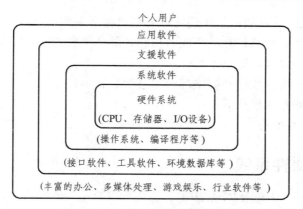

图 1.17 计算机系统的层级结构

1.2.2 冯·诺依曼体系结构

1946 年，冯·诺依曼在 EDVAC 设计方案中，提出了"存储程序"的计算机工作原理，这一原理同时也确定了计算机硬件的基本结构和工作原理。"存储程序"原理的主要思想是：将程序和数据存放到计算机内部的存储器中，计算机在程序的控制下，一步一步进行处理，直到得出结果。按照这样的原理设计出的计算机被称为"冯·诺依曼结构计算机"。如图 1.18 所示。

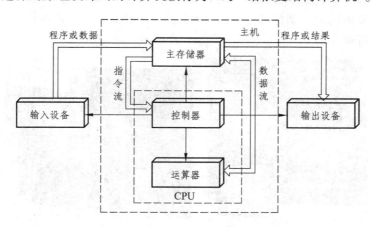

图 1.18 冯·诺依曼结构计算机

 微信视频资源 1-3——"冯诺依曼体系结构"的基本原理

从图 1.18 中可以看出，五大功能部件与"指令流""数据流""控制流"三种信息流的交互，通过一簇公共信号线进行，完成计算机系统工作。

 扩展学习：总线

这一簇公共信号线，我们称之为"总线"，根据总线上所传输的信息的不同，可分为"数据总线""地址总线""控制总线"。

那么，"冯·诺依曼体系结构"我们可以总结出如下主要特点：

（1）存储结构控制：要求计算机完成的功能，都必须事先编制好相应的程序，并输入到存储器中，计算机的工作过程即是运行程序的过程；

（2）程序由指令构成，程序和数据都用二进制数表示；

（3）指令由操作码和地址构成；

（4）机器以 CPU 为中心。

1.2.3　计算机硬件系统

通过上面学习"冯·诺依曼体系结构"，我们可以看出，硬件系统是整个计算机系统的基础和核心，计算机硬件系统必须包含五大功能部件，它们是：运算器、控制器、存储器、输入设备和输出设备。硬件是计算机能够运行程序的物质基础，计算机的性能（如运算速度、精度、存储容量、可靠性等）在很大程度上取决于硬件的配置。下面我们就一一讲解着五大功能部件的作用。

1. 运算器

首先我们介绍"中央处理器（Central Processing Unit，CPU）"，如图 1.9 所示。CPU 是计算机系统的核心，中央处理器由运算器和控制器组成，并采用超大规模集成电路工艺制成芯片。计算机所发生的全部动作都受 CPU 的控制。它主要由"运算器"和"控制器"组成。而它们中都设计有寄存器。

图 1.19　新型号的 Intel 和 AMD 的 CPU 产品

运算器，又称算数运算逻辑单元（ALU），是计算机中进行算术运算和逻辑运算的主要部件，是对信息进行加工和处理的部件，由进行运算的运算器件及用来暂时寄存数据的寄存器、累加器等组成。在控制器的控制下，运算器接收待运算的数据，完成程序指令指定的基于二进制数的算术运算或逻辑运算。

扩展学习：为什么运算器中只有加法器？

算术逻辑运算包含了加、减、乘、除四则运算，那么为什么运算器中只有加法器？其实，这也是计算机为什么采用二进制计数的一个原因。在二进制中，只有 0 和 1 两个数字，我们通过加法和移位操作，就可以实现加、减、乘、除等所有算数运算。对详细的算法感兴趣的同学，请参考"计算机原理"相关书籍。

2. 控制器

控制器是计算机的神经中枢和指挥中心，是对计算机发布命令的"决策机构"，用来协调和指挥整个计算机系统的操作，它本身不具有运算功能。控制器从存储器中逐条取出指令、分析指令，然后根据指令要求完成相应操作，产生一系列控制命令，使计算机各部分自动、连续并协调动作，成为一个有机的整体，实现数据和程序的输入、运算并输出结果。

控制器中的寄存器，主要由状态寄存器、指令寄存器、程序计数器等组成。它们用于保持程序运行状态、用于存储当前指令、用于存储将要执行的下一条指令的地址等。

后面学习的"字长"，就是指 CPU 操作寄存器的位数长度。

3. 存储器

存储器是计算机中的记忆和存储部件，计算机中的全部信息，包括输入的原始信息、经计算机初步加工后的中间信息、最后处理的结果信息以及对输入的数据信息进行加工处理的程序都存储在存储器中。

计算机中的存储器系统分为"主存储器"和"辅助存储器"两大类。主存储器，我们又称为"内部存储器"或者"内存"，存放即将执行的指令和运算数据，具有容量小、速度快，但成本较高。我们在 1.4 节中详细介绍。

"辅助存储器"又称为"外存"或者"辅存"，它具有容量大、成本低、存取速度较慢特点，用来存放需要长期保存的程序和数据。在需要这些数据时，先从外存读入到内存中，CPU 才能处理。我们也在 1.4 节中详细介绍。

4. 输入设备

输入设备的任务是向计算机提供原始数据，如字符、图形、图像、声音等，并将其转化为计算机所能识别和接受的信息形式，并顺利送入存储器，完成输入功能。常用的输入设备有键盘、鼠标、光笔、触摸屏、条形码扫描器、扫描仪等。

5. 输出设备

输出设备的任务是将计算机的处理结果从内存中送出来，并以人们习惯接受的信息形式输出。常用的输出设备有显示器、打印机、磁盘驱动器和绘图仪等。

1.2.4 计算机软件系统

计算机的软件是指计算机系统所运行的程序、这些程序所使用的数据及其相关的文档的集合。在计算机系统中，软件是非常重要的，它是计算机正常工作的关键因素。在大多数不太严格的情况下，人们也常常直接把程序认为是软件。我们下面就详细区分一下各种概念。

1.2.4.1 指令和指令系统

指令是计算机执行某种操作的命令，由操作码和地址码组成。其中操作码规定了操作的性质（什么样的操作），地址码表示了操作数和操作结果的存放地址。

一种计算机所能识别的多种多样的指令集合，称为该种计算机的指令集或指令系统。

计算机的指令系统与硬件结构密切相关，它描述了计算机内全部的控制信息和"逻辑判断"能力，它的性能决定了计算机的基本功能，它的设计直接关系到计算机的硬件结构和用户的需要，而且还会影响到系统软件和应用软件，因此，指令系统是设计一台计算机的基本出发点。

总之，我们可以这样理解，指令系统决定了一台计算机能够进行什么样的程序开发，能够完成什么样的工作。

1.2.4.2　程　序

计算机程序是指为了得到某种结果而可以由计算机等具有信息处理能力的装置执行的代码化指令序列，或者可以被自动转换成代码化指令序列的符号化指令序列或者符号化语句序列。简言之，"程序就是一系列按一定顺序排列的指令"。

我们简单定义一下：程序是解决某一问题而设计的一系列有序的指令或语句的集合。计算机的自动化处理，都是按照预先设定好的程序来执行的。

1.　程序设计语言

为了让计算机执行我们需要的程序，解决实际问题，我们就必须和计算机交换信息。那么，这种人与计算机之间交换信息的工具，就是"程序设计语言"。

程序设计语言是一个非常重要的系统软件，它有很多种类，每一类都有它规定的语法格式和逻辑规则。我们只有严格满足这些格式和规则，才能编制出计算机能够识别的"程序"。

随着计算机技术的发展，程序设计语言也在不断发展，发展方向就是更加能够解决人们的实际问题。

（1）最早是"机器语言"。

顾名思义，最早的"机器语言"就是计算机直接能懂的语言，即二进制语言，是计算机唯一能直接识别、直接执行的计算机语言。一条机器指令，就是一种机器语言的语句。而因为不同计算机的指令系统不同，所以机器语言程序没有通用性。

因此，它的编写相当困难。指令难记、容易出错，修改困难，程序可读性极差，效率极低尤其是程序只能用在一种型号的机器上，换一种机型指令就全变了。唯一优点是机器能直接识别这种程序，不必再做其他辅助工作了。

（2）为了克服机器语言的缺点，产生了"汇编语言"。

它用一些容易辨别的符号代替机器指令，便于记忆。相对于机器语言，它的符号含义明确，容易记忆，可读性好，容易查错，修改也方便。然而机器不能直接识别汇编语言，必须通过翻译程序把它转换为对应的机器语言程序。

于是，"编译程序"的概念就产生了。汇编语言的编译程序叫做"汇编程序"，它的工作是将汇编语言源程序、翻译成机器语言（称为"目标程序"）。有了它，人们不再直接和机器语言打交道。

实质上，汇编语言仍然是一种面向机器的语言，必须了解机器结构才能编程，语法难以理解，仍然是一种"低级语言"，目前，只应用于某些特定领域中。

（3）最终，"高级语言"诞生了。

高级语言与计算机的硬件结构及指令系统无关，它的表达方式更接近人们对求解过程或问题的描述方式。这是面向程序的、易于掌握和书写的程序设计语言。它更接近于人们的"自然语言"，因此，高级语言易学易用，通用性强，应用广泛。它的核心就是一套预设的"编译程序"，将复杂的翻译工作全部承担并解决不同指令集的通用性问题。

扩展学习：高级程序设计语言的分类

（1）从应用角度分类：

● 基础语言：它历史悠久，流传很广，简单易学，有大量的已开发的软件库，拥有众多的用户，为人们所熟悉和接受。这类语言的有 FORTRAN、COBOL、BASIC 等。

● 结构化语言：这些结构化语言直接支持结构化的控制结构，具有很强的过程结构和数据结构能力。PASCAL、C 语言就是它们的突出代表。

● 专用语言：是为某种特殊应用而专门设计的语言，通常具有特殊的语法形式。一般来说，这种语言的应用范围狭窄。比如 APL 语言、Forth 语言、LISP 语言。

（2）从客观系统的描述分类：

● 面向过程语言：以"数据结构＋算法"程序设计范式构成的程序设计语言，称为面向过程语言。前面介绍的程序设计语言大多为面向过程语言。

● 面向对象语言：以"对象＋消息"程序设计范式构成的程序设计语言，称为面向对象语言。它注重每个对象元素。比较流行的面向对象语言有 Delphi、Visual Basic、Java、C++等。

2. 软件的定义

软件是能够指挥计算机工作的程序和程序运行时所需要的数据，以及有关这些程序和数据的开发、使用和维护所需要的所有文档、文字说明和图表资料等的集合。其中，文档是指用来描述程序的内容、组成、设计、功能规格、开发情况、测试结果及使用方法的文字资料和图表等，如程序设计说明书、流程图、用户手册等。

3. 软件的分类（图 1.20）

图 1.20　软件系统的分类

（1）系统软件：

① 操作系统（Operating System，OS）。

从图 1.17 计算机层级结构我们可以看出，各层之间的关系是：内层是外层的支撑环境，而外层则可不必了解内层细节，只需根据约定调用内层提供的服务。由图可见，与硬件层直接接触的是操作系统，它把硬件和其他软件分割开来，表示它向下控制硬件，向上支持其他软件。

在所有软件中操作系统是最重要的，因为操作系统直接与硬件接触，属于最底层的软件，它管理和控制硬件资源，同时为上层软件提供支持。换句话说，任何程序必须在操作系统支持下才能运行，操作系统最终把用户与机器隔开了，凡对机器的操作一律转换为操作系统的命令，这样一来用户使用计算机就变成了使用操作系统。

②　其他系统软件。

在操作系统之外的一层分别是上面学习过的各种程序设计语言及其处理程序、系统支持和服务程序、数据库管理系统、实用系统工具等，这些也是计算机系统运行必要的系统软件，它们运行于操作系统之上，完成各种必需的系统功能。

（2）应用软件。

应用软件是为解决计算机各类应用问题而编制的软件系统，它具有很强的实用性，它是由系统软件开发的，可分为两种：

①　用户程序：用户为了解决自己特定的具体问题而开发的软件；

②　应用软件包：为实现某种特殊功能或特殊计算，经过精心设计的独立软件系统，是一套满足同类应用的许多用户需要的软件。

1.3　微型计算机的硬件组成

前面我们介绍过了什么是微型计算机。不像巨型、大中小型计算机，它跟我们息息相关，是工作、生活、娱乐天天离不开的工具。所以，我们也需要更加深入的了解一下微型计算机的硬件结构。

1.3.1　微型计算机的产生与发展

20 世纪 70 年代，微型计算机开发的先驱是美国 Intel 公司年轻的工程师马西安·霍夫（M. E. Hoff）。1969 年他接受一家日本公司的委托，设计台式计算机系统的整套电路。他大胆提出设想，把计算机的全部电路做在 4 个芯片上，称之为中央处理器芯片、随机存取存储器芯片、只读存储器芯片和寄存器电路芯片。这就是 4 bit 微处理器 Intel 4004、320 bit 随机存取存储器、256 Byte 只读存储器和 10 bit 寄存器，他们通过总线连接起来，组成了世界上第一台 4 位微型电子计算机——MCS-4。1971 年诞生的这台计算机，揭开了世界微型计算机发展的序幕。

同样，微型计算机的发展也是按照微处理器的发展分为四代。

1.　第一代微处理器 Intel 8008

1972 年研制成功的 8 bit 微处理器 8008，采用工艺简单、速度较低的 P 沟道 MOS（Metal Oxide Semiconductor——金属氧化物半导体）电路。

2.　第二代微处理器

1973 年出现了采用速度较快的 N 沟道 MOS 技术，代表为 Intel 的 8085、Motorola 的 M6800、Zilog 公司的 Z80 等。它们的功能显著增强。

3.　第三代微处理器

1978 年 16 bit 微处理器出现。Intel 公司研制出采用了 H-MOS 新工艺的 16 bit 微处理器 8086，性能上比第二代提升了 10 倍。

4. 第四代微处理器

1985 年，超大规模集成电路的 32 bit 微处理器问世。这就是著名的 Intel 的 80386，还有 Zilog 的 Z80000、HP 的 HP-32、NS 的 NS-16032 等。新的微型机系统完全可以与 20 世纪 70 年代的大中型计算机相匹敌。直到 1993 年，Intel 推出了我们熟知的 Pentium 系列产品。

1.3.2 微型计算机的组成结构部件

微型计算机最主流的是 IBM PC。图 1.21 是 IBM PC 结构微机的典型结构。

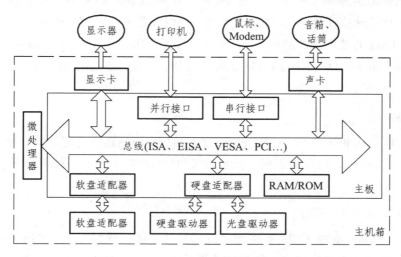

图 1.21 PC 的典型结构

 微信视频资源 1-4——PC 的典型结构是什么，各个基本部件是如何工作的

这些计算机的共同特点是体积小，适合放在办公桌上使用，而且每个时刻只能一人使用，因此又称为个人计算机。下面我们逐步学习上图中的各种关键部件的作用。

1.3.2.1 主 板

主机箱是微型计算机的主体，而主板又是主机的最核心的部件。英文名"MotherBoard"，就像名字一样，主板是微型计算机的躯体，是各种部件相互连接的纽带和桥梁。主机箱内所有的其他部件，都是安装在主板之上，它是一块集成电路板，固定在主机箱内。

虽然每个主板所使用的元件、元件位置都不同，但每块主板上包含的许多主要元件却是相同的，如 CPU 插槽、内存插槽、芯片组、BIOS、CMOS、高速缓冲存储器（cache）、键盘接口、软盘驱动器接口、硬盘驱动器接口、总线扩展插槽（PCI、AGP、ISA 等）、串行接口、并行接口、USB 通用接口等。

1.3.2.2 CPU

前面计算机的构架中我们已经讲过，CPU 是核心，由超大规模集成电路制造，包括运算器和控制器以及寄存器。微型计算机也是一样，它的运转也是在 CPU 的指挥下实现的。因此 CPU 也决定了微型计算机的速度、处理能力和档次。

CPU 主要有以下性能参数：

1. 主　频

用来表示 CPU 的运算、处理数据的速度。通常，主频越高，CPU 处理数据的速度就越快。主频和实际的运算速度存在一定的关系，但并不是一个简单的线性关系。所以，CPU 的主频与 CPU 实际的运算能力是没有直接关系的，主频表示在 CPU 内数字脉冲信号震荡的速度，而 CPU 的运算速度还要看 CPU 的流水线、总线等各方面的性能指标。

例如：在 Intel 的处理器产品中，也可以看到这样的例子：1 GHz Itanium 芯片能够表现得差不多跟 2.66 GHz 至强（Xeon）/Opteron 一样快，或是 1.5 GHz Itanium 2 大约跟 4 GHz Xeon/Opteron 一样快。

2. 外　频

外频是 CPU 的基准频率。CPU 的外频决定着整块主板的运行速度。CPU 的主频＝外频×倍频系数。在台式机中，所说的超频，都是超 CPU 的外频（当然一般情况下，CPU 的倍频都是被锁住的）。

3. 前端总线频率（FSB）

前端总线（FSB）是将 CPU 连接到北桥芯片的总线。前端总线（FSB）频率是直接影响 CPU 与内存直接数据交换速度，即是"数据带宽"。有一个公式可以计算，即数据带宽＝（FSB×数据位宽）/8，数据传输最大带宽取决于所有同时传输的数据的宽度和传输频率。

例如，支持 64 bit 的至强 Nocona，前端总线是 800 MHz，按照公式，它的数据传输最大带宽是 6.4 GB/s。

4. 倍　频

倍频系数是指 CPU 主频与外频之间的相对比例关系。实际上仅仅以提高倍频来提升 CPU 的主频，是没有意义的，当高倍频的 CPU 从系统中得到数据的极限速度不能够满足 CPU 运算的速度时，会出现"瓶颈"问题。

5. 缓　存

缓存大小也是 CPU 的重要指标之一，而且缓存的结构和大小对 CPU 速度的影响非常大，CPU 内缓存的运行频率极高，一般是和处理器同频运作，工作效率远远大于系统内存和硬盘，所以缓存的成本极高，目前微处理器的缓存最多分为 L1、L2、L3 三级缓存。

6. 制造工艺

制造工艺是指 IC 内电路与电路之间的距离。制造工艺的趋势是向密集度愈高的方向发展。密度越高的 IC 电路设计，意味着在同样大小面积的 IC 中，可以拥有密度更高、功能更复杂的电路设计。Intel 目前已经发布了 22 nm 工艺的酷睿 I，并且已有 14 nm 的产品计划。

图 1.22　CPU-Z 测试软件显示出的 CPU 主要的性能指标

1.3.2.3　内存储器

前面我们学过，存储器分为内存储器（主存储器）和外存储器（辅助存储器）。

内存储器，就是我们平常所说的"内存"，微型计算机的内存都是由半导体器件构成。这种半导体存储器件有两种形式：RAM（Random Access Memory）和 ROM（Read Only Memory）。从英文的字面就可以看出区别：

RAM 可以进行任意的读或写操作。它主要用来存放操作系统、各种应用软件、输入数据、输出数据、中间计算结果以及与外存交换的信息等。一旦断电，信息就会丢失，所以不能永久保留。

ROM 存储的内容由厂家一次性写入，并永久保存下来，ROM 只能读出原有内容，不能由用户再写入新内容。它一般用来存储固定的系统软件和字库等内容，其中的信息也不会因断电而消失。

例如：我们平常所说的"内存条"，就是由若干存储半导体芯片和一块小型电路板构成的 RAM，而上面提到的 CMOS 芯片，就是一种 ROM，如图 1.23 所示。

图 1.23　BIOS 只读存储器和带散热片的内存条 RAM

内存的主要技术指标有：

1. 存储容量

它是衡量存储器存储信息的能力。内存容量越大，计算机同一时间在其中存放的信息就越多，那么计算机就可以减少与外部存储器的数据交换，处理的速度就会越快。在多任务的操作系统下，内存容量更大，就可以同时运行更多的程序。现在，许多大型软件和游戏软件，都要求了最小的和推荐的内存容量。因此，内存容量是反映计算机性能的一个很重要的指标。

当你发现某台微机的硬盘指示灯不间断地闪烁，系统反应速度变慢时，很有可能就是内存的使用空间已满，需要和硬盘不断交换新数据造成的。

当前微型计算机的内存容量，从较低的 2 GB 到高配置工作站或服务器的几百 GB 上 TB 不等，需要按照计算机的用途的不同来配置。

2. 存储周期

用来衡量存储器的工作速度，指访问一次存储器所需要的时间。

1.3.2.4 接 口

接口是计算机主机和外部设备之间的桥梁，实现计算机与外部设备之间交换信息的重要工作。各种设备之间的连接都需要使用约定的接口标准。它决定了两个设备之间的数据带宽和吞吐量。因此，接口标准也在飞速地发展、更新。

1. 接口的作用

主要有以下几点：

（1）协调主机与外设之间的数据形式。接口可以协调数据不同介质上存储时的不同形式。

（2）协调主机与外设之间的工作速度。主机与外设之间、不同外设之间，其工作速度相差极为悬殊。为了提高系统效率，接口必须发挥它的平衡作用。

（3）在主机与外设之间传递控制信息。为使主机对外设的控制作用尽善尽美，主机的控制信息或外设的某些状态信息，需要互相交流，接口便在其间协助完成这种交流。

2. 微机常见接口

对于微型计算机来说，主要的接口都能在主板上找到。主要包括：

（1）CPU 接口：也称 CPU 插槽，前面我们已经学习过了；

（2）内存接口：也称内存插槽。随着技术的不断发展，从 SDRAM 到 DDR、DDR2 和 DDR3，接口的针脚数目在发生着变化，它们都需要不同的内存插槽来匹配。

（3）显示卡接口：也称显卡插槽。同样主板的显卡插槽，也必须与显示卡设备匹配。显卡发展至今共出现了 ISA、PCI、AGP、PCI-E 等几种接口，所能提供的数据带宽依次增加。2004 年发布的 PCI Express（PCI-E）接口，使显卡的数据带宽将得到进一步的增大，以解决显卡与系统数据传输的瓶颈问题。

（4）串行 COM、并行 LTP 接口：串行和并行其实是数据的一种传送方式，我们这里特指老式计算机上的 COM 口和 LTP 口。他们早期用于各种通信设备（比如 Modem）和打印机，现在已经淡出了产品中。

（5）键盘、鼠标接口：老式的键鼠 PS/2 的接口已经不能跟 USB 接口抗衡，已经退出了历史的舞台。

（6）USB 通用接口：USB（Universal Serial Bus，通用串行总线）是一个接口技术标准，用于规范电脑与外部设备的连接和通讯。从 1994 年 11 月 11 日发布 USB V0.7 版本以后，USB 版本经历了多年的发展，已经发展为 3.1 版本。USB 接口已经一统天下，目前所有的外部外接设备，几乎都支持 USB 规范。统一的接口，让用户得到实惠，不再需要考虑自己的主板是否支持某种设备。而且，USB 接口还支持设备的"热插拔"。

图 1.24　CPU、内存、显卡、USB 接口

1.3.2.5　系统总线

微机各功能部件相互传输数据时，需要有连接他们的通道，这些公共通道就是总线（BUS）。CPU 内部也由若干部件组成，连接它们之间的总线，我们称为"内部总线"，CPU 外部的就是"系统总线"。当前常见的总线标准有：

（1）ISA（IndustrialStandardArchitecture）总线：IBM 公司 1984 年为推出 PC/AT 机而建立的系统总线标准。

（2）EISA（ExtendedIndustrialStanderdArchitecture）总线：在 ISA 总线基础上扩充的一种开放总线标准。　支持多总线主控和突发传输方式。

（3）PCI（PeripheralComponentInterconnect）总线：它是一种高性能的 32 bit 局部总线。它由 Intel 公司于 1991 年底提出。PCI 总线是独立于 CPU 的系统总线，可将显示卡、声卡、网卡、硬盘控制器等高速的外围设备直接挂在 CPU 总线上，打破了瓶颈，使得 CPU 的性能得到充分的发挥。

（4）AGP（Accelerated Graphics Port）总线：由于 PCI 总线只有 133 MB/s 的带宽，对付声卡、网卡、视频卡等绝大多数输入/输出设备也许显得绰绰有余，但对于胃口越来越大的 3D 显卡却力不从心，并成为了制约显示子系统和整机性能的瓶颈。因此，PCI 总线的补充——AGP 总线就应运而生了。

（5）PCI-E（PCI EXpress）总线：相对于 PCI 总线来讲，PCI-Express 总线能够提供极高的带宽，来满足系统的需求。PCI Express 总线 2.0 标准规定了最长的 ×32 通道达到了双向

256 bit/s 的带宽，目前常用显示卡设备，一般只用到 ×16 和 ×8 就足够了。

1.3.3 常用的外部设备

1.3.3.1 外存储器

外存的信息存储量大，但由于读写时有机械运动，所以存取速度要比内存慢得多。

由于外存大都由非电子器件来实现（例如磁介质、光介质），所以外存中的信息从原理讲可以长期保留。

在外存中存放的程序或数据，包括操作系统，必须调入内存后，CPU 才能使用。

1. 软 盘

软盘通过软磁盘驱动器（简称软驱）来读写信息。如图 1.25 所示，当磁盘插入软驱时，快门自动打开，露出读写窗口，由金属环定位，与驱动器主轴精密配合以带动盘片随主轴转动，从而使磁头读取盘面数据。当磁盘从软驱中取出时，在快门弹簧的作用下关闭快门，保护磁盘。

图 1.25 软盘

软盘由于存储容量小、读写速度慢、噪声大、质量不稳定，已经完全被新的外存设备所取代。

2. 硬盘（图 1.26）

图 1.26 硬盘

存储容量很大，它是使用温彻斯特技术制成的驱动器，将硅钢盘片连同读写磁头等一起封装在真空的密闭盒子内，故无空气阻力、灰尘影响。

其数据存储密度大、速度快，使用时应防止振动，所以计算机通电工作时，不能搬动，也不能摇晃和撞击。新的硬盘工作前需要格式化，但使用中的硬盘不能随便格式化，否则将丢失全部数据。

随着计算机的飞速发展，硬盘也由最初的低存储容量 10 MB 发展到主流的 500 GB 到几个 TB。

3. 光盘（图 1.27）

光盘的读写原理与磁介质存储器完全不同，它是根据激光原理设计的一套光学读写设备。

自 20 世纪 80 年代初从音响领域进入计算机领域后，在技术和应用上日趋成熟。目前，大部分 PC 已从配置 CD-ROM（CD 只读光盘，标准容量为 680 MB）驱动器，发展到装配 DVD-ROM（DVD 只读光盘，容量高达 4.7 GB）驱动器，甚至是 DVD 刻录（可擦写 DVD）驱动器，下一代的蓝光光盘（Blu-ray Disc，单层容量达到 22 GB 或 25 GB）驱动器也在迅速发展。

图 1.27　光盘

4. U 盘（图 1.28）

U 盘是采用闪存（flash memory）存储技术的 USB 设备，USB 指 "通用串行接口"，用第一个字母 U 命名，所以简称 "U" 盘。

U 盘作为新一代的存储设备由于无须外接电源、支持即插即用和热插拔等方便性已经被广泛使用。同时 U 盘还具有存取速度快、便于携带等优点。U 盘迅速发展，容量已经从几十 MB，提升到几百 GB 甚至 1 TB，价格却在不断下降，成为当前便携存储设备的主力。

图 1.28　U 盘

5. SSD 固态硬盘（图 1.29）

SSD（Solid State Drive）硬盘用固态电子存储芯片阵列而制成，由控制单元和存储单元（FLASH 芯片、DRAM 芯片）组成。基于闪存（Flash Disk）类的固态硬盘成为 SSD 的主流，它造价比普通磁盘高上不少，但比基于 DRAM 类的固态硬盘低。

SSD 硬盘由于没有机械结构，读写速度快，寻道时间几乎为 0，固态硬盘厂商大多会宣称自家的固态硬盘持续读写速度超过了 500 MB/s。

SSD 硬盘防震抗摔，无机械部件，在发生碰撞和震荡时不会影响正常使用。

SSD 硬盘功耗低、无噪声。固态硬盘没有机械马达和风扇，发热量小、散热快。

SSD 硬盘工作温度范围大，典型的硬盘驱动器只能在 5 ~ 55 ℃ 范围内工作，而大多数固态硬盘可在 − 10 ~ 70 ℃ 工作。

SSD 硬盘很轻便，重量轻 20 ~ 30 g。

1.3.3.2 键 盘

键盘是最常用的输入设备，由一组按阵列方式装配在一起的按键开关组成。每按下一个键，就相当于接通了一个开关电路，把该键的代码通过接口电路送入计算机。这就是"键盘扫描码"。每一个键的扫描码反映了该键在键盘上的位置。按键的扫描码送入计算机后，再由专门的程序将它转换为相应字符的 ASCII 码。

常用的标准键盘按键的个数有 101 键、103 键和 105 键等。按键开关类型分为机械式、薄膜式、电容式和导电橡皮 4 种。微机上配置的键盘多数是电容式键盘或薄膜式键盘。

图 1.29　SSD 固态硬盘

1.3.3.3 鼠 标

鼠标是一种常用的"指点"式输入设备（Pointing Device），利用它可以方便、准确地移动光标进行定位，要比用键盘上的光标键移动光标方便得多。鼠标还可以在各种应用软件的支持下，通过鼠标上的按钮完成某种特定的功能（如绘图）。

图 1.30　键盘和鼠标

常用的鼠标器有两种：机械式鼠标和光电式鼠标。机械式鼠标对光标移动的控制是靠鼠标器下方的一个可以滚动的小球，通过鼠标器在桌面的移动来控制光标的移动。光标的移动方向与鼠标器的移动方向相一致，移动的距离也成比例。光电式鼠标下方有两个平行光源，通过鼠标器在特定的反射板上移动，使光源发出的光经反射板反射后被鼠标器接收为移动信号，并送入计算机，从而控制光标的移动。

图 1.31　机械鼠标和光电鼠标的外观区别

1.3.3.4　显示器

　　显示器是用来显示输入的命令、程序、数据以及计算机运算的结果或系统给出的提示信息等的输出设备。它可以方便地查看送入计算机的程序、数据等信息和经过微型计算机处理后的结果，它具有显示直观、速度快、无工作噪声、使用方便灵活、性能稳定等特点。

　　（1）按颜色分类：分为黑白和彩色两种。目前除了特殊设备，微型计算机上均使用的是彩色显示器。

　　（2）按显示方式不同分类：分为 CRT 和 LCD 两种。阴极射线显示器件（CRT）的显示器利用电子枪发射电子束，打击在不同涂料上显示不同色彩；液晶显示器（LCD）是基于液晶电光效应的显示器件。LCD 液晶显示器由于质量轻、体积小、能耗低、辐射低等优点，已经逐渐在微型计算机中普及，目前液晶的背光光源已经普及成为了功耗更低寿命更长的 LED 芯片。CRT 显示器拥有更高的亮度、对比度、画面反应速度和图像真实度，仍然应用于对图像显示要求很高的领域。

　　（3）分辨率：显示器上的字符和图形是由一个个像素组成的。像素是显示器屏幕上可控制的最小光点，整个屏幕上总的像素点数称为分辨率，其数值为整个屏幕上光栅的列数与行数的乘积。这个乘积越大，分辨率就越高，图像越清晰。目前主流的分辨率是 1 024 × 768、1 280 × 1 024、1 440 × 900、1 650 × 1 050 等等。

　　（4）显示适配卡：对应不同分辨率的显示器，有相应的控制电路，称为显示适配器或显示卡。显示卡标准有：

　　CGA 标准：320 × 200，彩色；

　　EGA 标准：640 × 350，彩色；

　　VGA 标准：640 × 480 以上，256 种颜色以上。之后又出现了 SVGA、TVGA，分辨率进一步提高，颜色也达到了 16.7 M 种，称为"真彩色"。

图 1.32　显示器

1.3.3.5　打印机

　　计算机另一种常用的输出设备是打印机，打印机能将结果印刷到纸张上，从而永久保存。

它由一根打印电缆连接主机的并行接口，或者使用 USB 通用接口，目前的打印机还可以直接使用网络连接，不需要计算机主机。

按打印方式分类，打印机可分为击打式和非击打式两类。击打式打印机利用机械冲击力，通过打击色带在纸上印上字符或图形。非击打式是利用电、磁、光、热、喷墨等物理、化学方法来印刷字符和图形。

打印质量用分辨率来度量，单位是"点数/英寸"，即 dpi（dot per inch）。非击打式打印机的打印质量通常高于击打式打印机。

（1）针式打印机（图 1.33）。为击打式打印机。由走纸装置、控制和存储电路、打印头、色带等组成。打印头是关键部件。有 9 针、16 针、24 针等。

打印时，CPU 送出信号使打印头的一部分钢针打击色带，色带接触打印纸，打印出若干点，形成字符。

针式打印机特点：比较灵活、使用方便、质量较高，但噪声比较大，且速度慢。目前普遍应用于需要打印正、副本单据的银行、税务机关等。

图 1.33　针式打印机

（2）喷墨打印机（图 1.34）。不用色带，将墨水存储在可更换的墨盒中之中，通过毛细管作用，将墨水直接喷到纸上。

图 1.34　喷墨打印机

喷墨打印机特点：打印质量较高，分辨率高，打印噪声很低，价格适中。很适合家庭环境使用。

（3）激光打印机（图 1.35）。由激光发生器和机芯组成核心部件。激光头能产生极细的光束，经由计算机处理及字符发生器送出的字形信息，通过一套光学系统形成两束光，在机芯的感光器上形成静电潜像，鼓面上的磁刷根据鼓上的静电分布情况将墨粉粘附在表面并逐渐显影，然后印在纸上。

图 1.35　激光打印机

激光打印机特点：输出速度快、打印质量高、无噪声，但价格较高。

1.3.3.6 扫描仪

用来输入图片资料的输入装置，有彩色和黑白两种，一般是作为一个独立装置与计算机连接。目前市场供应的扫描仪，扫描面积常为 A4 纸张大小，分辨率可达 28 800 dpi。

图 1.36　扫描仪

1.3.3.7 绘图仪

绘图仪是计算机的图形输出设备，分为平台式和滚筒式两种。它利用画笔在纸上绘图，适用于绘制工程图，在气象、地质测绘、产品设计中是重要的输出设备。新型的绘图仪也采用无笔设计，其原理类似于喷墨、激光打印机。

图 1.37　绘图仪

1.3.4 微型计算机的主要性能指标

评价计算机的性能指标是一个复杂的问题，早期只用字长、运算速度和存储容量三大指标来衡量，实践证明，只考虑这三个指标是很不够的。一台微型计算机功能的强弱或性能的好坏，不是由某项指标来决定的，而是由它的系统结构、指令系统、硬件组成、软件配置等多方面的因素综合决定的。目前，计算机的主要性能指标有下面几项：

1. 运算速度

运算速度是衡量 CPU 工作速度的指标，一般用 MIPS 和 MFLOPS 来衡量。

MIPS（Million Instruction per Second）表示每秒执行多少百万条指令。对一个给定的程

序，MIPS 定义为

$$MIPS = \frac{指令条数}{执行时间 \times 10^{-6}}$$

MFLOPS（Million Floating-point Operations per Second）表示每秒执行多少百万次浮点运算。对于一个给定的程序，MFLOPS 定义为

$$MFLOPS = \frac{浮点操作次数}{执行时间 \times 10^{-6}}$$

影响计算机运算速度的有 CPU 主频、字长，还有内存、硬盘等。

2. 机器字长

机器字长是 CPU 一次可以处理的二进制位数。它是由加法器、寄存器的位数决定的，所以机器字长一般等于内部寄存器的位数。字长标志着精度，字长越长，计算的精度越高，指令的直接寻址能力也越强。假如字长较短的机器要计算位数较多的数据，那么需要经过两次或多次的运算才能完成，这会影响整机的运行速度。

目前微型计算机的机器字长有 32 bit 和 64 bit，16 bit 和 8 bit 的计算机已经淘汰。

3. 主频

主频即计算机的时钟频率，是指 CPU 单位时间（s）内发出的脉冲数，单位一般用兆赫（MHz）、吉赫（GHz）。主频在很大程度上决定了主机的工作速度。时钟频率越高，其运算速度就越快。

目前微型计算机的主频在 1 ~ 4GHz 之间。

4. 内存容量

内存容量是衡量计算机瞬间记忆能力的指标。容量大，能存入的字节数就多，能直接接纳和存储的程序就长，计算机的解题能力和规模就大。

目前常见微机的内存容量在 2 ~ 8 GB 之间，当然，有专业用途的计算机主板芯片，支持 64 GB 甚至更高的容量。

5. 输入输出数据传输率

它决定了主机与外部设备交换数据的速度。通常这是妨碍计算机速度提高的"瓶颈"。当今微机的 CPU、内存速度都远远超过了磁介质、光介质的磁盘和光盘，高容量低成本更快速度的外存技术有待发展。

目前新兴的 SSD 固态硬盘有望成为新技术的主流。

6. 可靠性

指计算机连续无故障运行时间的长短。

7. 兼容性

一般来说，计算机符合"向下兼容"的原则，越新越高档的计算机，能够兼容越久越低档次的软件，但这也不是绝对的。

8. 外部设备的配置及扩展能力

外部设备的配置及扩展能力主要是指计算机系统配接各种外部设备的可能性、灵活性和适应性。一台计算机允许配接的外部设备受系统接口和相关软件的制约。例如，微型计算机系统中，配置外设时要考虑显示器的分辨率、打印机的型号和外存容量等。

我们需要综合以上 8 点，对一台微型计算机给出全面、综合的评价。

1.3.5 微型计算机的典型配置

微型计算机的发展日新月异，新技术的发展方向我们无法预知。在这里我们根据计算机的用途的不同，给出几套家用配置方案，并分析一下配置细节。

1. 六核酷睿 i7 顶级配置

表 1.1 微型计算机某配置方案

硬 件	型 号
CPU	Intel 酷睿 i7 4 960×3.6 GHz
主板	Intel X79 芯片组
内存	DDR3 2 400 16 GB
硬盘	2 TB 机械硬盘、500 G 固态硬盘组合
显卡	NVDIA GTX Titan
显示器	28 寸 4 K 屏 LED 液晶

该配置中，采用了 Intel 最强劲的家用六核 i7 CPU，搭配 Intel 最强 X79 芯片组，能够发挥 CPU 的所有性能；内存为频率 2 400 MHz 的 16 GB 容量的内存，足够大；硬盘采用机械硬盘加 SSD 固态硬盘的组合，SSD 硬盘作为机械硬盘的搭档，SSD 硬盘可以作为系统盘，机械硬盘作为数据存储盘；显示卡采用 NVDIA 公司的 GTX Titan 图形芯片，为目前的单卡（SLI 或者 Cross Fire 多显卡方案除外）性能之王。因此该套配置方案能够适应所有的大型软件、大型游戏的流畅运行，配置顶级，家用全能。

2. 图形工作站方案

表 1.2 HP 图形工作站配置方案

硬 件	型 号
CPU	两块 Intel Xeon E5-2690
主板	Intel C602 芯片组
内存	DDR3 128 GB
硬盘	六块 500G SSD 固态硬盘
显卡	两块 NVIDIA Quadro K6000 12GB
显示器	27 寸 10.7 亿色专业 LED 液晶

图形工作站是微型计算机的一个专用领域，一般用于专业图形设计、3D 建模渲染和数学运算等等。它的特点如下：

（1）多块至强（Xeon）CPU。在专业领域，多 CPU 能够被专业软件支持，实现多倍性能。至强 CPU 为 Intel 的最高端专业服务器级 CPU，拥有更高的规格参数。

（2）内存很多。这个图形和视频应用，需要消耗大量内存。

（3）全 SSD 硬盘。保存图形和视频格式的文件，非常需要急速的外存设备。

（4）显示卡为专业级显卡 Quadro，并使用 SLI 多显卡技术。具备卓越的 OpenGL 显卡性能，配置完备的 3D 硬件加速指令集，所有图形处理与渲染任务均由图形控制器及专用显存执行。

（5）专业显示器。图形工作对于色彩、对比度、亮度要求都很高，需要配置专业显示器。

微信视频资源 1-5——如何 DIY 一台满足自己需要的微型计算机

1.4　信息编码

1.4.1　信息的基本概念

信息指音讯、消息，泛指人类社会传播的一切内容。信息是人们由客观事物得到的，使人们能够认知客观事物的各种信息、情报、数字、信号、图形、图像、语言等所包括的内容。在一切通信和控制系统中，信息是一种普遍联系的形式。1948 年，数学家香农在题为《通讯的数学理论》的论文中指出："信息是用来消除随机不定性的东西。"

在计算机领域里，未经处理的数据只有基本素材，而信息是经过转化而成为计算机能够处理的数据，同时也是经过计算机处理后作为问题解答而输出的数据。

信息不能独立存在，必须依附于某种载体之上。

信息无处不在，具有可传递性、共享性、可处理性。

1.4.2　数值在计算机中的表示形式——二进制

1.4.2.1　进位计数制的概念

由于字符数量有限，因此我们在计数时，始终会遇到进位。比如当我们只用 0~9 这十个数字计数，我们从 0 数到第 11 个数时，所有字符都已经使用过了，所以必须使用"进位"，用"10"两个连续的字符来表示。进位计数制，就是指按某种进位原则进行计数的一种方法。

那么，数的表示涉及两个主要问题："权"和"基数"。权是一个与相应数位有关的常数，它与该数位的数码相乘后，就可得到该数位的数码代表的值。一个数码处于不同位置时，所代表的数值是不同的，因为它拥有的权不同。基数是一个正整数，它等于相邻数位上权的比。对任意一种进制的数，基数和能选用的个数相等，能选用的最大数码要比基数小 1，每个数位能表示的最大数值是最大数乘以该数位具有的权，当超过这个数值时要向高位进位。

例如，我们刚才讨论的"10"，它使用"0～9"共十个字符来表示数，那么它就是"十进制"，它的最大数码就是9，因此，它的"基数"能选用这十个字符，最大值为"9"。任意一个十进制数的每一数位，就可以使用"当前数为基数，乘以10为底数，数位减1为指数构成的权"来表示，然后所有数位按序相加，就能得到该十进制数的值。从以上规则，我们可以推出任意进制的数的表示公式：

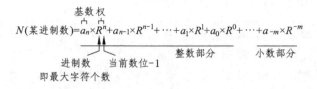

图 1.38   各种进制的数的表示

例如，十进制数321.5可以表示为：

$$321.5 = 3\times10^2 + 2\times10^1 + 1\times10^0 + 5\times10^{-1}$$

意为"逢十进一"。

1.4.2.2   计算机中为什么采用"二进制"

我们平常使用十进制，而在计算机中则采用二进制。这个为什么呢？

1. 容易表示、实现简单、成本低

二进制数只有"0"和"1"两个基本符号，易于用两种对立的物理状态表示。例如，可用"1"表示电灯开关的"闭合"状态，用"0"表示"断开"状态；晶体管的导通表示"1"，截止表示"0"；电容器的充电和放电、电脉冲的有和无、脉冲极性的正与负、电位的高与低等一切有两种对立稳定状态的器件都可以表示二进制的"0"和"1"。而十进制数有10个基本符号（0、1、2、3、4、5、6、7、8、9），要用10种状态才能表示，这用电子器件实现起来是很困难的。

2. 运算算法简单

二进制数的算术运算特别简单，加法和乘法仅各有3条运算规则（0＋0＝0，0＋1＝1，1＋1＝10和0×0＝0，0×1＝0，1×1＝1），运算时不易出错。因此，计算机处理算术运算时都是加法和移位，并没有乘除法，如11B左移一位就成了110B，11B是十进制的3，而110B是6，看看是不是等于乘二，左移乘，右移就除。这也就是前面讲过的CPU的运算器ALU中为什么只需要"加法器"的原因。

同时，二进制与其他进制转换起来非常简单，因此计算机和人之间的表达翻译就很简单，如何转换，我们将在下一个知识点学习。

此外，二进制数的"1"和"0"正好可与逻辑值"真"和"假"相对应，这样就为计算机进行逻辑运算提供了方便。算术运算和逻辑运算是计算机的基本运算，采用二进制可以简单方便地进行这两类运算。

所以，计算机采用"二进制"来计数，是最合适不过的了。

1.4.2.3 "二进制"计数规则

学习了各种数制的表示公式,那么我们很好理解二进制怎么计数了,那就是"逢二进一"。二进制数有 2 个数码:"0"和"1"。

例如:1010B 或者$(1010)_2$都表示 1010 是一个二进制数,公式表示如下:

$$(1010)_2 = 1\times 2^3 + 0\times 2^2 + 1\times 2^1 + 0\times 2^0$$

扩展学习:各种进制的区别表示

十进制:10D,或者$(10)_{10}$,都表示此时的"10"为十进制数。字母"D"指"Decimal";

二进制:10B,或者$(10)_2$,都表示此时的"10"为二进制数。字母"B"指"Binary";

八进制:10O,或者$(10)_8$,都表示此时的"10"为八进制数。字母"O"指"Octal";

十六进制:10H,或者$(10)_{16}$,都表示此时的"10"为十六进制数。字母"H"指"Hexadecimal";

因此,虽然都是"10",计数的意义和值是完全不一样的,请大家注意。

1.4.3 其他常见数制形式及其与二进制的相互转换

1.4.3.1 "八进制"计数规则

使用"0 ~ 7"共八个数码,逢八进一。例如:$(133)_8 = 1 \times 8^2 + 3 \times 8^1 + 3 \times 8^0$。

八进制表示法在早期的计算机系统中很常见,因此,偶尔我们还能看到人们使用八进制表示法。八进制适用于 12 bit 位和 36 bit 计算机系统(或者其他位数为 3 的倍数的计算机系统)。在过去几十年里,八进制渐渐地淡出了。

1.4.3.2 "十六进制"计数规则

使用"0 ~ 9"和"A、B、C、D、E、F"共十六个数码,逢十六进一。例如:$(2A3)_{16} = 2 \times 16^2 + 10 \times 16^1 + 3 \times 16^0$。

十六进制中 A ~ F 分别对应十进制中的 10 ~ 15,有时候计算机中的二进制数太长了,不方便书写和查看,容易出错,因此,我们就经常将二进制数转换为十六进制数来使用。比如对于计算机内存线性地址的表示,通常是一个 32 位的无符号整数,32 位就是指 32 位二进制,书写起来非常困难,一般我们都使用十六进制表示,书写为 0x00000000 ~ 0xffffffff 中的一个值。

表 1.3　十进制数、二进制数和十六进制数对照表

十进制	二进制	十六进制	十进制	二进制	十六进制
0	0000	0	8	1000	8
1	0001	1	9	1001	9
2	0010	2	10	1010	A
3	0011	3	11	1011	B
4	0100	4	12	1100	C
5	0101	5	13	1101	D
6	0110	6	14	1110	E
7	0111	7	15	1111	F

1.4.3.3　数制之间的转换

转换方法是本节的重难点，因为下面的算法，正是计算机的计算方法，要求重点掌握。下面将以例题的形式进行讲解。

1．二进制数、八进制数、十六进制数转换为十进制数

（1）"二进制数"转换为"十进制数"。

方法：按图 1.40 中表示公式的方法低位到高位展开，求和，权重为 2，结果即为对应的十进制数。

（例题讲解）：$(1101)_2 = 1 \times 2^0 + 0 \times 2^1 + 1 \times 2^2 + 1 \times 2^3 = 1 + 0 + 4 + 8 = 13$，$(13)_{10}$ 即为它对应的十进制数。

微信视频资源 1-6——二进制数转换为十进制数的演示讲解

（2）其他数制转换为"十进制数"。

方法：同理，按图 1.39 中表示公式的方法低位到高位展开，求和，权重变为对应的 8 或 16，结果即为对应的十进制数。

（例题讲解）：$(2F)_{16} = 15 \times 16^0 + 2 \times 16^1 = 15 + 32 = 47$，$(47)_{10}$ 即为它对应的十进制数。

（例题讲解）：$(67)_8 = 7 \times 8^0 + 6 \times 8^1 = 7 + 48 = 55$，$(55)_{10}$ 即为它对应的十进制数。

2．十进制整数转换为其他数制整数

（1）"十进制整数"转换为"二进制整数"。

方法：用 2 连续去除十进制数，直至商等于 0 为止。然后用逆序排列余数，即为对应的二进制数。

（例题讲解）：将（13）$_{10}$转换为二进制数。13 除以 2，商 6 余 1，再将上次的商 6 来除以 2，商 3 余 0；继续，上次的商 3 除以 2，商 1 余 1；继续，上次的商 1 再除以 2，商 0 余 1，此时商为 0 了，将上面的余数逆序排列，得到"1101"，这就是（13）$_{10}$对应的二进制数。

微信视频资源 1-7——十进制整数转换为二进制数的演示讲解

（2）"十进制整数"转换为其他数值的整数。

方法：同理，用对应的 8 或 16 连续去除十进制数，直至商等于 0 为止。然后用逆序排列余数，即为对应的二进制数。

（例题讲解）：将$(13)_{10}$转换为八进制数。13 除以 8，商 1 余 5，再将上次的商 1 来除以 8，商 0 余 1。此时商为 0 了，将上面的余数逆序排列，得到"15"，这就是$(13)_{10}$对应的八进制数。

（例题讲解）：将$(156)_{10}$转换为十六进制数。156 除以 16，商 9 余 12，12 对应 C，再将上次的商 9 来除以 16，商 0 余 9。此时商为 0 了，将上面的余数逆序排列，得到"9C"，这就是$(156)_{10}$对应的十六进制数。

3. 二进制整数与八进制整数、十六进制整数之间的转换

（1）"二进制整数"转换为"十六进制整数"。

方法：从低位向高位进行，每 4 位二进制数用 1 位十六进制表示，这里可以查看表 1.3 来直接获取，不足 4 位时，高位用 0 补齐。最后，按照原来顺序排列替代位即可。

（例题讲解）：将（1101110）$_2$转换为十六进制数。先取最低 4 位的 1110，查表可知，对应"E"；接着继续向高位查找，最多只有 3 位 110，那么高位补 0，形成 0110，查表可知对应"6"，顺序排列后为 6E，即为对应的十六进制数。

 微信视频资源 1-8——二进制整数转换为十六进制数的演示讲解

（2）"二进制整数"转换为"八进制整数"。

方法：同理，从低位向高位进行，每 3 位二进制数用 1 位八进制表示，同样查表直接获取，不足 3 位时，高位用 0 补齐。最后，按照原来顺序排列替代位即可。

（例题讲解）：将$(1010111)_2$转换为八进制数。先取最低 3 位的 111，查表可知，对应"7"；接着继续向高位查找，010，查表对应 2，再继续向高位，只有 1 位 1，那么高位补两个 0，形成 001，查表可知对应"1"，顺序排列后为 127，即为对应的八进制数。

（3）"十六进制整数"转换为"二进制整数"。

方法：与"二进制整数"转换为"十六进制整数"的方法相反。从高位向低位进行，每 1 位十六进制数用 4 位二进制数表示，反向查表直接获取，最后，按照原来顺序排列替代位，最高位如果为 0，则直接去掉即可。

（例题讲解）：将$(7D)_{16}$转换为二进制数。先取最高位的 7，查表可知，对应"0111"；接着继续向低位查找，D，查表对应"1101"，结束，顺序排列后为 01111101，去掉最高位无意义的 0，结果为 1111101，即为对应的二进制数。

（4）"八进制整数"转换为"二进制整数"。

方法：同理，与"二进制整数"转换为"八进制整数"的方法相反。从高位向低位进行，每 1 位八进制数用 3 位二进制数表示，反向查表获取，最后，按照原来顺序排列替代位，最高位如果为 0，则直接去掉即可。

（例题讲解）：将$(76)_8$转换为二进制数。先取最高位的 7，查表可知，对应"111"；接着继续向低位查找，6，查表对应"110"，结束，顺序排列后为 111110，即为对应的二进制数。

上面的各种转换方法，请大家自行写出各种数值来练习，加深记忆。

1.4.4　计算机中数据的存储

我们已经知道了，计算机存储、处理数据，都是以二进制的方式进行，也知道了计算机的工作过程中是需要不断地存储、读取数据，那么，这些二进制数据，到底是怎么存放在各种存储器中的呢？一定大小的存储器又能存放多少数据量呢？

计算机存储器的每一个存储小单元都存放 1 位二进制数（0 或 1），存储器就由非常多的小存储单元构成，我们看下相关的术语：

• 位（bit）：也称作"比特"，简写为小写"b"，是计算机中最小的数据单位，就是一个二进制位，一位的取值只能是 0 或 1。例如 32 bit 就是 32 位。

• 字节（Byte）：字节是计算机中信息组织和存储的基本单位，规定 1 字节就是 8 比特。字节常用大写 B 表示。1 B = 8 bit。

字节就是我们平常用来描述存储容量的基本单位。随着存储技术的不断发展，存储容量也不断扩充数量级。我们目前常用的是 KB，MB，GB，TB 等单位，现在已经扩展到了 PB、EB 甚至更高。他们之间的换算关系是：

$$1 \text{ KB} = 1\ 024 \text{ B}，1 \text{ MB} = 1\ 024 \text{ KB}，1 \text{ GB} = 1\ 024 \text{ MB}，$$
$$1 \text{ TB} = 1\ 024 \text{ GB}，1 \text{ PB} = 1\ 024 \text{ GB}，1 \text{ EB} = 1\ 024 \text{ PB}$$

扩展学习：为什么 1 K 不是 1000？

我们发现，他们的对应关系，都是 1 024 倍，不要奇怪，$1\ 024 = 2^{10}$，即是二进制的10 位。计算机当然都是二进制的计数方式。所以，当你看见新买来的 1 TB 容量的硬盘，操作系统中只显示 930 GB 左右时，其实就可以理解为厂家是按照 1 000 的倍数来设计容量的，即是厂商设计的 1 TB = 1 000 GB = 1 000 000 MB = 1 000 000 000 KB，所以 1 000 000 000 KB 实际上计算机按照 1 024 的倍数换算到 GB 就只有 930 GB 左右了。这并不是硬盘有问题，而是设计规则本来就不到 1 TB。

• 字（word）：我们通常把计算机一次所能处理数据的最大位数称为该机器的字长。也就是说，CPU 中一次操作二进制数寄存器的位数长度，就是"字长"。若干个字节组成 1 个字。

比如：一个字长为 64 bit 的计算机，就是指该计算机能够一次计算 64 bit 的二进制数也就是 $2^{64} = 1.844\ 674\ 4 \times 10^{19}$ 之内的十进制数。

字长反映了计算机的计算精度，是 CPU 的一个最重要的性能标志。目前的 CPU 都达到了 64 bit。

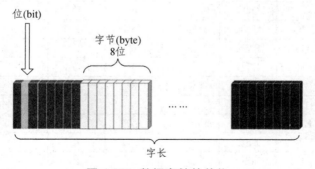

图 1.39　数据存储的单位

1.4.5　字符编码

1. "字符"的定义

学习完计算机中数值的表示和转换方式，我们再来看一下"字符"。

字符是指计算机中的非数值型数据，它们比数值型数据使用的多得多，它是人机交互的重要媒介。不同的机器、不同类型的数据其编码方式是不同的。由于这些编码涉及世界范围内的有关信息表示、交换、存储的基本问题，因此制定了有关国家标准或国际标准。我们常用的是英文字符和汉字字符。

2. 英文字符编码

这里包括了英文字母、标点符号、运算符号等等。它们也同样由二进制数来表示的。这套编码规范叫做"ASCII"码，即"美国标准信息交换代码"。

ASCII 码采用 7 位二进制编码，可以表示 128 个字符，包括：10 个阿拉伯数字 0～9、52 个大小写英文字母、32 个标点符号和运算符以及 34 个控制符。其中，0～9 的 ASCII 码为 48～57，A～Z 为 65～90，a～z 为 97～122。

为了使用方便，在计算机存储单元中一个 ASCII 码值占一个字节（8 个 bit），其最高位置 0（或置为校验码），ASCII 码占后 7 位。

扩展学习：ASCII 码编码规则

例如，英文字母 A 的 ASCII 编码是 1000001，a 的 ASCII 编码是 1100001，数字 0 的 ASCII 编码是 110001。需要注意的是在 ASCII 码表中字符的顺序是按 ASCII 码值从小到大排列的，这样便于记住常用字符的 ASCII 码值。为了便于记忆，也可以记住相应的 ASCII 码十进制值或十六进制值。

表 1.4　ASCII 码字符表

低 4 位	高 3 位							
	000	001	010	011	100	101	110	111
0000	NUL	DEL	SP	0	@	P	.	p
0001	SOH	DC1	!	1	A	Q	a	q
0010	STX	DC2	"	2	B	R	b	r
0011	ETX	DC3	#	3	C	S	c	s
0100	DOT	DC4	$	4	D	T	d	t
0101	ENG	NAK	%	5	E	U	e	u
0110	ACK	SYN	&	6	F	V	f	v
0111	BEL	ETB	'	7	G	W	g	w
1000	BS	CAN	(	8	H	X	h	x
1001	HT	EM	)	9	I	Y	i	y
1010	LF	SUB	*	:	J	Z	j	z
1011	VT	ESC	+	;	K	[	k	{
1100	FF	FS	,	<	L	\	l	|
1101	CR	GS	-	=	M	]	m	}
1110	SO	RS	.	>	N	↑	n	~
1111	SI	US	/	?	O	↓	o	DEL

3. 汉字编码

我国国家标准采用连续的两个字节表示，且规定每个字节的最高位为 1。以与 ASCII 码最高位为 0 区别开来。计算机中汉字的表示也是用二进制编码，同样是人为编码的。

扩展学习：汉字编码基础知识？

根据应用目的的不同，汉字编码分为外码、交换码、机内码和字形码。

1. 外码（输入码）

外码也叫输入码，是用来将汉字输入到计算机中的一组键盘符号。英文字母只有 26 个，可以把所有的字符都放到键盘上，而使用这种办法把所有的汉字都放到键盘上，是不可能的。所以汉字系统需要有自己的输入码体系，使汉字与键盘能建立对应关系。目前常用的输入码有拼音码、五笔字型码、自然码、表形码、认知码、区位码和电报码等，一种好的编码应有编码规则简单、易学好记、操作方便、重码率低、输入速度快等优点，每个人可根据自己的需要进行选择。

2. 交换码

计算机内部处理的信息，都是用二进制代码表示的，汉字也不例外。而二进制代码使用起来是不方便的，于是需要采用信息交换码。我国标准总局 1981 年制定了中华人民共和国国家标准 GB 2312—80《信息交换用汉字编码字符集——基本集》，即国标码。国标码字符集中收集了常用汉字和图形符号 7 445 个，其中图形符号 682 个，汉字 6 763 个，按照汉字的使用频度分为两级，第一级为常用汉字 3 755 个，第二级为次常用汉字 3 008 个。为了避开 ASCII 字符中的不可打印字符 0100001～1111110（十六进制为 21～7E），国标码表示汉字的范围为 2121～7E7E（十六进制）。

3. 机内码

根据国标码的规定，每一个汉字都有确定的二进制代码，但是这个代码在计算机内部处理时会与 ASCII 码发生冲突，为解决这个问题，把国标码的每一个字节的首位上加 1。由于 ASCII 码只用 7 位，所以，这个首位上的"1"就可以作为识别汉字代码的标志，计算机在处理到首位是"1"的代码时把它理解为是汉字的信息，在处理到首位是"0"的代码时把它理解为是 ASCII 码。经过这样处理后的国标码就是机内码。

4. 汉字的字形码

字形码是汉字的输出码，输出汉字时都采用图形方式，无论汉字的笔画多少，每个汉字都可以写在同样大小的方块中。为了能准确地表达汉字的字形，对于每一个汉字都有相应的字形码，目前大多数汉字系统中都是以点阵的方式来存储和输出汉字的字形。

详细的汉字编码规则非常复杂，有兴趣的同学可以查阅相关数据。

例题与解析

一、选择题

1. 计算机的发展阶段，通常是按计算机的（　　　）来划分的。

A. 内存容量　　　　　　　　　B. 物理元器件

C. 程序设计语言　　　　　　　D. 所安装的操作系统

正确答案：B

例题解析：A 答案的内存，只是计算机物理元器件的一种，所有元器件决定的计算机的发展，所有正确答案是 B。选项 C、D 都是计算机软件系统的一部分，不是划分发展阶段的依据。

2. 关于计算机的发展，错误的是（　　　）。

A. 计算机的发展趋势是小型化、微型化、网络化和智能化

B. 电子管开始作为第二代计算机的核心元器件

C. 以微处理器为核心的微型计算机，属于第四代计算机

D. 计算机不断发展，巨大体积的计算机已经被淘汰

正确答案：A、B、D

例题解析：本题考查计算机发展的四个阶段的理解和计算机的未来发展趋势。计算机发展趋势中没有小型化，只有微型化和巨型化两个极端的发展趋势，有各自不同的专攻领域；第二代计算机开始使用半导体晶体管作为核心器件，而不是电子管；第四代计算机的重要特点是使用了大规模、超大规模集成电路的核心器件，而微型计算机正是使用这些器件，比如他的 CPU、主板芯片，等等；选项 D 所说的巨大体积的超级计算机也在不断发展，它拥有其他小体积计算机无法比拟的运算速度，仍然应用于高端科研和军事领域，比如我国自行研制的天河Ⅱ号巨型计算机。

3. 计算机的主要应用领域的描述，正确的是（　　　）。

A. 最早应用于科学计算

B. 核爆炸和地震灾害之类的仿真模拟，其应用领域是科学计算

C. 人工智能领域的计算机已经能够完全模拟人的情感

D. 利用计算机的多媒体教学资源进行网络在线学习，是计算机的辅助工程领域

正确答案：A、D

例题解析：计算机的应用非常广泛，要区分计算机的应用领域，我们需要理解每个领域使用了计算机什么样的核心能力。首先是科学计算，这是计算机产生的原因，最早的计算机非常昂贵，仅用于科学研究中的数据计算，所以选项 A 是正确的；选项 B 的仿真模拟，是计算机辅助工程的应用范畴，帮助人们获取接近真实环境的数据，重点不在科学计算；人工智能领域主要研究的是计算机模拟人的智能活动，但是尚处于较初级的阶段，还做不到完全模拟人的情感，但是我们在朝着这个方向努力，选项 C 是错误的；选项 D 的计算机辅助工程领域非常宽广，各行各业都能够利用计算机，辅助完成专业的工作，而计算机在线教育，更是将计算机的网络功能和多媒体辅助学习功能结合起来，是新兴的学习方式。

4. 计算机的硬件和软件的相关描述中，正确的是（　　　）。

（A）计算机硬件先于软件产生

（B）计算机硬件性能决定了计算机的整体性能

（C）计算机硬件与软件相互渗透、相互促进发展

（D）计算机软件的设计依赖于硬件

正确答案：CD

例题解析：本题目需要同学们理解计算机软、硬件的相互关系，他们是一个有机的整体，谁脱离谁都毫无用处，单独强调哪一方面的说法，都是错误的，记住这点就可以了。

5. 下列关于指令、指令系统和程序的叙述中错误的是（　　　）。

A. 机器语言编写的程序需编译和链接后才能执行

B. 指令系统是 CPU 能直接执行的所有指令的集合

C. 可执行程序是为解决某个问题而编制的一个指令序列

D. 可执行程序与指令系统没有关系

正确答案：D

例题解析：这里，我们只需要理解计算机软件的基本构成。最基本的单位是"指令"，表明了一种操作；若干条相同类型的多种多样的指令，汇集成指令系统，决定了该计算机的基本功能；而程序正是为了解决某一实际问题，设计的一系列有序指令的集合，实现计算机的自动化处理。严格意义上说，程序和指令系统不是一个概念范畴，我们只是从学习上这样理解，程序正是利用了指令系统提供的指令，完成一系列问题的解决，基于这点，我们认为程序是更上层的东西，更有实际用途，范畴也大于指令系统；最后才是软件，软件包含了程序、程序运行所需要的数据，以及开发、使用、维护相关的文档资料集。所以正确答案是 D。

6. 关于计算机中数值进制的说法，下面哪些是正确的（　　　　）。

A. 二进制位数太长，会导致当今计算机计算速度发展受到限制

B. 二进制难以理解，计算机识别需要花费很多时间

C. 十进制人和计算机都能读懂，将应用于未来计算机系统

D. 八进制、十六进制的出现，也是跟计算机硬件密切相关的

正确答案：D

例题解析：本题目需要同学们理解各种数制的意义。首先是二进制，逢 2 进位，只有 0 和 1 两个数字，规则非常简单，并且与电子元器件的开启和断开状态配合，所以被设计为计算机专用进制，电子器件能够自行识别，说到位数长，但是只要有规律，对于计算机的运算速度，都是没问题的，因此二进制是计算机设计的初衷，是计算机的根本，所以选项 A、B 错误；其次是十进制，这是人们的习惯进制，而不适用于计算机，选项 C 也是错误的；最后八进制和十六进制，八进制用于 12 位和 26 位的计算机系统，现在已经被淘汰了，十六进制用于表示很长的数，比如计算机内存地址，比较方便，因此正确答案为 D。

7. 下列 4 个数中，最小的数是（　　　　）。

A. $(1789)_{10}$　　　　B. $(1EF)_{16}$　　　　C. $(1110100001)_2$　　　　D. $(227)_8$

正确答案：C

例题解析：本题目考查常用进制数之间的互转，我们需要牢牢记忆每种转换规则，依次计算 4 个选项。我们将 B、C、D 选项都转换为十进制。低位到高位展开，求和。

$(5EF)_{16} = 15 \times 16^0 + 14 \times 16^1 + 5 \times 16^2 = (1519)_{10}$

$(1110100001)_2 = 1 \times 2^0 + 1 \times 2^5 + 1 \times 2^7 + 1 \times 2^8 + 1 \times 2^9 = (929)_{10}$

$(2227)_8 = 7 \times 8^0 + 2 \times 8^1 + 2 \times 8^2 + 2 \times 8^3 = (1175)_{10}$

因此，C 选项最小。

8. 按使用器件划分计算机发展史，当前使用的微型计算机是（　　　　）。

A. 集成电路　　　　B. 晶体管　　　　C. 电子管　　　　D. 超大规模集成电路

正确答案：D

例题解析：微型计算机属于第四代计算机，所以正确答案为 D。

9. 下列各组微型计算机部件，不属于同一类的是（　　　　）。

A. U 盘、硬盘、光盘　　　　　　　　B. CPU、内存、主板

C. 键盘、绘图仪、显示器　　　　　　D. ISA 总线、PCI 总线、AGP 总线

正确答案：C

例题解析：这里需要同学们熟悉微型计算机的各种部件的原理和分类。选项 A，都是属于同类型的用于存储的外部设备；选项 B，都是属于主机内部的设备，也是微型计算机运行

的核心部件；选项 C，都是属于外部设备，但是不同的是，键盘是属于输入设备，而绘图仪和显示器，都是属于输出设备；选项 D，都是属于系统总线，分布于主板之上，提供不同接口使用。

10. 对于微型计算机的性能指标的描述，正确的是（　　　　）。

A. 主频为 2.8 GHz 的微型计算机比 2.2 GHz 的快

B. CPU、内存、主板的性能，决定计算机的主要性能

C. SSD 固态硬盘任何方面都比传统机械硬盘更好

D. 现今在微型计算机发展中，最制约整体运行速度的瓶颈是 CPU 主频

正确答案：B

例题解析：本例题综合考查了微型计算机的各项性能指标。

首先，CPU 主频速度是指 CPU 单位时间内发出的脉冲数，仅仅是 CPU 性能的一个指标，现在的 CPU 构架不断创新，越来越精细，新构架的 CPU，往往可以只用更低的主频速度，实现更快的计算，还能降低功耗，所以主频不是 CPU 性能的唯一指标，更不是整个微型计算机性能的唯一指标，所以选项 A 是错误的说法；

其次，选项 B 中的部件为微型计算机的三大核心部件，他们是可以决定微型计算机的主要性能的；

再次，SSD 固态硬盘拥有比传统机械式硬盘更快的传输速率、更低的功耗和噪声，工作原理上就优于传统机械式硬盘，是今后存储设备的新的方向。但是目前的技术使 SSD 固态硬盘受到擦写次数低、制造成本高、容量较小等限制，还有待继续科学创新，所以 C 是错误的；

最后，现今 CPU、内存、总线等速度都远远高于输入输出设备的数据传输率，即是计算机从外存将数据调入内存的速度，受到外部设备本身的限制，这才是整体性能的瓶颈，最简单的理解，使用 Windows 7 的系统性能评分检测时，你可以发现很多计算机的硬盘得分都是最低的。所以选项 D 也是错误的。

二、问答、计算题

1. "冯·诺依曼体系"是什么？对我们现在的计算机有什么用处？请详细画图描述该体系的工作原理和流程。

解答：

"冯·诺依曼体系"使用了"存储程序"的计算机工作原理，在 1946 年由匈牙利科学家冯·诺依曼提出，它确定了计算机硬件的基本结构和工作原理，直到当今，我们使用的计算机，也都是相同的构架体系，所以冯·诺依曼被称为计算机之父。该体系详细的工作原理如下：

参见教材图 1.18，首先，待处理数据被 CPU 控制器控制，由"输入设备"进入，被传送到主存储器，主存储器将指令流数据传入到 CPU 的控制器，信息数据送入 CPU 的运算器中，运算器根据控制器中的指令，处理数据，运算结果重新传入主存储器中，并由控制器交换到"输出设备"，完成一次数据处理。当然，输入输出设备与主存储器、主存储器与运算器的交互频率是不一致的，这个由控制器来控制。不断循环这个过程，就能够完成所有的数据运算和处理。所有的指令流和数据流的走向，均由 CPU 的控制器来控制，这就是"冯·诺依曼体系"的工作原理。

2. 请转换十进制数 567 为二进制数，再将其转换为十六进制数，请写出详细计算过程。

解答：这类题属于计算题，我们需要将主要的几种转换算法烂熟于心。

首先，计算十进制数 567 转换为二进制数。十进制转二进制使用"用 2 连续去除，逆序排余数"的算法。具体流程如下：

```
2 | 567
2 |  283  ------ 余1 ↑
2 |  141  ------ 余1
2 |   70  ------ 余1
2 |   35  ------ 余0
2 |   17  ------ 余1
2 |    8  ------ 余1
2 |    4  ------ 余0
2 |    2  ------ 余0
2 |    1  ------ 余0
2 |    0  ------ 余1
```

最后逆向取余，结果为：1000110111，就是对应的二进制数。值得注意的是，在最后一步，一定要将商除到 0。

然后，计算转换为十六进制数。这里有两种方法。

（1）直接将十进制数 567 转换为十六进制数：

同理，使用"用 16 连续去除，逆序排余数"的算法。具体流程如下：

```
16 | 567
16 |  35  ------ 余7 ↑
16 |   2  ------ 余3
16 |   0  ------ 余2
```

最后逆向取余，结果为：237，为对应的十六进制数。

（2）将第一步的结果二进制数，转换为十六进制数：

算法为"从低位向高位进行，每 4 位二进制数用 1 位十六进制表示，查表"。具体流程如下：

$$1000110111 = \underline{0010}\ \underline{0011}\ \underline{0111} = 237$$

最后结果同样为 237 的十六进制数。

Windows 7 操作系统及其应用

2.1 Windows 基本知识

2.1.1 Windows 起源

前面第一章讲解了什么是软件、什么是系统软件、什么是操作系统，本章我们学习的正是操作系统。我们常见的 Windows，就是搭建在用户与计算机硬件之间的、最贴近硬件的、必备的操作系统中的一种。

在计算机操作系统的发展历程中，必然出现过多种的操作系统软件。最广泛最有影响力的有 DOS、Windows、Unix、Linux、Mac OS，还有现在常挂在嘴边的 iOS、Android，他们都是操作系统软件，各自有各自的特色，应用于不同的硬件设备环境中。

而桌面电脑逐渐走入千家万户，真正成为人类的一种生活工作工具而不是单一的科研设备的需求日益高涨，尤其是基于 Intel X86 微处理器的 IBM 微型计算机发展迅速，因此由美国 Microsoft（微软）公司研发的 Windows 操作系统成为主流，它相对于命令行的 DOS 操作系统，完全兼容基于 Intel X86 微处理器，迎合了硬件发展潮流；具有图形化接口和界面（GUI），更加直观、高效、漂亮和易用；符合 IBM 公司提出的 CUA（Common User Access）标准，各应用程序相似的外观降低了学习成本；能够多任务同时运行，便于同时进行多件事情；具有众多版本，能更好满足不同领域的用户。现在，Windows 已经成为全球最主流的使用最广泛的操作系统软件。

截至目前，Windows 发展历经了很多个版本，最流行最有意义的如下：

• 1985 年，第一个 Windows 版本发布，Windows 1.0，丰富了鼠标操作，可多任务，功能十分有限；

• 1990 年，Windows 3.0 发布，成为开疆拓土的产品，他的图形显示效果、最新 386 处理器等的硬件支持、内存管理等方面的改进突飞猛进，3.1 版本完善了多媒体功能，3.11 革命性地加入了网络功能和即插即用（Plug-and-Play），使得 Windows 真正被用户所接受，风靡桌面电脑。1992 年，3.2 版本加入中文版，国内开始流行，中国最早的一批 Windows 用户对 Win3.2 记忆犹新。

- 1995 年，Windows 95 发布，极大提升了 GUI 效果和底层性能；并且和 Intel 的 80386 处理合作，使得非微软的产品不能提交系统底层服务。也就是说，它带来了更强大的、更稳定、更实用的桌面图形用户界面，同时也结束了桌面操作系统间的竞争。

- 1996 年，发布 Windows NT 4.0，面向工作站、网络服务器和大型计算机，NT 版本的 Windows 开始风靡。

- 1998 年，Windows 98 把微软的 Internet Explore 浏览器技术整合到了 Windows 里面，从而更好地满足了用户访问 Internet 资源的需要，这个也是在微软的反托拉斯案中的焦点，因为整合的 Internet Explorer 排挤了微软的竞争对手 Netscape 的产品。

- 2000 年，千禧版 Windows Me 与 NT 内核的 Windows 2000 有着相同界面，系统不再包括实模式的 MS-DOS，这对基于 DOS 源代码的 Windows Me 造成了不利影响，即造成了系统比 Windows 98 更不稳定更慢的情况，俗称"蓝屏王"。

- 1999 年，Windows 2000 是第一个基于 NT 核心的适合家庭及个人用户的桌面操作系统，分为 4 个版本，适应不同领域，新的内核比 Windows 9x 内核更加稳定，蓝屏大大减少。

- 2001 年，Windows XP 问世，Luna 界面焕然一新，能融合更多第三方应用软件，包括防火墙、媒体播放器 WMP、MSN 等等。对应服务器版本 Windows 2003。

- 2006 年，Windows Vista 发布，是微软首款原生支持 64 位的个人操作系统，开始具有 Aero 外观。但由于其过高的系统需求、不完善的优化和众多新功能导致的不适应引来大量的批评，市场反应冷淡，被认为是微软历史上最失败的系统之一。对应服务器版本为 Windows 2008。

- 2009 年，Windows 7 发布，目前成为最主流的操作系统，本书也是基于 Windows 7 进行学习。对应服务器版本为 Windows 2008 R2。

- 2012 年，为平板触摸电脑打造的 Windows 8 发布，但并不成功，随后的 2015 年 7 月 29 日，微软向所有的 Windows 7、Windows 8.1 用户通过 Windows Update 免费推送 Windows 10，并于北京时间 2016 年 8 月 3 日凌晨，正式发布 Windows 10 周年更新 RS1（1607，10.0.14393）版本，这是目前最新的 Windows 版本。

扩展学习：我们从不同角度，了解一下操作系统的类别怎么划分？

- 按照操作界面和方式，分为"命令行版"和"图形界面版"。命令行硬件占用资源低，操作快捷，但需要熟练掌握各种命令、参数的含义，一般是专业计算机人员用于管理提供各种应用的服务器，不适合桌面个人用户，比如最早的 MS DOS 操作系统，而目前最流行的仍然是 Linux 的命令行版本，用户可以自行选择安装需要的 Linux 模块；而当前个人用户的操作系统都是"图形界面版"，最杰出的代表就是 MS Windows 和 Apple Mac OS，当然移动设备的还有 Apple iOS 和 Google Android，他们都朝着拥有更人性化、更便捷、更多创新体验的用户操作方向努力。

- 按照设备用途，分为"桌面版"和"嵌入式版"。从个人电脑到平板电脑，再到各种手持移动设备，再到智能家电，操作系统已经应用于各种领域各种行业的硬件设备上，除了个人电脑上的操作系统 DOS、Windows、Mac OS 等，其他设备可以统称为"嵌入式版"，但是他们的界限已经非常模糊，比如 Windows 也有移动设备 Mobile 版，很多智能设备拥有类似个人电脑的构架。

- 按照开发目的和是否是产品，分为"商业产品版"和"开源版"。有的操作系统开发出来就是为了推广出售，是完全按商业产品的流程进行，那么，开发源代码和架构就是商业机密，用户只有按照开发厂商提供的方法来使用它，不能更改，用户必须适应它，比如 MS Windows、Apple Mac OS；还有一些操作系统软件，设计者不是为了直接从软件本身出售上获利，就公开源码，让大家都能看到系统设计原理，一起去学习，而且允许随便修改，加以改善和定制，因此开源鼻祖 Linux 和最火热的 Google Android，都拥有庞大的定制版本，不计其数，带动系统更新改善。

- 按照使用用途和规模，分为"服务器版"和"个人用户版"。服务器版本一般拥有更多的功能模块，更复杂的参数配置，更简洁的界面；而个人用户版则在用户界面体验、操作便捷性上做了优化。代表为 MS Windows Server R2 和 MS Windows 8。

扩展学习：Windows 是世界上第一个 GUI 操作系统？

世界上第一个具有 GUI 的 OS 不是 Windows，而是 Apple。Apple Computer 公司的创始人之一 Steve Jobs，在参观 Xerox 公司的 PARC 研究中心后，认识到了图形用户接口的重要性以及广阔的市场前景，开始着手进行自己的 GUI 系统研究开发工作，并于 1983 年研制成功第一个 GUI 系统：Apple Lisa。随后不久，Apple 又推出第二个 GUI 系统 Apple Macintosh，这是世界上第一个成功的商用 GUI 系统。但是，Apple 公司在开发 Macintosh 时，出于市场战略上的考虑，只开发了 Apple 公司自己的微机上的 GUI 系统，而此时，基于 Intel x86 微处理器芯片的 IBM 兼容微机已渐露峥嵘。这样，就给 Microsoft 公司开发 Windows 提供了发展空间和市场。

2.1.2 Windows 7 的几个重要信息

2.1.2.1 Windows 7 的各个版本

图 2.1 Windows 7 各版本

（1）Windows 7 Starter。即简易版或初级版，是功能最少的版本，可加入家庭组，任务栏上有变化，有 Jump List 菜单，但没有 Aero 效果，仅仅用于上网本市场。

（2）Windows 7 Home Basic。家庭普通版或家庭基础版，主要针对中、低级的家庭计算机，Aero 效果也没有，仅限于新兴市场发布。

（3）Windows 7 Home Premuim。家庭高级版，是针对家庭主流计算机市场而开发的版本，包含了 Aero 功能、Media Center 媒体中心以及触控屏幕的控制功能，在美化效果上也较为突出，是使用较多的一个版本。

（4）Windows 7 Professional。专业版，主要面向小企业用户及计算机爱好者，它不仅包含了家庭高级版的所有功能，还增加了包括远程桌面、服务器、加密的文件系统、展示模式、位置识别打印、软件限制方阵以及 Windows XP 模式等在内的新功能，是目前使用最多的版本。

（5）Windows 7 Enterprise。企业版，提供了一系列企业级增强功能，如内置或外置驱动器数据保护的 BitLocker、锁定非授权软件运行的 AppLocker、无缝连接基于 Windows Server 2008 R2 企业网络的 DirectAccess，以及网络缓存等，主要涉及服务器相关功能。

（6）Windows 7 Ultimate。旗舰版，最高级版本，包括了企业版的所有功能，一般授权给一般用户使用。

2.1.2.2　Windows 7 的运行环境

运行环境，对于最贴近硬件的操作系统软件来说，是指什么样的硬件系统能够使用该操作系统，或者说是该操作系统能够运行的最低的硬件系统的配置。

Windows 的运行，对于中央处理器 CPU、内存容量、硬盘存储空间、显示卡设备，微软都有最低要求：

- 中央处理器：1.6 GHz 及以上，推荐 2.0 GHz 及以上；
- 内存容量：256 MB 及以上，推荐 1 GB 以上，旗舰版（Ultimate）开机时需要消耗 800 MB 的内存，因此流畅运行其旗舰版，推荐 2 GB 及以上内存；
- 硬盘容量：12 GB 以上可用空间；
- 显示卡：显存 64 MB 的集成显卡及以上，如要开启 Aero 效果，需要支持 DirectX 9 需 128 MB 及以上。

对于其他的多媒体和网络设备，如声卡、网卡等，都没有运行环境的要求，也就是说除以上最低要求设备外，其他设备不影响 Windows 7 的安装和运行，只不过不能完成对应的功能罢了。

扩展学习：Windows 7 运行最低配置

经国外爱好者测试，Windows 7 Ultimate 版本在 Intel 奔腾 II 266 MHz 的中央处理器，使用 96 MB 内存下，是能够安装运行的，64 MB 则会显示内存不足，直接重启。而且在任何配置较低的上网本上，都能正常运行，经测试，在配置低的上网本上，整体性能和 Windows XP 基本处于同一档次，图形性能和硬盘性能更好一些，只不过是电池续航时间稍短了一些。

2.1.2.3　Windows 7 几个优点

（1）美观方便。Windows Aero 的透明玻璃效果让人耳目一新，Aero 即为 Authentic（真实）、Energetic（动感）、Reflective（反射）和 Open（开阔）的首字母缩写，意思是该界面具有立体感、令人震撼和阔大的用户界面，并包含了事实缩略图、实时动画等窗口效果。

（2）高速可靠。相比 Windows XP，它有着多窗口运行时明显的速度优势。并且，极大减少了电脑启动、恢复和关闭的时间；减少了系统崩溃和运行速度慢的情况。

Windows XP、Windows 7打开窗口的数量与内存消耗的增加幅度

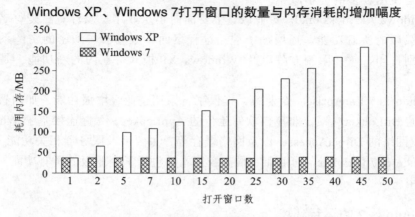

图 2.2　Windows 7 与 XP 多窗口运行内存消耗清理

（3）良好的软硬件兼容性。提供 XP 兼容模式、软硬件问题自主解决、轻松地访问外部设备等。

2.1.3　Windows 桌面的组成

Windows 中的一些术语，都来源于生活中，微软的设计思路正来源于此，Windows 的人性化和易学性也从此可见一斑，从这里开始，我们会介绍许多这样的贴近生活的术语，初学的你只需要联想生活中的意义，就可以深入掌握他们。

首先是 Windows 桌面（Desktop）。在生活中，桌面即是工作和生活的台面，是平时你最直接面对的东西，也能够放置经常使用的物件。因此，也可以总结出 Windows 桌面的两个特点：

（1）Windows 桌面就是 Windows 启动后首先显示的整个屏幕；

（2）Windows 桌面的作用就是放置各种最常用的应用程序，或者提供所有应用程序的启动入口。

Windows 桌面看起来比较杂乱，我们整理一下，主要分为这么几个区域：桌面背景、桌面图标、"开始"按钮、任务栏、状态栏。位置划分如图 2.3 所示。

扩展学习：Windows 7 桌面的实际路径
　　桌面其实就是系统逻辑盘符里面的一个固定路径，Windows 7 中位于"系统驱动器\用户\（对应用户名）\desktop\"路径。只不过这个路径的内容固定作为桌面首先显示出来，可以理解为桌面是一个特殊的文件资源管理器，路径和目录结构我们将在后面章节中学习。

图 2.3　Windows 7 桌面功能划分

2.1.3.1　桌面背景

　　桌面背景（Wallpaper），是指 Windows 7 桌面系统背景图案，也称为墙纸。我们可以理解为生活中的工作台桌面的桌布或桌面装饰图案，用户可以根据需要设置桌面的背景图案。虽然他的功能仅仅是观赏，但是桌面背景是你一天中面对电脑看到的最多的东西。

扩展学习：Windows 7 桌面的延伸
　　多显示器状态下，桌面背景可以延伸，并还可以通过显示卡应用程序或者第三方软件，实现不同显示器不同的显示桌面，方便用户在多显示器上放置不同的文件和应用程序快捷方式。

2.1.3.2　桌面图标

　　这里就需要介绍下什么是图标（Icon）。在 Windows 操作系统中，面向用户的主要是文件、文件夹和应用程序，这些是 Windows 的基本元素单位，我们将在后面章节学习。我们使用 Windows，都是在操作这些对象，而 Windows 把这些对象，都设计成了直观的小图片，下面加上简短文字，说明图片的名称或者功能，这就是图标。

　　根据桌面的设计目标，Windows 将桌面图标设计成为了系统图标和其他类型图标。系统图标指系统自带的桌面图标，用于完成某些特定的系统功能，这些图标一般是不允许用户像操作其他图标一样随意删除的，并且为桌面独有；而其他类图标是指普通图标，它们并不是只能存在于桌面的，它们也可以随意存放在绝大多数其他位置，把他们置于桌面，唯一的目的，就是方便快速找到并操作它。这类图标用户一般由安装软件自动生成，或者由用户自己的意愿创建。如图 2.4 所示。

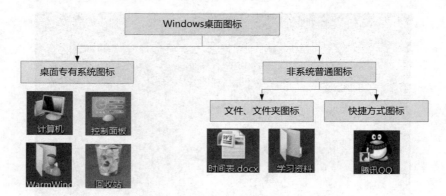

图 2.4　Windows 7 桌面图标分类

下面我们就一一学习下。

扩展学习：图标的含义和分类
　　图标是具有明确指代含义的计算机图形。其中桌面图标是软件标识，界面中的图标是功能标识。图标的分类：文件图标、应用程序图标、界面要素类图标和快捷方式图标。

扩展学习：图标的标识性
　　文件图标，代表了他是什么文件，并且当前默认用什么应用程序打开；应用程序图标，一般为专门设计的图案，是这个应用程序的 logo；快捷方式图标，左下角有一个箭头，仅仅表示一个文件的位置。这些图标的特性，让用户对这些 Windows 元素和它的功能一目了然。

1. "计算机"图标

Windows 人性化的系统功能之一。在 Windows Vista 之前的版本中称为"我的电脑"。它清楚告诉用户计算机的所有内容，都能通过它来找到。他也是资源管理器的一种显示方式，所有的计算机资源的起始目录——驱动器目录，在这里呈现出来，可以进行磁盘和文件的管理。

图 2.5　"计算机"呈现形式

从图 2.5 可以看到，"计算机"将驱动器分类，包括了"硬盘""有可移动存储的设备""网络位置"等等，如果你连接了数码相机、手机等，还会显示对应的分类。其中"磁盘"包含了计算机固定硬盘的各个逻辑分区；"有可移动存储的设备"包括光盘驱动器、U 盘、各种存储卡读卡器等等；"网络驱动器"是指不在本计算机上的、通过网络远程映射的其他计算机的资源目录。

Windows 7 通过进度条和数字的组合方式，清楚地显示了整个驱动器的总存储量和目前使用量，相比之前的 XP 系统，相当人性化。

2. "用户文件夹"图标

系统为每个不同用户分配了不同的个人文档分类存放的位置，图 2.6 中显示的"Warmwind"图标，就是名为 Warmwind 的用户自己的文件夹。这个体现了 Windows 多用户的定位。超级管理员可以设置每个用户是否能查看其他人的个人用户文件夹。

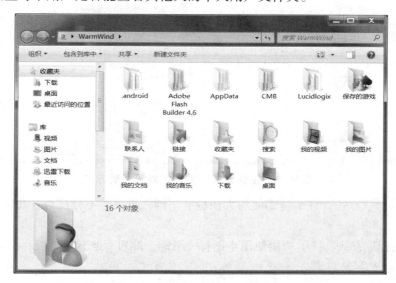

图 2.6 "用户文件夹"呈现形式

如图 2.6 所示，"用户文件夹"默认有"我的图片""我的文档""我的音乐""我的视频""收藏夹""联系人"等等分类子文件夹。大多数应用程序在保存文档、音乐、图片、视频时，会默认保存在个人用户文件夹。

"用户文件夹"的驱动器位置我们也需要知道，位于"系统驱动器\用户\（对应用户名）\"路径。

扩展学习：第三方程序的文档保存位置变了？
　　Windows7 提升了用户文件夹的安全性，要求第三方应用程序将自己的存档文件或者用户数据文件，均要放置于对应用户的"用户文件夹"中，如图 2.6 所示的第一行的那些文件夹。

3. "控制面板"图标

桌面上可以选择放置"控制面板"系统图标（Control Panel）。他是绝大部分系统管理操作的入口，就像图 2.7 所示，可以设置"系统安全""网络""用户账户""个性化外观""硬件设备"等，详细的设置我们会在后面"Windows 系统环境配置"里面介绍。

控制面板的内容排列，我们需要知道可以按照三种方式显示。

（1）"类别"方式：类似于"三级树形"结构，这种方式下，只会将部分功能按照一级类别分类，列出部分 3 级子功能，很多子功能都没有显示完整，需要点击一级类别名，查看详细的二级三级目录。优点是能够快速定位一级类别，树形的结构方便分级浏览和查找。

图 2.7　"控制面板"的"类别"呈现方式

（2）"大图标"方式：将子功能使用大图标"平铺"排列，不分层级。功能完整，且大图标清晰易懂。

（3）"小图标"方式：将子功能使用小图标"平铺"排列，也不分层级。相对大图标方式，占用更少页面，更容易总览。

4．"回收站"图标

"回收站"在之前的 Windows 操作系统中也称为"废纸篓"。同样通过我们前面介绍的"拟生活"化的方式，很好理解。把它放置在桌面上，就像将废纸篓放在办公桌旁边丢垃圾一样合理，方便使用。后面的"文件操作"，我们将详细介绍。

5．"文件""文件夹"图标

除了桌面上常见的上面 4 种系统图标外，我们更习惯在桌面上放置一些经常使用的用户文件，可以直接操作使用，他们以"文件"和"文件夹"图标方式存在。我们只要将文件和文件夹复制到桌面，或者上面扩展学习中讲到的固定路径中，即成为了桌面的文件或者文件夹图标。

6．"快捷方式"图标

快捷方式图标可以定向应用程序、文件或者文件夹，将它放置在桌面上，更加天经地义。通过桌面的快捷方式图标，来启动应用软件，或者访问我们经常使用的文件、文件夹，真正体现桌面的方便之处。

因此，当安装 Windows 标准的应用软件时，就会自动将该软件的执行文件创建一个快捷方式图标，并放置为桌面图标，方便使用。

扩展学习：桌面图标的设置
- 如何调整桌面图标大小。用户可以根据自己的喜好，根据对例如图片等文件的预览需要，调整桌面图标的大小。操作方法为桌面空白区域（无图标区域）点击鼠标右键，选择"查看"，就可以选择大、中、小图标。
- 如何调整桌面图标排列。同样，各种图标的排列顺序、排列分类方法，也是可以选择 Windows 自动整理，或者手工整理，就像自己的办公室工作台面一样。方法同样是桌面空白区域点击鼠标右键，选择"查看"，取消"自动排列"选项，就可以自己手工任意拖拽图标了，跟摆桌面的东西一样，想放哪儿就放哪儿。

扩展学习：桌面图标的使用心得
日常使用心得：桌面上多使用快捷方式和不重要的临时文件，重要文件最好分门别类存放于非系统盘中，一是桌面空间有限，图标太多容易不整洁且查找起来不便；二是系统盘有系统崩溃和重装系统忘记备份的风险。

2.1.3.3 "开始"按钮

"开始"按钮（"Start"Button）是 Windows 的最有特色的功能之一。顾名思义，Windows 所有功能都能从这个按钮开始实现。

它始终位于任务栏的第一个元素。按钮为一个 Windows 的窗口徽标图案，点击后，出现了"开始"菜单（"Start"menu），主要有 4 个分区，如图 2.8 所示。

2.1.3.4 任务栏和系统托盘

Windows 7 系统的任务栏（图 2.9）是位于桌面下方的一条粗横杠，在横杠上集中了"开始菜单""任务栏操作区""系统托盘区"，它的作用就是管理用户正在操作的各种任务，包括"快速启动栏""切换前台应用程序""快速启动某个应用程序""查看设置关键系统状态"等等。

图 2.8 "开始"菜单的构成元素

开始菜单　　　　　　　　　　任务栏操作区　　　　　　　　系统托盘区（通知中心）显示桌面按钮

图 2.9 任务栏的构成元素

1. 快速启动栏和任务栏程序锁定

Windows 7 中，缺省是取消了"快速启动栏"的显示，这可能使习惯了 Windows XP 的用户很不习惯，其实，这项功能还是存在的，可以通过在任务栏上右键鼠标，选择"工具栏"下面的

"新建工具栏"功能，在弹出的对话框中，输入这样的路径地址："%userprofile%\AppData\Roaming\Microsoft\Internet Explorer\Quick Launch"，确定后，即可开启"快速启动栏"。

其实，微软取消了"快速启动栏"，是有道理的，因为 Windows 7 开始，引入了"任务栏锁定"功能，如图 2.10 所示。

图 2.10　锁定应用程序到任务栏

打开某个应用程序后，任务栏出现该程序，鼠标右键单击显示图 2.10 左边的菜单，选择"将此程序锁定到任务栏"后，我们关闭这个程序，会发现任务栏上已经出现了该应用程序的图标（图 2.10 右），这个完全能够实现"快速启动栏"的功能，还比它更加美观实用。

2. 任务栏主体

任务栏显示了目前 Windows 正在运行的大部分应用程序，我们可以点击其中一个，将它激活为当前显示活动任务，才能查看或者操作，其余的非激活的应用程序，仍然可以自动执行已经命令了的功能。

当我们将鼠标移动到任务栏某个应用程序上的时候，此时不点击鼠标，Windows 会出现一个缩小的预览窗口，供我们随时监视这些程序的运行情况，而不需要切换激活方式，影响当前的激活程序的使用，这是 Windows 7 一个非常实用的功能，我们可以学会经常使用。

3. 系统托盘，或者称为通知区域

这一块区域在以前 Windows 版本中称为"Tray"（托盘），Windows 7 遵循人性化原则，改名为"通知区域"，强化了 Windows 通知用户信息的功能。许多软件的实时运行状态，和随时发生的信息通知，都会显示在这个区域。一些系统的关键信息，比如笔记本电量、声音音量、网络连接状态等等。

我们可以通过"消息中心"，设置哪些程序我们希望运行就显示在这里，哪些程序只需要有信息才显示在这里，哪些根本不出现。

 微信视频资源 2-1——Windows 7 的通知中心如何使用

4. "显示桌面"按钮

如图 2.9 所示的任务栏最右端的一个透明的区域，实际上是显示桌面的按钮，Windows XP 版本中它位于"快速启动栏"中，Windows 7 中设计成为了一个不易察觉的按钮，点击可以迅速最小化所有窗口，显示桌面背景。估计不少用户都不知道这个按钮的存在。

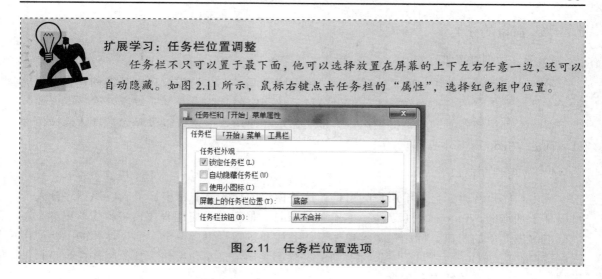

扩展学习：任务栏位置调整

　　任务栏不只可以置于最下面，他可以选择放置在屏幕的上下左右任意一边，还可以自动隐藏。如图 2.11 所示，鼠标右键点击任务栏的"属性"，选择红色框中位置。

图 2.11　任务栏位置选项

2.1.4　Windows 窗口

　　Window，本来就是表示"窗口、窗户"的单词，加上复数形式 s，那自然就是"多个窗口"。这样，就直接表明了"窗口"元素在 Windows 中至高无上的地位。每个应用软件都会以一个矩形区域展示在用户面前，这个矩形区域内部的排列，可以由系统严格规范，也可以由应用程序自定义，这就是"窗口"。用户的所有操作，都在对应的窗口之中完成，多个窗口代表了多个系统或者应用软件同时多任务运行，这就是"Window 加上复数标识 s"的 Windows 的含义。

2.1.4.1　窗口的组成元素

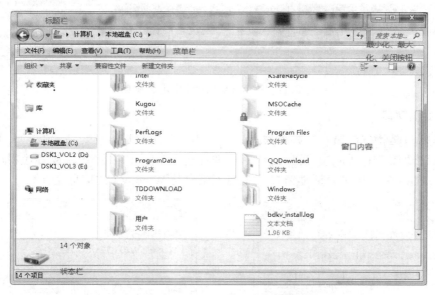

图 2.12　Windows 窗口的组成元素

　　一个标准的 Windows 窗口，包括"标题栏""菜单栏""最小化按钮""最大化按钮""关闭按钮""窗口内容""状态栏"。在不同类型的窗口中，这些元素可能会有变化，有增加或者删除。

2.1.4.2　窗口的分类

1. 系统文件夹窗口

最典型的就是之前讲过的"计算机""控制面板"等窗口，这类窗口由系统创建，主要提供了文件、文件夹的各种操作方式，或者进行系统规定的某些设置，缺省设置下，窗口的各个组成元素都很齐备，同时也提供用户自定义显示和使用这个窗口组成元素。具体的操作参见后面的 Windows 基本操作。

2. 应用程序窗口

应用程序打开时，显示给用户的窗口。这种窗口的样式就非常多样了，应用程序开发商可以基于基本的 Windows 窗口元素，自行修改设计，最简单的应用程序窗口就像"记事本"，最标准的最简单的窗口，标题栏、菜单栏、任务栏和按钮栏一应俱全，而个性化的一些应用程序窗口，比如 QQ、优酷客户端（图 2.13），除了关闭、最小化按钮，其他的样式都是自己设计，显示出自己的特点和理念。

图 2.13　Windows 个性化定制窗口

3. 对话框窗口

对话框窗口是特殊的窗口，顾名思义，就是为了与用户进行"对话"交互，可以是一段对用户的提醒［图 2.14（a）］，可以是让用户进行选择［图 2.14（b）］，或者让用户输入后再选择［图 2.14（c）］，通过对话框窗口，实现了用户与 Windows 的信息交互。

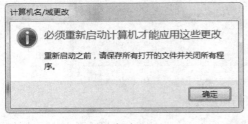

（a）

（b）

（c）

图 2.14　Windows 丰富的对话框窗口

2.1.5　Windows 菜单

又是一个 Windows 来自生活的用语——"菜单"（Menu），Windows 菜单被设计成为条状列表，就像点菜的菜单一样，由此得名。当某个窗口需要选择的命令足够多时，这些命令就被设计成为菜单，它们按照一定规则进行分类，形成"菜单项"，有逐层关系产生，就形成"多级菜单"。如图 2.15 所示，左右分类就是菜单项，带三角形箭头的就是多级菜单，而有图中的带有"…"的，是指运行该菜单指令后，会产生"对话框"窗口。

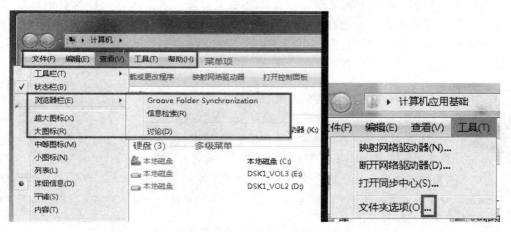

图 2.15　Windows 下拉菜单

上面的这种固定样式的菜单，我们成为"下拉式菜单"，如果我们在窗口某个对象上鼠标右键单击，会出现另一种菜单——"弹出式菜单"（图 2.16），它出现在鼠标位置，一般用来操作该对象的命令。

图 2.16 Windows 弹出式菜单

 微信视频资源 2-2——Windows 菜单的规律和结构是什么

2.1.6 Windows 应用程序

应用程序（Application）就是指运行在操作系统上的，为了完成一种或者多种特定任务而被设计开发的计算机程序。他在 Windows 操作系统上表现为.exe 可执行文件。

一个完整的可运行的应用程序，可能不止本身的.exe 文件，可能还包括了一些引用的系统接口文件（比如.dll）、一些文档文件，等等。

 扩展学习：应用程序的分类
应用程序常见的分为桌面应用程序、Web 应用程序。桌面应用程序，属于 GUI 程序，有良好的图形用户界面，可以直接在 Windows 上运行，易于操作，是我们日常使用得最多的 Windows 程序，当然也有一些桌面应用程序只需要在系统后台以进程的方式运行，不需要用户操作界面。而 Web 应用程序有着不同的特性，它们运行于专有的 Web 服务器，比如 Tomcat、Apache 等等，给用户提供服务，使用者只需要提供符合标准的浏览器即可访问 Web 访问，因而具有跨平台的特性。

2.1.7 Windows 文件存储逻辑结构

Windows 的文件存储结构非常复杂，我们可以分为"物理存储结构"和"逻辑存储结构"来分别理解。"物理存储结构"是指文件存放在物理磁盘上时，磁盘的存储介质的排列结构主要有"顺序存储""索引存储""串联存储""散列存储" 4 种方式，这是由硬件工程师设计实现，涉及较为复杂的底层知识，属于"计算机原理"的学习领域，我们计算机基础课程不涉及，感兴趣的同学可以参见计算机原理相关教材。

本课程讨论的是 Windows 文件面向使用者展现的存储方式，这就是逻辑存储结构。

1. "逻辑盘"和"路径"

"逻辑盘"顾名思义，不是指真正的计算机磁盘硬件，而是指用户为 Windows 操作系统分配的、用户可见的虚拟的磁盘分区，比如 C、D、E（由于习惯，A、B 盘符一般留给软盘分区，虽然目前已经基本废弃软盘介质）等等，这就叫做 Windows 虚拟分区，要访问这些虚拟的逻辑盘符上的信息，我们就使用"C：\"（盘符字母 + 冒号 + 反斜杠）这样的标识，这就是最基本的路径符号——根目录。

2. "文件"

文件是 Windows 提供给用户的最基本的最小的单位，所有的信息都是存储在文件之中，每个文件都是一组有序的指令和信息的集合，它可以是系统配置信息、应用程序、一首歌曲、一部电影、一篇文章，等等。它平时存放在外部存储器（硬盘、U 盘）中，使用时，提取到内存中，由中央处理器解析处理。

文件由路径 + 文件名来确定自己的唯一性。完整的文件名由"文件名.扩展名"组成，比如 Readme.txt，前面 Readme 表示文件的内容，txt 扩展名表示文件的类型，是一个 txt 文本文件。

3. "文件夹"

文件夹又称目录，是多个文件分类存放的集合，它本身不是文件，只是一个路径。一个文件夹下面，可以再分类多层文件夹，每分一层，就用一个"\"反斜杠表示。这样，路径的概念就得到了延伸。比如"C：\windows\web\wallpaper\windows\img0.jpg"，它表示了在盘符为 C 的逻辑磁盘上的根目录下，有一个名为 windows 的文件夹，包含了一个 web、wallpaper、windows 三层的文件夹目录结构，在这个最底层的路径中，存放了一个文件名为 img0 扩展名为 jpg 的图片文件。

扩展学习：物理磁盘与逻辑盘符的对应关系

一个物理磁盘，可以分区为一个或多个逻辑盘符；多个物理磁盘也可以通过 RAID 技术，分区成为一个或者多个逻辑盘符。

扩展学习：扩展名与文件类型

手工直接修改扩展名，一般不能改变该文件的性质，比如将.txt 改为.jpg，它的文件类型本身是由自己的二进制数据编码决定的，扩展名只是告诉用户编码的类型，txt 文件和 jpg 文件有着完全不同的二进制编码，修改扩展名，除了错误改变缺省打开它的应用程序外，毫无意义。

扩展学习：文件名命名规则

文件名最多 255 个字符；扩展名不能有？/\<>：""*|；文件名不区分大小写、可以使用多个.分隔符。

微信视频资源 2-3——什么是逻辑目录、文件树形结构，它们应该怎么使用

2.2　Windows 基本操作

本节开始，我们着重介绍 Windows 常用到的操作方法，同学们可以逐一跟着练习掌握 Windows 7 提供给用户的便捷操作。

2.2.1　Windows 的启动和退出

1. Windows 的启动

计算机的启动分为两个大的步骤。首先，当电源开关按下后，通过主板上的 BIOS 芯片设置，检测所有启动必需的硬件，没有问题后，进入下一步，依照启动设备顺序设置（Boot Sequence），依次寻找可以启动的操作系统。如果优先找到了我们已经安装好 Windows 7 操作系统，计算机就会自动开始装载（Loading）Windows。这时，Windows 启动程序依次运行，一段时间后，即可进入 Windows 桌面。如果设置了多账户，需要选择一个账户，输入预设密码后进入。

 扩展学习：Windows 7 的安装
　　Windows 7 的安装，可以通过 BIOS 修改启动设备顺序，选择使用 U 盘、光盘、网络安装。这里推荐使用微软的 Windows 7 安装 U 盘制作工具"Windows 7 USB/DVD Download Tools"来安装 Windows 7，不需要光盘驱动器，且安装速度快。

 扩展学习：Windows 7 的启动过程
　　电脑加电后，首先是启动 BIOS 程序，BIOS 自检完毕后，找到硬盘上的主引导记录 MBR，MBR 读取 DPT（分区表），从中找出活动的主分区，然后读取活动主分区的 PBR（分区引导记录），PBR 再搜寻分区内的启动管理器文件 BOOTMGR，BOOTMGR 会去启动盘寻找 WINDOWS\system32\winload.exe，然后通过 winload.exe 加载 windows7 内核，从而启动整个 windows7 系统。

 微信视频资源 2-4——Windows 有哪些安装方法，它的启动过程及原理是什么样的

2. Windows 的退出

Windows 禁止在任何时候以直接关闭电源的方式关闭。我们必须按照以下操作关闭 Windows，保证 Windows 有序关闭重要进程，保存缓存数据。

方法一：点击"开始"菜单，点击右下角的"关机"按钮；

方法二：桌面上使用键盘 Alt + F4，选择"关机"；

方法三：轻点计算机机箱的"电源"开关，注意不是长按，缺省设置下，等待数秒后，Windows 7 会正常关闭。

3. Windows 的锁屏、注销、重启、睡眠和休眠

当我们需要离开时，我们还可以选择 Windows 其他的暂时关闭的方式，它们的效果都不尽相同。

（1）锁屏：Windows 启用登录密码保护，关闭当前操作显示，只有当重新输入密码时，才能回到锁屏前的显示界面。此时，Windows 所有运行的程序都正常运行，应用程序都不受影响，适合短暂离开正在进行的工作时，回来继续工作时无需任何等待。

（2）注销：将当前登录的 Windows 账号运行的所有应用程序关闭，Windows 返回到未登录状态。这种方式适用于当前用户的所有工作都完成了，需要切换到另一个用户登录适用。

（3）重启：指 Windows 重新启动。重新启动其实就可以理解为关闭 Windows 然后开启 Windows 的过程。重启后，一个全新开机的 Windows 就呈现出来了，常用于安装关键软件、清除内存状态等情况。

（4）睡眠和休眠：我们把它们放在一起学习一下。它们的功能都是能够保持正在运行的应用软件，方便下一次回来后继续使用。区别在于，"睡眠"是将所有任务保存于计算机内存中，计算机硬件都处于低功耗状态，但仍会消耗电量，恢复时速度较快；而"休眠"是 Windows 将所有任务保存在硬盘之中，计算机就不再需要电量来维持内存消耗，可以完全断电零功耗，不过重新恢复时需要从硬盘读取数据，速度较慢。

因此，善用以上功能，可以在保证工作持续和能源节约之间寻找到平衡点。

2.2.2　熟练使用鼠标和键盘

鼠标和键盘是 Windows 最重要的用户输入设备，它们的无缝配合，成就了 Windows 的绝佳人性化。

1. 鼠标的基本操作

鼠标操作是 Windows 的象征，Windows 将这种屏幕坐标定位、涵盖了点击、双击、拖拽、框选等的鼠标操作方式并发挥到了极致，对于提升 Windows 的易学性起到了重要的作用。Windows 为大部分的功能都设计了易于鼠标操作的 GUI 图形界面，我们可以毫不夸张地说，学会了鼠标操作，就学会了 Windows 的大部分日常使用。下面我们就来看看鼠标的基本操作有哪些。请注意，我们下面都是指右手操作鼠标的方式，如果是左手，请交换左右方向。

（1）左键单击：点击鼠标左键，然后立刻释放。最常用的鼠标操作，只要说到"单击"，就是指左键单击。Windows 的文件选择和预览、菜单命令执行、任务栏任务切换、窗口和对话框上按钮操作等等，都可由左键单击控制。

（2）左键双击：连续两次左键单击，并且保持较短的间隔时间，就完成了一次左键双击。一般简称为"双击"。双击不像单击那样，不易误操作，可以理解为带确认操作的鼠标操

作方式，主要用于稍微复杂或者需要区别于单击的操作，比如文件和文件夹的打开、应用程序或快捷方式的启动。

（3）右键单击：点击鼠标右键，立即释放。Windows 的鼠标右键为左键的辅助操作，使用频率低于左键，常用的操作为在指定对象上呼出快捷菜单。

（4）指向：移动鼠标指针到屏幕的某个位置或者对象上。用于鼠标的坐标定位，某些情况下还可以预览指向的对象内容。比如移动到文件夹上，Windows 会用悬浮标签显示该文件夹内部分文件及文件夹的大小等关键信息。

（5）拖拽：当使用鼠标指向操作，并左键单击选定某个对象后，就可以按住鼠标左键保持住不释放，再移动鼠标到目的地后释放，就实现了鼠标的拖拽操作。我们想一下，这个操作就跟生活中的拿起东西放置或者丢弃在另一处完全类似，因此常用于图标的重新排列、文件的复制和移动，或者删除文件等等。

鼠标的操作都是由上述基本操作组合而成，不同顺序和组合，产生了各种各样的鼠标操作方式。

扩展学习：鼠标滚轮的操作

我们可以利用鼠标的滚轮，实现更丰富的鼠标快捷操作。

放大或缩小网页字体。利用 Ctrl 键＋鼠标滚轮，可以缩放网页显示比例。

自动滚屏。把鼠标箭头移到网页或文档中，向下按一下鼠标滚轮，随着"嗒"的一声，原来的鼠标箭头就变成一个上下左右四个箭头，或这上下两个箭头的圆点。

图 2.17　按下鼠标滚轮

这时，向上或向下移动鼠标，页面就会着一个黑色的小箭头向上或向下自动滚屏，小箭头距离刚刚按下的原点越远，滚屏速度就越快。

● 鼠标滚轮点击网页链接，即可实现新标签后台打开新链接。

鼠标的最基本的 3 个按键加上移动拖拽操作，能够实现更多的快捷操作方式，这个有待大家去研究发现。

2. 鼠标的形状

鼠标在不同的操作状态下，Windows 设计它呈现为不同的形状，告诉用户，当前系统在做什么，或者现在能够做什么，了解这些形状细节，是用好鼠标的关键。

Windows 提供了许多预设的主题，图 2.18 显示了缺省主题下的缺省 Aero 鼠标主题表达的含义，如果更改主题，大致的图标含义都是类似的，只不过改变了一些风格和样式。

3. 键盘的基本操作

键盘在计算机诞生之日起，就一直是用户最亲密的输入工具，直到 Windows 赋予了键盘除了输入字符外的其他的操作含义。我们总结一下键盘在 Windows 下的用法。

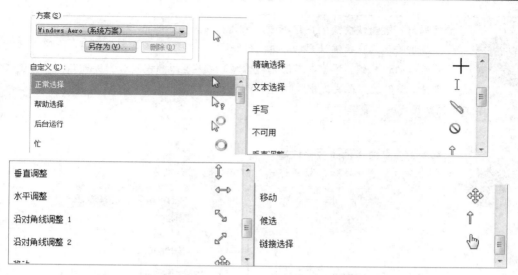

图 2.18 Windows 7 Aero 主题鼠标形状

（1）字符输入操作。当鼠标的形状显示为上图中的"文本选择"时，这就跟以前的 DOS 操作系统的"光标"是一个含义了，它告诉用户，鼠标闪烁的位置，就是键盘开始录入字符的位置，这种状态存在于所有需要输入的窗口中。

（2）使用预设好的组合快捷键，替代某些鼠标操作。Windows 充分考虑到用户的操作诉求。第一种情况，当进行大量字符输入时，双手长期停留在键盘位置，如果某些功能需要频繁地操作鼠标去实现，就会造成手在键盘和鼠标之间的频繁切换，严重影响操作的舒适性，降低操作效率。此时，使用一些 Windows 预设的键盘快捷方式按键来替代鼠标，就可事半功倍。例如：在 Word 输入时，可以随时利用 Ctrl + S 的组合快捷键保存文档，而不去点击工具栏中的保存按钮；

第二种情况，当某项功能处于层级较深的多级菜单中时，我们每次寻找它需要花费不少的时间，这时也可直接利用快捷键，直接使用键盘完成，避免繁琐的浏览查找。例如，在浏览器中查找页面文字，键入 Ctrl + F，即可打开查找对话框，不用去菜单中逐级寻找。

 微信视频资源 2-5——掌握键盘和鼠标的操作姿势和操作要领

4. 常用的有效的快捷键记忆

（1）Ctrl + S：所有具有文本输入的大多数文字编辑软件中，均可使用它来实时保存数据；

（2）F1：当前活动窗口的帮助文档查看快捷键；

（3）Alt + F4：快速关闭当前活动应用程序；

（4）Win + D：迅速最小化所有窗口，让你回到桌面；

（5）Win + L：锁定当前 Windows 用户登录状态，即刻使用登陆密码保护，在不关闭所有应用软件的前提下，保证离开时计算机的安全。

以上只是部分常用的好用的键盘快捷键，其他的还有待大家自己发现。

扩展学习：键盘快捷键的记忆不要成为负担

我们要注意快捷键使用的分寸，不要像很多傻瓜式教学书籍一样，教你死记硬背某软件所有的快捷键，这是本末倒置，影响了你本来应该学习的内容和技巧，让快捷键成为累赘。我们需要在使用中掌握自己觉得对你有用处的部分快捷键，目的仅仅是提高工作效率，而不是记忆快捷键本身。

扩展学习：菜单中的对应快捷键

菜单中都有快捷键的对应提示，随时供记忆和查看。

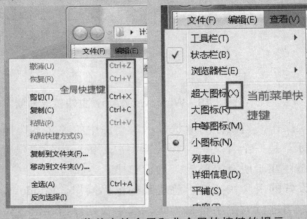

图 2.19　菜单中的全局和非全局快捷键的提示

2.2.3　Windows 输入法启动和切换

Windows 作为全世界流行的操作系统，多国语言的支持非常完善。Windows 7 中文版本中，除了系统的语言中文支持外，我们日常使用最多的就是在输入过程中，切换中文和英文输入法，方便与否直接决定了输入效率。

Windows 7 在安装完成后，就自动安装了微软中文拼音输入法，我们可以直接使用，当然，我们也可以下载安装第三方的搜狗中文输入法、百度中文输入法、QQ 输入法，等等。一般比较热门的中文输入法，都支持"拼音"和"五笔"两种输入方式。

我们在中英文之间切换输入时，需要切换的元素包括了文字、标点符号、大小写、中文全角半角字符等等，我们需要记忆以下几个输入时常用到的键盘快捷键：

（1）Ctrl + 空格键：在英文输入法和默认或者上次使用的中文输入法之间切换；

（2）Shift + 空格键：处于中文输入法时，切换中文的全角半角字符；

（3）Ctrl + shift：在所有已安装的输入法（包括英文输入法）之间逐一切换；

（4）Ctrl + .：切换中英文标点符号。

扩展学习：中文输入法的丰富的功能

现在的中文输入法功能丰富，支持"手写""软键盘"等等更加丰富的输入方式；能够根据用户的输入方式，上传输入词组和输入方式到云端，不断自动学习和改善输入体验。

微信视频资源 2-6——怎么熟练使用输入法的切换，从而实现流畅快速地输入

2.2.4 Windows 窗口的操作

Windows 窗口作为 Windows 最有特色最常操作的元素，我们这里需要掌握以下几种基本操作，它们都可以使用鼠标或者键盘完成，只是操作简繁不同：

1. 切换窗口

在多任务的 Windows 系统中，只要计算机硬件性能足够强，我们可以同时运行很多应用程序，有的只在后台运行（比如 BT 下载软件或者数据库服务器），有的只需要它在大部分时间提供音频信息（比如听歌软件 Foobar），有的是时刻准备浏览（比如了多个浏览器页面），所以我们需要熟练掌握各种快速切换到需要窗口的基本技能，才能在使用 Windows 时游刃有余。

（1）鼠标操作：如果需要的窗口在任务栏中，鼠标点击它，激活为当前窗口；如果它简化为系统托盘运行，就点击系统托盘中的图标，激活它；如果为后台运行，那么这种程序一般作为后台服务运行，多数不会提供窗口使用，需要通过其他窗口或者系统设置来修改、启动和停止它。

（2）键盘操作：我们这里只推荐使用键盘来切换在任务栏出现的窗口，其他的窗口键盘切换就不太方便了。这里需要使用 Alt + Tab 组合键激活。一般的操作是：按住 Alt 键，在依次敲击 Tab 键，通过切换预览窗口，选定需要激活切换的窗口后，释放 Alt 键。如图 2.20 所示。

图 2.20　Alt + Tab 组合键呼出"切换预览"窗口

同样，使用 Alt + Esc 也能实现切换功能，不同之处是不会出现切换预览窗口，直接按照任务栏的顺序进行切换。

 扩展学习：Windows 7 3D 立体窗口切换

Windows 7 提供了 Aero 风格的 3D 立体窗口切换模式（图 2.21），很炫酷，只需要使用"Win + Tab"键，操作方式与上面一致。虽然有人说这个没有什么实用价值，其实首先它比图 2.15 的预览窗口能够看到更多的内容，其次是使用漂亮的界面，有助于改善心情，何乐而不为呢。

图 2.21 Win + Tab 组合键呼出"3D 切换预览"窗口

2. 移动窗口

（1）鼠标操作：任务栏点击激活要移动的窗口为当前窗口，鼠标移动到窗口标题栏，使用鼠标拖拽操作；

（2）键盘操作：使用 Alt + Tab 组合键激活需要移动的窗口后，Alt + 空格键呼出菜单，上下选择"移动"菜单，即可使用上下左右按键移动窗口，完成后敲击"Enter"键即可。

3. 最大化、最小化窗口

（1）鼠标操作：直接点击右上角最大最小化按钮；

（2）键盘操作：使用"Win + 向上"组合键最大化窗口，"Win + 向下"实现缩小和最小化功能。

4. 改变窗口大小

（1）鼠标操作：鼠标指向到窗口的左右边框、上下边框，或者四个角上，会出现缩放箭头鼠标形状，这时候进行拖拽；

（2）键盘操作：使用"Win + 向上"组合键最大化窗口，"Win + 向下"实现缩小和最小化功能。

5. 窗口内部滚动条

当窗口内容较多或者改变排序方式导致窗口显示不全时，窗口内部的右边框或者下边框处会出现上下或者左右方向的滚动条，鼠标键盘均可操作它，以便显示更多的内容。

（1）鼠标操作：鼠标之间拖拽滚动条即可实现内容定位，适合于移动到一个大概位置；点击滚动条的三角图标，可以单步滚动滚动条，适合于精确查找；点击滚动块的上面或下面，为大步滚动，适合于粗略查找。

（2）键盘操作：当选中内容中某个项目后，使用上下左右方向键，就可以浏览所有内容，不受滚动条的限制。

6. 关闭窗口

（1）鼠标操作：鼠标点击窗口的右上角的关闭按钮；或者双击窗口左上角。

（2）键盘操作：使用"Alt + F4"关闭当前窗口。

2.2.5　Windows 菜单的操作

菜单我们前面学过了，分为"下拉菜单"和"弹出式菜单"，菜单的基本操作都一样，很简单，使用鼠标移动到需要执行的命令，左键或右键单击即可；而键盘操作同样简单，窗口中使用 F10，激活菜单项，使用上下左右箭头选择菜单命令，最后输入 Enter 执行命令。

我们日常所说的"工具栏"也属于菜单操作。

2.2.6　Windows 对话框的操作

对话框从简单到复杂，其实作用和原理都一样，都是用户输入数据，或者选择选定项后，确定给当前软件，一般用作数据输入和配置设定，我们找一个较为复杂的对话框，来分析下对话框有哪些基本操作。

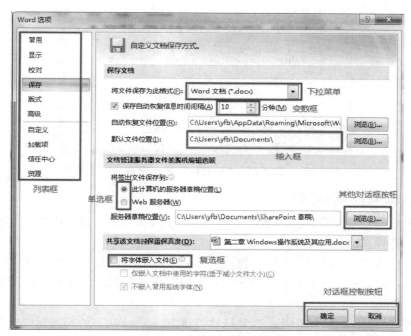

图 2.22　Alt + Tab 组合键呼出"切换预览"窗口

从图 2.22 可以看出，对话框其实就是一个窗口，它可以拥有窗口的所有元素。

 微信视频资源 2-7——对话框中常用元素的含义有哪些

2.2.7　Windows 任务栏和开始菜单的操作

前面我们学过了任务栏的作用和窗口在任务栏上的切换方式。这里我们学会怎么定制任务栏的一些特性，让操作更加符合自己的习惯。

我们可以通过两种方法，设置任务栏和开始菜单的显示。第一种，右键单击空白任务栏，不要点到窗口图标，在弹出式菜单中，选择"属性"；第二种方法，桌面空白处右键单击"个性化"，或者控制面板中选择"个性化"，在"个性化"设置窗口的左下角点击"任务栏和[开始]菜单"，即可以得到图 2.23 的对话框窗口。

图 2.23 "任务栏"定制窗口

1. 任务栏上窗口图标的显示

因为任务栏的宽度有限，所以 Windows 7 提供了几种方式来排列任务栏上的窗口图标，我们可以自己选择喜欢的方式。

（1）任务栏外观——使用小图标：使用小图标可以缩小任务栏的窗口占位；

（2）任务栏按钮——从不合并：将所有运行窗口依次排列，直至任务栏翻页，每个位置仅为一个窗口；

（3）任务栏按钮——始终合并、隐藏标签：将 Windows 认为的同类窗口合并在同一任务栏窗口中，有效减少任务栏元素个数；

（4）任务栏按钮——任务栏占满时合并：当需要翻页时，自动合并。

2. 任务栏本身的显示效果

（1）自动隐藏任务栏：平时不显示任务栏，当鼠标位于任务栏位置时，弹出任务栏；

（2）Aero Peek 预览桌面：开启后，鼠标停留时"显示桌面"按钮时，能够预览该桌面内容。

3. 开始菜单的定制

（1）设置"开始"菜单右侧项目。

点击图 2.24 左中的"自定义按钮"，即可进行右图中的项目显示定制。选择想要显示在"开始"菜单中的项目即可。

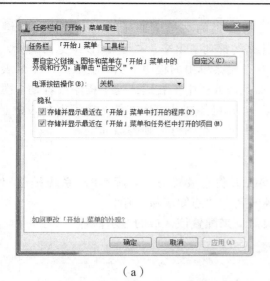
（a）

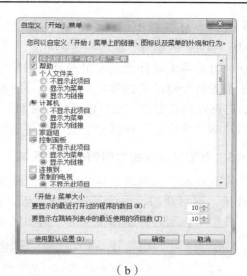
（b）

图 2.24 "开始菜单" 定制

（2）最近打开的程序。

Windows 7 为了方便下次使用，可以在"开始"菜单左侧栏显示最近使用的程序（图 2.25），通过图 2.24（b）中的设定显示数目，设定需要显示的最近程序的条数。不需要这样的功能，可以设置为 0。

4. 跳转列表

Windows 7 的又一个新功能，"Jump List"。如图 2.26 所示。

图 2.25 "最近打开程序" 功能   图 2.26 "跳转列表" 功能

　　右键点任务栏中的图标，最近在这个程序打开过的文档全部显示出来。比如右键点 Media Player 的图标，最近放过的电影、音乐什么的都列了出来；右键点 IE 浏览器图标，最近访问过的网页链接会显示出来只要把鼠标停在开始菜单中的程序上面，会展开一个列表，显示最近打开过的文档你可以把你想要的程序加到任务栏中（右键点这个程序或者是快捷方式，选锁定到任务栏。也可以把程序拖到任务栏）。你可能想让有些文档一直留在列表中，点它右边的"小图钉"可以把它固定在列表中再点一下"小图钉"则解除固定。

5. 自定义任务栏右侧的"通知区域"

　　Windows 7 开辟的全新的用户消息通知区域，并将它放置为原先版本的"系统托盘"处，将音量、网络状态、电量等等系统设置，也融入到了"通知区域"中。

　　我们可以通过控制面板中的"通知区域图标"，来配置该区域的显示内容。

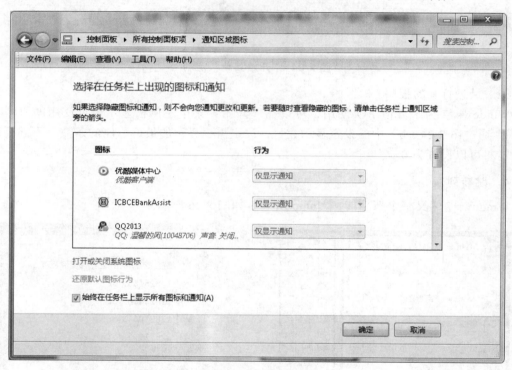

图 2.27　"自定义通知区域"功能

　　在上图中，所有曾经发出过消息通知的应用程序，都列举在其中，我们可以一一对应设置每个应用程序。

　　首先，不要勾选"始终在任务栏上显示所有图标和通知"，才能进行配置。接下来，我们以 QQ2013 这个软件为例，分析一下作用；如果选择"仅显示通知"，则我们习惯的 QQ 图标就不会显示在消息区域，除非好友或者系统给你发来消息；选择"显示图标和通知"后，QQ 软件图标，就会一直显示，就像我们平时习惯的那样；而选择"隐藏图标和通知"，QQ 软件永远也不会出现在右下角，接受消息必须要打开 QQ 的主页面，这就不符合我们日常对 QQ 的使用习惯了。因此，合理配置通知区域中每个应用程序的显示状态，可以得到"节约任务栏空间"和"方便查看运行状态"两者之间的平衡点。

6. 打开"任务管理器"

鼠标右键单击任务栏空白，弹出式菜单中选择"任务管理器"，即可使用任务管理器中的所有功能。具体的使用方法，我们将在"Windows 系统环境设置"中具体讲解。

 微信视频资源 2-8——任务栏的多窗口预览有什么用处

2.2.8 Windows 文件、文件夹的操作

本知识点详细讲解了 Windows 的核心元素文件和文件夹的操作，我们平时跟 Windows 打交道的也都是文件或者文件夹。

1. 创建新的空白文件和文件夹

创建一个新的文件或者文件夹有很多种方式，可以根据习惯使用，注意的是创建出来的新的文件和文件夹都位于当前目录之中。

（1）利用资源管理器的菜单栏创建：资源管理器的"文件"菜单，选择"新建"命令，选择"文件夹"或者需要的空白文件类型。

（2）利用弹出式菜单创建：当前路径空白处右键单击鼠标，呼出弹出式菜单，选择"新建"命令。

（3）利用资源管理器工具栏：直接利用资源管理器中"工具栏"的"新建文件夹"，即可创建空的文件夹，最为方便。

2. 选定和查看文件和文件夹

要操作任何文件或文件夹，必须先选定它。最简单的方式必然是鼠标左键单击，当然你也可以使用键盘的 Tab 键，定位到文件内容框内，利用上下方向键选定文件或文件夹，这种操作比较繁琐。

选定后，会在资源管理器中的"预览窗口"自动显示该文件和文件夹的概要信息，例如文件大小、类型、创建日期等等。如果你需要更为详尽的信息，就可以在保持选定的状态下，使用下面的两种方式查看：

（1）利用资源管理器的菜单栏创建：资源管理器的"文件"菜单，选择"属性"命令；

（2）利用弹出式菜单创建：当前路径空白处右键单击鼠标，呼出弹出式菜单，选择"属性"命令。

这时会弹出详尽信息的对话框窗口，如图 2.28 所示。

我们得到了"文件类型""当前默认用什么应用程序打开""文件路径""大小""创建时间"等基本信息，通过切换上面的标签栏，更可以查看"哪些用户能够看哪些能够修改"的文件安全信息，还能看到当前类型文件的特殊的信息（比如当前是图片 JPG 文件，就能查看到图片尺寸、像素、拍摄相机等等信息），最后，如果当前 Windows 开启了"系统还原"功能，还能了解到每个还原点当前文件有什么样的版本状态，非常细致。

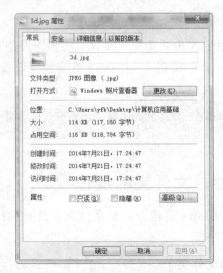

图 2.28 "属性"对话框

扩展学习：Windows 7 "文件"菜单与鼠标右键菜单很相似

通过"新建"和"查看属性"两种文件操作，我们发现了一个规律，当我们选定某个文件或文件夹时，资源管理器菜单栏的"文件"菜单与鼠标右键呼出的弹出式菜单，里面的命令项目几乎是一样的。其实，不仅是"文件"菜单，后面的"编辑"菜单的命令，也都能在弹出式菜单中实现。我们后面的相关操作，就只是讲解最为方便的弹出式菜单的操作，同理的菜单栏的操作就不再赘述。

扩展学习：Windows 7 文件的预览方法

资源管理器的选定预览窗口很强大，他会根据选定的不同类型的文件，使用不同的预览方式。比如当选择图片文件时，会直接预览缩小的图片内容（图 2.29）；当选择 Office 文档时，会显示作者、主题等信息；当选择视频文件时，会预览视频的开始的剪影截图，非常强大，也很实用，不需要你花费更多时间和计算机资源去运行它。具体的使用体会，请用户自己去体验，这里作者的建议就是，稍微扩大一下预览区域，会让你的操作事半功倍。

图 2.29 资源管理器"预览"区域

3. 复制、移动文件和文件夹

我们这里需要掌握文件或文件夹的复制、移动原理。

文件复制，指的是生成一份与当前文件或者文件夹的内容完全一致的复制品，在我们备份文件、传递文件的时候时常用到。我们常常需要将文件或者文件夹复制到另外一个路径中，那么我们需要先将该选定文件或文件夹的路径信息保存在 Windows 剪贴板中，再向目的地路径中还原此剪贴板信息，即可实现"文件复制"。而文件移动，可以最简单地理解为，先执行"文件复制"的操作，之后再将原路径中的文件或文件夹删除，这样就很好理解了。

具体操作如下：选定文件后，我们有以下几种方式实现：

（1）鼠标右键弹出式菜单：选择"复制"或者"移动"后，转到目的地路径，仍然鼠标右键呼出弹出式菜单，选择"粘贴"命令；

（2）资源管理器菜单栏"编辑"菜单，操作同上；

（3）键盘快捷键：Ctrl + C 复制或者 Ctrl + X 剪切后，到达目的路径后，使用 Ctrl + V 进行粘贴操作。这里强烈推荐这种键盘快捷方式，操作效率高，容易记忆；

（4）源文件窗口和目的文件窗口之间进行拖拽：将源文件按住 Ctrl 键，鼠标左键拖拽到目的窗口中，即可实现文件或者文件夹的复制；按住 shift 键拖拽，即是文件移动。

之后，等待 Windows 系统的"文件复制进度条"工作结束。Windows 7 的进度条窗口已经演变得非常易懂和人性化，如图 2.30 所示。

图 2.30　文件复制进度条

进度窗口显示了 Windows 对于本次复制的文件名、源位置、目标位置、估计时间、复制的速度、完成进度条等等信息。

> **扩展学习：文件存在时的复制选项**
> 　　同一路径中执行"文件复制"时，Windows 7 会自动更名新的复制品为"…副本"，以保证不与原来的文件和文件夹重名。

4. 回收站和删除文件、文件夹

不需要的文件我们需要删除来保持硬盘空间的可用大小。那么，在删除时，我们可能关心的是文件安全，不想让其他人再看见；也可能希望暂时删除，万一以后反悔后可以恢复，那么我们需要掌握以下几种删除文件的技巧：

（1）选定需要删除的文件或者文件夹后，右键弹出菜单中，选择"删除"；

（2）资源管理器菜单栏的"文件"菜单，选择"删除"；

（3）选定后，鼠标右键弹出式菜单，选择"删除"；

（4）选定后，直接键盘操作"Del"键。

缺省情况下，以上操作会将文件或者文件夹删除至"回收站"中。在 Windows 95 以前的年代，用户删除某个文件，那个文件就消失了。如果发现删除了不应删除的文件，就须要用其他的工具进行恢复。从 Windows 95/98/ME/NT 开始，出现的"回收站"则宽容多了，它的显着特点是：扔进去的东西还可以"捡回来"。当我们什么时候确认回收站中的文件没有用处了，就可以清空回收站，右键单击"回收站"图标选择"清空"，释放硬盘资源。

那么，如果我们删除时就确认不再使用这个"后悔药"，我们可以如下操作：

（1）鼠标右键单击"回收站"图标，然后在弹出菜单中单击"属性"；确认已复选"不将文件移动到回收站"，确认并退出即可。如果要对不同的磁盘使用不同的设置，单击"各驱动器的配置相互独立"，然后单击要更改设置的磁盘标签。如果要对所有的磁盘使用相同的设置，可单击"所有驱动器均使用同一设置"。

（2）在删除文件时，按住 Shift 键（或选择好文件后，按 Shift + DEL，则直接删除文件），也可永久删除文件。此时在"确认删除"对话框中显示的信息为"确实要删除'某某文件'吗？"，而不是"确实要将'某某文件'放入回收站吗？"。

扩展学习：文件命令行删除文件

如果使用命令行命令删除文件，则不会放入回收站，直接删除。注意命令行的参数使用

- /P：要求删除前每个文件都确认是否删除
- /Q：安静模式，不需要删除确认

5. 重命名文件和文件夹

修改文件和文件夹的名称，可以使用以下方法：

（1）选定后，鼠标右键的弹出式菜单中，选择"重命名"，文件名处出现光标，即可键盘输入改名，完成后输入 Enter，或者鼠标点击其他位置；

（2）同理，资源管理器菜单栏处操作；

（3）鼠标连续两次左键单击文件名，请注意，不是左键双击，是慢速的两次左键单击。

扩展学习：修改文件扩展名

扩展名作为文件类型的标识，一方面用户可以第一时间识别是什么文件，另一方面关联了默认打开它的应用程序，所以缺省状态下，Windows 隐藏了扩展名，避免误操作修改到文件扩展名。而当我们在控制面板的"文件夹选项"中，不勾选"隐藏文件扩展名"的选项时，我们就可以查看到文件完整的文件名＋扩展名，熟练的用户可以故意修改文件扩展名，改变默认打开程序，也可以一定程度上掩饰该文件的真实身份。但是要注意，之前我们学习过，文件扩展名仅仅是文件类型的显示，不能改变文件类型的实质，一个 txt 文本文件，扩展名修改成 jpg 后，仍然不会是一个图片文件，图片查看器是不能打开的。

扩展学习：批量修改文件名

我们可以在不借助第三方软件的前提下，利用 Windows 提供的一些技巧，批量修改文件名。

举个例子，大家从相机里导出的照片都是以"数字"为文件名，很多朋友会想重新批量重新命名一下，例如"香港迪斯尼 001、香港迪斯尼 002"等等。在 Windows7 下，批量重命名其实也只需要一键：

将多个文件选中，按"Ctrl＋A"或按住"Ctrl"然后用鼠标点击想修改的文件，选中后按"F2"或者在选中的文件上右键"重命名"即可，各个文件结尾将以"（数字）.jpg"的形式区分。

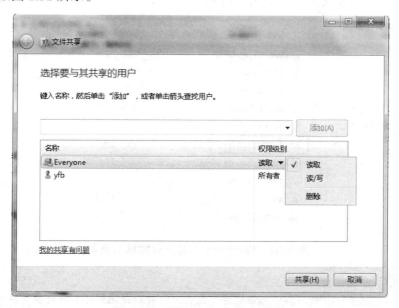

图 2.31　Windows 本身就能够一键批量修改文件名

6. 设置文件和文件夹共享

在单位或者企业的日常办公中，有时需要开启局域网文件夹共享，方便别人传输文件，那么我们就学习一下大家如何开启 Windows 7 系统下的文件夹共享。

Windows 7 取消了简单共享，即输入一个账号和密码直接共享的方式，要求必须共享给已经创建好的 Windows 登录账号。操作步骤如下：

鼠标右键单击需要共享的文件夹，弹出式菜单中选择"共享""特定用户"，就打开了"共享对话框"，如图 2.32 所示。

图 2.32　Windows 文件夹共享

在下拉菜单中添加用户，也可以新建用户。在权限一栏设置该用户的权限，读表示只能复制，写表示可以往共享文件夹内粘贴东西。然后点击共享即可完成。

7. 隐藏文件和文件夹

"隐藏"属性是文件的一种基本属性，将文件设置为隐藏，主要有以下几个目的：

（1）个人保密性：有的文件用户需要不被其他人看见，可以通过隐藏不显示出来；

（2）系统安全性：很多 Windows 的系统文件，一开始就自动被设置为"隐藏"+"系统"的文件属性，对用户不可见。因为这些文件对于用户来说没有直接用处，更害怕用户删除导致 Windows 系统崩溃。

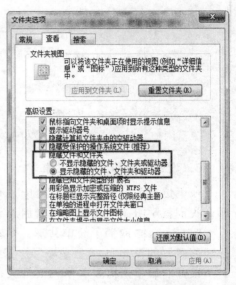

图 2.33　Windows 设置文件隐藏方式

隐藏文件或者文件夹的操作方法为：鼠标右键单击选定的文件或文件夹，选择"属性"命令，在对话框中勾选"隐藏"选项，然后点击确定按钮，该文件或文件夹消失不见。

如果想取消隐藏又看不到了怎么办呢？这是需要先设置资源管理器显示隐藏文件，在选中去掉"隐藏"选项。在"控制面板"中选择"文件夹选项"设置对话框，选择"查看"标签，如图 2.33 所示。

第 1 个红框默认是勾选的，目的是隐藏 Windows 的重要系统文件，我们推荐保持勾选，一是防止误删除，二是减少系统文件的显示，有利于查看需要的文件，避免"无用"的系统文件占满屏幕。第 2 个红框，就是设置是否显示隐藏文件，选择第 2 项，就能让隐藏文件显示出来，不过它仍然有不同的显示效果，告诉用户："我是一个隐藏文件！"，如图 2.34 所示。

图 2.34　Windows 隐藏文件图标半透明

扩展学习：查看隐藏文件

就算设置为不显示隐藏文件，我们照样可以访问到已知路径和文件名的隐藏文件或者文件夹。我们直接在资源管理器的路径窗口中，键入已知的路径名，就能直接进入隐藏文件夹，访问隐藏文件。如图 2.35 所示。

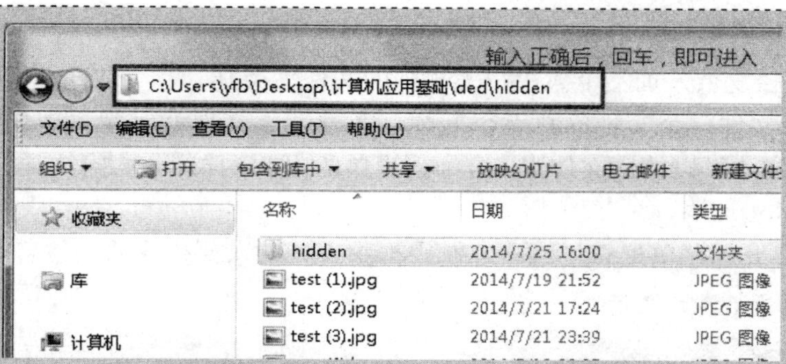

图 2.35　已知路径直接输入访问隐藏文件和文件夹

8. 设置文件默认打开方式

Windows 对于每一类文件类型，都有一个默认打开它的应用程序。默认打开，就是指该文件双击时，会启动哪一个应用程序来运行它。我们通过 Windows 的关联图标，就能知道，它的当前默认打开方式。有经验的用户，一看便知双击后会启动什么样的应用程序。如图 2.36 所示。

"qq.jpg"的"类型"栏告诉我们的是它是一张 JPG 编码格式的图片，而左边图标告诉我们，当前的默认关联应用程序是"照片查看器"，当双击后，会自动启动"照片查看器"来打开这个文件。同理，下面的"Training Catalog"文件，图标并不是要告诉我们文件类型，而是告诉我们，它现在会使用 Chrome 谷歌浏览器来打开。

在实际应用中，选择我们喜欢的"默认打开方式"，对于提高工作效率很重要。我们推荐以下几个使用原则：

（1）尽量选择最常用、启动时间最快的应用软件来作为某类文件的"默认打开程序"；

图 2.36　Windows 文件类型和默认打开程序

（2）不常用的打开模式，可以在不使用双击鼠标的模式去打开，可以选定后鼠标右键单击的弹出式菜单中的"打开方式"，选择需要的应用程序打开，这样就不会影响"默认打开方式"设置；

（3）当需要改变"默认打开方式"的应用程序时，仍然如图 2.31 所示，选择"选择默认程序"，在对话框窗口中浏览合适的应用程序即可。

9. 查找文件和文件夹

电脑文件路径复杂，加上个人用户无规则的文件夹类别，忘了放一个文件在什么地方很正常，如果一个文件一个文件的找就很麻烦。无疑搜索文件就成为我们最方便的方式了。Windows 7 怎么样才可以搜索文件呢，这个很简单的。那下面就和大家说说 windows7 如何搜索文件。

（1）方法一，开始菜单搜索栏：图 2.37 中框中直接键入要查找的文件名的全部或者部分。

图 2.37　开始菜单搜索栏（左）和资源管理器搜索栏（右）

Windows 会在开始菜单栏中，按照找到的文件、应用程序、系统功能的类别，分类显示搜索结果，用户只需要点击某项结果，就能打开这个文件或者功能。

（2）方法二，点开"计算机"图标，资源管理器中右上角也提供了搜索栏（图 2.37 右），操作方法也一致。只不过比开始菜单栏的搜索结构更加详尽。

扩展学习：搜索后文件的定位

　　在以上两种方式的搜索结果中，右键单击某项结果，弹出式菜单中的"打开文件位置"命令很实用，可以直接到达结果文件的所在文件夹，这个技巧常常用于寻找临近路径的其他文件，如果你忘了这个文件的名称，但是记得同目录某个文件的名称时。

2.2.9　Windows 全新的资源管理器

Windows 7 拥有焕然一新的"资源管理器"，Windows 7 系统针对资源管理器进行了大量的改进，操作起来更加方便易用且体验新颖，习惯了使用 Windows XP 的部分用户甚至刚开始都有点不适应，不过当我们学习完下面的内容后，你一定会喜欢上这种改进。

其实，我们前面的很多操作和元素，都提到了"资源管理器"，它是 Windows 的核心，或者说是一个"系统内核"，我们的绝大多数操作，都是在这里完成的。下面就归纳总结一下它的特色和用法。

1．资源管理器 4 种打开方式

首先，开启它就有 4 种方式，结果都是一样的：

（1）桌面"计算机"图标；

（2）键盘快捷键 Win + E 组合键打开；

（3）"开始"菜单中右栏中的"计算机"命令；

（4）在开始按钮上点击鼠标右键，菜单中点"打开 Windows 资源管理器"。

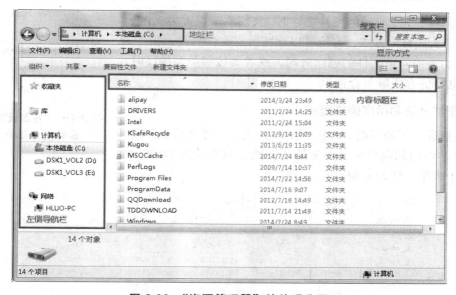

图 2.38　"资源管理器"的外观分区

2．分类的左栏功能区

左栏中，整个计算机的资源被统一划分为四大类：收藏夹、库、计算机和网络，这在之前的 Windows XP 及 Vista 系统中都是从没有见过的分类方法，不过 Windows 7 的这种改变却是为了让用户更好的组织、管理及应用资源，带来更高的效率。这里最常用的就是"计算机"，我们常用于定向到某个磁盘驱动区，这是最简单的方式。

3．带高效导航功能的地址栏

Windows 7 用户可以在地址栏上做到以前在文件夹中才能实现的功能。在当前的子文件夹中，我们可以在地址栏上选择浏览任何一级的其他资源，操作时只需要点击每一级类别的三角箭头，这种导航栏，既方便了随时查看当前路径目录，又可以快速转到任一级路径中，还可以不转换目录的情况下，浏览任一级目录的所有目录。还有什么比这更方便的导航栏呢？

图 2.39　"资源管理器"的地址栏分级导航

此外，对一些比较保守的 XP 用户来说，如果还是想要使用传统的地址栏显示方式，那么 Windows 7 也同样给你选择，在地址栏空白处单击左键，马上就能看到变化了。

4. 多种文件图标排列方式

资源管理器提供了几种文件图标的排序方式。对于不同文件数量、不同文件类型的文件夹，我们可以选择当前最合适的排列方式。

我们的经验是，当访问图片文件时，我们乐于设置为"平铺"或者"中、大图标"方式，直接可以预览所有文件图片，非常实用；当我们需要知道文件的创建时间，或者要按照类型排序时，"详细信息"的方式最为合适。

图 2.40 "资源管理器"的
多种图片排列方式

5. 能够筛选和排序的标题栏

这是更进一步的功能，当图标显示方式为"详细信息"时，我们更能够使用标题栏的排序和筛选功能，就像使用 Office 的 Excel 电子表格一样地方便。

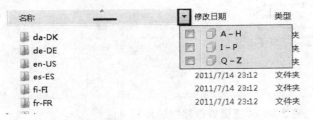

图 2.41 "资源管理器"强大的标题栏

每列标题栏上都会有一个"升序"或者"降序"的排序图标，每列最右边又都有一个下三角，点击后出现筛选框。善用这些功能，管理和查找文件就像处理电子表格一样方便。

6. 任意位置即时开始的搜索

这个功能之前章节已经介绍过了。

总之，Windows 7 的资源管理器，改进的都是实实在在的功能，习惯了的用户，都不会再想使用 Windows 7 之前版本了。这里很多的操作技巧，同学们还需要在实际使用中自己总结和发掘。

 微信视频资源 2-9——Windows 7 的全新资源管理器有哪些用的优化，该怎么使用

2.2.10　Windows 剪贴板的操作

Windows 剪贴板（ClipBoard）是 Windows 系统一段可连续的、可随存放信息的大小而变化的内存空间，用来临时存放交换信息。主要的作用就是在不同的 Windows 应用程序之间，建立一种信息交换的连接，而不受各程序的内存访问壁垒安全性限制，我们可以将剪贴板简

单地理解为一个信息中转站。

  Windows 剪贴板理论上可以存储任何信息，当你复制的文件内容信息片段容量太大时，会影响 Windows 的运行速度，系统会限制你的操作；但是当你复制一个文件本身时，反而不受容量限制，这是因为 Windows 仅仅记录了你的文件当前位置，而不是文件的内容本身。

  由于存储在内存中，当计算机关机、意外断电发生时，剪贴板中的数据就会丢失。

扩展学习：剪贴板的特性

  Windows 系统自带的剪贴板程序，只能一次存储一次信息，再次复制时，之前的信息就会被覆盖，只保留最新一次的内容。我们可以借助第三方剪贴板辅助软件，比如 Ditto、ClipX、CLCL 等等，来存放多次剪贴板内容。

  Windows 7 的剪贴板没有操作界面窗口，我们只需要了解到利用"复制"或者"剪切"，即可覆盖剪贴板最新的内容即可，最后利用"粘贴"，完成内容中转。

扩展学习：如何清除剪贴板

  我们只有利用命令行：在任意位置新建一个快捷方式，在对象位置里输入：cmd /c "echo off | clip"，然后给这个快捷方式起名，如"清空剪贴板"，完成后运行这个快捷方式，即可清空剪贴板内容。

2.2.11　Windows 快捷方式的操作

1. 为什么需要"快捷方式"

  Windows 的快捷方式，可以关联指向任意一种对象，包括文件、文件夹、应用程序，它仅仅是关联对象的一个链接。就像电视的遥控器，没有了电视，遥控器也会失去作用，关联的对象丢失了，快捷方式也就失去了意义。那么快捷方式为什么会存在？它有什么用呢？

  （1）方便查找。快捷方式一般放置在桌面，或者用户熟悉的文件路径，每次使用时可以不用再去寻找真实对象的路径了；

  （2）随意放置。创建好的快捷方式，是可以随意放置路径的，不会影响到链接的定位；

  （3）文件体积小。快捷方式文件类型扩展名为".lnk"，只需要存储对象地址信息，文件非常小。

2. 创建"快捷方式"的原则

  那么到底哪些情况下我们需要快捷方式呢？一般遵循以下的原则来创建快捷方式：

  （1）常用的应用程序可执行文件。这类文件脱离的安装路径后，一般都是不能使用的，所以文件复制必然是不行的，我们只有使用快捷方式。

  （2）使用频繁的已分类存放的文件夹。整洁的文件夹分类是一个好的习惯，但是其中经常要使用的文件夹，很可能分类后存放于较深层次的目录，这时也需要在桌面放置一个文件夹的快捷方式。

  （3）需要修改运行参数的可执行文件。有时候，我们需要带参数启动某个应用程序，快捷方式中加入参数命令，无疑是最有效的方法。

3. 创建"快捷方式"的方法

（1）方法一：任意位置空白处，鼠标右键单击，弹出式菜单中选择"新建"、"快捷方式"，输入地址或者浏览链接对象；

（2）方法二：直接选定需要的链接真实对象，鼠标右键单击，弹出式菜单中选择"创建快捷方式"或者"发送到"、"桌面快捷方式"，完成创建。

理解了快捷方式的原理，我们自然也就知道当删除了快捷方式这个文件后，不会对真实链接对象产生任何影响。

2.3　Windows 系统环境设置

我们需要知道，关于 Windows 7 的系统环境的设置，包含很多内容，比如"注册表文件的修改""环境变量的设定""第三方平台软件的支持配置"，但是作为基础的计算机学习，我们本节只需要同学们掌握一些常用的配置原理和作用，以及一些好用而且快捷的操作方法。

2.3.1　启动"控制面板"

"开始"菜单右栏中，点击"控制面板"，即可启动。

2.3.2　添加删除应用程序

1. 删除、添加应用程序

Windows 是靠大量的系统软件和应用软件支撑起来的，当我们安装了各种软件的时候，难免有的软件已经不再需要使用，为了减轻系统在启动、运行、存储上的负担，我们需要对它们进行卸载。

标准的 Windows 程序，在安装时，需要在以下几个地方留下痕迹：

（1）自己的安装目录。每个应用程序都有一个自己文件的存放目录。

（2）系统文件目录。有些应用程序需要调用系统的一些应用程序接口（API）文件，也需要将自己的动态链接库（DLL）文件复制到系统文件目录（比如系统盘下的 windows/system32 目录），才能使用。

（3）用户文档文件夹。一些应用软件的用户配置文件和存档文件，Windows 7 中一般存放在"个人用户文件夹"中，而不是在自己的安装目录。

（4）Windows 注册表、启动目录、环境变量等系统配置文件。这些系统常用配置文件，都保留了应用软件的一些参数配置。

正是如此，应用程序的不断安装，会使 Windows 系统的负担越来越大，运行速度也会越来越慢。我们在卸载程序时，就必须彻底清除以上所有文件或者文件内容的痕迹，尽量保证 Windows 系统的安全、清洁，因此必须使用标准的控制面板中的 Windows 删除程序。如图 2.42 所示，点击"控制面板"中的"程序和功能"，打开的窗口列表中选择需要卸载的程序，点击"卸载"按钮。

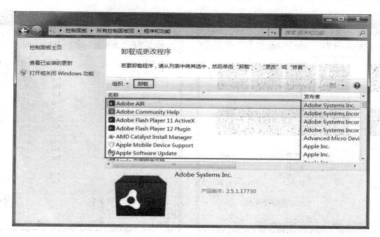

图 2.42　删除添加应用程序

2．删除、添加 Windows 系统组件

同样，除了第三方应用程序外，这里的窗口也可以添加、删除 Windows 的一些系统组件，比如"IIS 服务器"，使 Windows 系统具有 Web 服务器的功能。我们可以在"打开或者关闭 Windows 功能"中浏览选择。

2.3.3　显示属性设置

这里可以调整所有有关"显示"的设置。包括了屏幕分辨率、显示器设置、字体大小等等。

2.3.4　计算机网络设置

这里配置计算机网络。设置本机器的网络适配器的 IP 地址、DNS 服务器地址、网关，无线网络的连接也在这里。

 微信视频资源 2-10——Windows 7 最常用的网络配置使用方法，比如固定 IP、动态 IP、PPPOE、VPN、无线连接等该怎么配置

2.3.5　任务管理器的使用

顾名思义，任务管理器是管理所有运行中的程序、服务、进程的管理器，我们通过它来监视 Windows 系统当前的运行情况，是很有必要的。这里会列举出所有进程的 CPU 占用率、内存消耗、网络连接传输数据、用户登录情况等等实时信息。如图 2.43 所示。

当系统资源快要耗尽时，我们可以选择 CPU 或者内存占用较高的进程，选择"结束进程"，释放系统资源；或者当某一个程序没有响应时，结束它。当然，使用任务管理器时，我们必须大致了解进程名称，不要错误的结束系统或者关键的进程，造成系统死机。

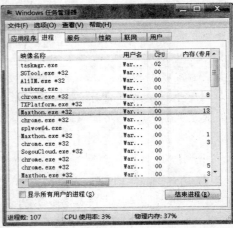

图 2.43　任务管理器

2.3.6　切换显示设备

　　Windows 7 提供了方便的切换显示设备（用到最多的是外接投影仪）的方法。首先打开其他显示设备，通过 VGA 或 HDMI 线连接计算机，然后通过 Win 键 + P 键的快捷键，会弹出选择菜单（图 2.44），选择需要的显示方式即可。

图 2.44　切换显示方式

例题与解析

一、选择题

1. 关于文件或文件夹，下列说法正确的是（　　　）。

A. 文件或文件夹的移动操作是不可逆的

B. 选定多个不连续文件或文件夹，要按住键盘上的 Shift 键，然后逐个单击文件或文件夹

C. 全部选定文件或文件夹的快捷键是：Ctrl + A

D. 在 Windows 7 窗口中无法对文件夹进行搜索操作

正确答案：C

例题解析：移动文件或文件夹在 Windows 7 中是可逆的，利用 Ctrl + Z 快捷键可以实现。而选择多个不连续的文件或文件夹，需要使用 Ctrl 键，Shift 键只能选择连续的对象。Windows 7 中搜索文件和文件夹使用同样的方法。所以选择 C。

2. 快捷方式图标如果位于桌面上，可以代表（　　　）。

A. 用户文档　　　　　B. 应用程序　　　　　C. 文件夹　　　　　D. 打印机

正确答案：ABC

例题解析：先需要理解什么是快捷方式。快捷方式是一种定向链接，让我们快速到达需要的位置，我们可以理解为网页上的"超链接"，它本身没有实质的内容，就是一个目标地址。那么需要快速定位的 Windows 元素有哪些呢，当然包括了文件、文件夹和应用程序。"文件"的快捷方式用于快速打开目标文件；"文件夹"的快捷方式用于快速到达目标路径；"应用程序"的快捷方式最多见，用于快速启动目标程序，唯独打印机不需要这种操作，它只需要安装成功后，由打印软件调用即可使用。因此正确答案为 ABC。

3．关于鼠标的说法，下列错误的是（　　　）。

A．鼠标一般包含：左键、右键、滚轮

B．单击鼠标左键表示选取或确认功能

C．鼠标滚轮可以来回上下翻页

D．双击鼠标右键，可以打开相应的文件或文件夹

正确答案：D

例题解析：关于鼠标的各种用法，我们必须掌握，使用熟练了对于日常操作很有帮助。鼠标右键双击一般很少有这种操作。

4．Windows 7 可以完成窗口切换的操作是（　　　）。

A．Alt + Tab

B．Win + Tab

C．鼠标单击任务栏上的窗口

D．鼠标单击窗口任何可见部位

正确答案：ABCD

例题解析：这里我们需要考察的 Windows 窗口的使用方法。Windows 窗口同时只有一个处于激活编辑状态，因此窗口切换是使用最频繁的功能，没有之一。切换的方法有很多，选项 A 适用于键盘输入过程中的窗口切换，这时不需要换手去拿鼠标；C、D 选项为鼠标操作时最方便的切换方法。而 B 选项是 Aero 风格的窗口切换。

这里我们回顾一下最常用最便捷的 Windows 7 的键盘快捷键。

- 文件复制剪切粘贴快捷键：Ctrl + C、Ctrl + X、Ctrl + V；
- 窗口切换快捷键：Alt + Tab 或者 Win + Tab；
- 文本编辑时保存：Ctrl + S；
- 显示桌面：Win + D；
- 运行命令行：Win + R；
- 锁定 Windows：Win + L；
- 运行任务管理器：Ctrl + Alt + Delete；
- 关闭当前程序：Alt + F4 等等。

5．Windows 7 可以使程序运行状态图标怎么放置（　　　）。

A．任务栏指示

B．通知区域始终显示

C．通知区域和任务栏都不显示

D．程序有通知消息时再提示运行状态

正确答案：ABCD

例题解析：本题目涉及如何直接查看正在运行的应用程序的方法。除了利用任务管理器来查看外，常用的直接的方法包括了以下几种。

- 任务栏运行。最常见的应用程序运行指示位置，绝大多数程序运行时都会正在任务栏

指示，正如 A 选项。

● 系统托盘（通知区域）显示。通知区域显示不占用有限的任务栏空间，只是以一个小图标的方式运行。适用于长时间后台运行的程序指示。通知区域的显示模式也有 3 种：一是长期显示在通知区域，适合后台运行，但是需要经常点击打开或者观看运行状态，例如腾讯QQ；二是完全隐藏于任务栏和通知中心，我们根本不关心它在不在运行，例如一些不用操作的后台设置软件；第三是"仅显示通知"，这类程序只在发出自己的消息通知时，才出现在通知中心，例如"操作中心"，只需要在他发出错误警告时我们才使用它。以上 3 种类别正好对应 BCD 选项。

6. 已知路径"C：\Windows\System32\drivers\etc\"下面有一个名为 host 的文件，以下哪几种方式能够找到它（　　　）。

A. 通过"计算机"图标逐级寻找进入

B. 在已经打开的资源管理器的"路径"窗口仅使用鼠标选择到达

C. IE 上网浏览器网络路径中直接输入以上路径

D. 在资源管理器处于 D 盘根目录时，搜索框中搜索 host 关键字

正确答案：ABC

例题解析：本题可以综合考察 Windows 文件路径循迹的各种方法。首先要理解路径中的各个符号的意义，"C："为逻辑盘符，"\"为下一级路径。那么我们来看选项 A，这是简单的循迹文件的方法，直接通过"计算机"图标进入资源管理器，选择逻辑区分盘符 C，逐级鼠标选择 Windows、System32、Drivers、etc，就能够找到 host 文件；再来看选项 B，资源管理器路径选择功能，是 Windows 7 最新的功能，非常实用，可以对每一级路径直接鼠标点击切换，推荐大家掌握这种操作方式，非常方便快捷；选项 C 是考察 Windows 的资源管理器与IE 浏览器的关系，Windows 其实使用了 IE 的内核，所以，IE 浏览器的地址栏，不仅支持 Internet地址，也支持 C：这样的本地文件地址，所以直接输入路径，仍然能够到达指定目录。

最后，文件的检索功能，要注意搜索的范围，当位于 D 盘符位置时，输入关键字搜索的仅仅是 D 分区下的 host 关键字，当然不能找到 C 分区的路径，所以 D 是错误的，必须先进入 C 分区目录，再搜索。

7. 下面的备份文件的操作中，较好的方法是（　　　）。

A. 直接备份到 Windows 桌面，方便查找和使用

B. 在 Windows 桌面和 Windows 用户专有目录各复制一份备份

C. 复制文件到 D、E 盘符位置各一份

D. D 盘符和 U 盘或者其他计算机上各备份一份

正确答案：D

例题解析：我们最需要掌握实际应用中的文件备份的方法。选项 A 是可以做临时使用，不推荐作为长期的文件备份，原因两点：第一，桌面多次备份文件，会造成桌面杂乱无章，不易查找；第二是桌面也是属于 Windows 的系统盘，如果重装系统，会容易误操作格式化造成文件丢失。因此，选项 B 也是一样，虽然有两份备份，但是都处于 Windows 系统盘分区，都不太安全。选项 C 很合理，在非系统盘符的两个分区各有一个备份，比较安全可靠，重装系统时也不需要备份，但是跟选项 D 相比，备份文件仍然在一台计算机上，万一这台计算机故障呢，所以，我们推荐大家备份文件的方法：多台设备上进行多个备份。所以正确答案为 D。

8. 关于文件类型的描述中，正确的是（　　　）。

A. 通过显示的图标，完全可以知道文件的类型

B. 通过文件的扩展名，完全可以知道文件的类型

C. 图标表明了目前文件关联了默认打开的应用程序

D. 空白的图标，表示该文件没有扩展名

正确答案：C

例题解析：本题考查对文件类型的理解。要清楚掌握文件图标、文件类型、文件扩展名、默认打开程序的关系。首先，文件类型是由文件本身的二进制编码决定的，而不是由什么扩展名、什么应用程序打开，或者 Windows 显示的什么图标，这点是很多同学搞不太清楚的。例如，一个本来为 JPG 格式的图片文件，我们可以通过设置"查看文件扩展名"，直接修改文件扩展名.JPG 为.TXT，那么会发生什么情况？我们可以看到，该文件的扩展名为 TXT，Windows 显示的文件图标为 TXT 文件图标，双击用默认应用程序打开，可是会是记事本、Word、写字板等程序，显示内容会是一些二进制编码，这就是该图片的编码。我们还会认为它是 TXT 文本文件吗？因此，扩展名关联了图标、默认打开方式，但是不能完全说明该文件的类型。所以选项 A、B 都是错误的，选项 C 是正确的。那么，空白图标是什么原因呢？绝大多数文件都会有扩展名，其实空白图标的文件，可能只是该扩展名 Windows 不能识别它使用什么默认程序来打开。比如.psd 文件，如果没有安装 PhotoShop，就会是空白图标。所以选项 D 是错误的说法。

9. 将常用的应用程序放在最方便使用的位置，有几种方法（　　　）。

（A）生成桌面快捷方式，或者将已经存在的启动程序快捷方式复制到桌面

（B）将安装目录的启动程序复制到桌面

（C）在程序运行时，将其锁定到任务栏

（D）从开始菜单最常用的应用程序中寻找

正确答案：ACD

例题解析：这道题目考查如何方便地使用一个应用程序。我们需要知道的是 Windows 7 最新的"固定任务栏"的方法，非常好用。其他选项 A、D 都是常用的启动应用程序的导航方法。选项 D，是一种错误的方式，直接复制可执行文件到任何其他位置，都可能会造成无法运行，除非一些绿程序，或者是单一就一个可执行文件。

10. 以下哪种卸载应用程序的方法是错误的（　　　）。

A. 删除该程序的桌面运行图标即可

B. 通过控制面板的"删除添加应用程序"卸载

C. 找到应用程序安装目录，运行 Uninstall 或者 Unwise 程序

D. 找到应用程序安装目录，直接删除该目录

正确答案：AD

例题解析：卸载应用程序的方法我们也必须掌握。选项 A，删除任何一个快捷方式，都不会影响到应用程序本身，快捷方式仅仅是某个文件、文件夹等元素的一个快捷链接，更不会卸载程序；选项 B 和 C，其实都是正确的方法，控制面板的删除添加应用程序，其实就是运行的程序本身的 Uninstall 或者 Unwise 程序，只不过 Windows 将它们集中注册到了"删除添加应用程序"的汇总界面。选项 D，也是我们应该杜绝的操作方法，大部分软件，除了绿

色软件外，都会在 Windows 中注册安装信息，生成快捷运行菜单，还有复制系统库文件到 Windows 系统目录，如果直接强行清除文件目录，会造成系统垃圾，影响 Windows 运行速度，甚至还有更严重的错误。

二、问答、操作题

1. 列举出三个 Windows 模仿生活和工作设计出的专有名词和他们的对应含义。

解答：

（1）窗口（Window）。就像房间的窗户一样，透过它，能够看到屋内的东西，这是 Windows 图形界面的主体。

（2）菜单（Menu）。就像点菜的菜单，一列列的选项，非常生动，Windows 中利用这个词汇，解释了这些密密麻麻的项目的意义。

（3）桌面（desktop）。启动 Windows 后第一个显示的界面。也是我们平时接触最多的东西，就像工作台桌面一样，摆满了各种工具、文档，方便操作。当然，也跟收拾工作台面一样，我们需要经常清理 Windows 的桌面，保持桌面的有序排列，便于查找需要的文件。

2. 在 D 盘上创建 source 文件夹，其中创建 "1.docx" 的 Word 文件，将其复制两份至 D 盘的 destination 文件夹，分别命名为 1.docx 和 2.txt，最后将它们都用微软 Word 软件打开。

解答：题目有许多操作步骤。我们一步步来操作。

（1）既然需要使用 Word 程序，必须先安装微软 Office 2010 软件。

（2）点击"计算机"图标，进入"计算机"文件管理器，在进入 D 盘分区，空白处鼠标右键，选择"新建""新建 Microsoft Word 文档"，命名为"1"。

（3）利用键盘 Ctrl＋C，或者鼠标右键的"复制"进行复制操作。

（4）转至 D 盘根目录，空白处鼠标右键，选择"新建""文件夹"，创建"destination"名字的文件夹。

（5）进入这个新文件夹中，操作键盘的 Ctrl＋V，或者鼠标右键选择"粘贴"，计算机就会完成复制 1.docx 在这个新的文件夹中。

（6）再次操作 Ctrl＋V 或者鼠标的粘贴，Windows 会弹出如图 2.45 所示对话框。

图 2.45

这是因为当前位置已经有了一个 1.docx 的文件，再次粘贴时重名了。Windows 7 人性化地提供了如图 2.48 所示的对话框，让用户自行选择下面的操作，第一个选项会覆盖之前的文件，第二个选项会保留之前的文件，不做复制操作；我们由于需要两个这个文件，自然选择"复制，但保留这两个文件"，完成后，目录下面变为两个文件名不一样的内容一样的文件，如图 2.46 所示。

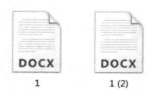

图 2.46

（7）切换窗口，打开控制面板的"文件夹选项"，将"隐藏已知文件类型的扩展名"前面的钩去掉，确定。

（8）回到刚才的文件夹窗口，扩展名已经出现，这时我们点击选中 1（2）.docx 这个文件，键盘操作 F2，或者鼠标缓慢双击，进入文件重命名的编辑状态，键盘输入"2.txt"，回车确定，完成更名。

（9）双击 1.docx，Windows 自动启动 Word 软件，进入编辑状态。

（10）右键单击 2.txt，选择"打开方式""选择默认程序"，重新选择 Word 软件打开，从而避开了使用 Windows 默认的 txt 文件默认打开程序来打开。

3

Word 文字编辑

Microsoft Word 软件是 Microsoft 公司开发的 Office 办公组件之一,它具有强大的文字处理功能。Microsoft Word 软件秉承了 Windows 操作系统的友好窗口界面、风格和操作方法,提供了一整套齐全的文字处理功能,具有灵活方便的操作方式;使用它可以进行日常办公文档书写、排版、数据处理、表格制作,同时还可以创建简单网页。本章以 Word 2010 软件为例对 Word 的文字编辑功能进行讲解。

3.1 Word 基本知识

Word 2010 提供了优秀的文档格式设置工具,它可轻松、高效地组织和编写文档;通过它的文档编辑和排版等处理功能以及强大的图文混排功能,能够高效地实现文档的图文并茂;同时,利用它还可以轻松地与他人协同工作并可在任何地点访问文件。

3.1.1 Word 的主要功能

(1)编辑功能:可以进行文字的录入、修改、删除、复制、查找等基本功能。

(2)自动功能:可以进行文字拼写和语法检查;对于错误的拼写和输入,提供修正建议;可以帮助用户自动编写摘要;可以自定义字符输入,来代替相同字符。

(3)格式编排功能:可以进行文字字体、段落格式及页面效果等编辑操作。

(4)多媒体混排功能:可以编辑文字图形、图像、声音、动画,还可以插入外部对象;可以进行图形制作、艺术字、数学公式等对象的插入。

(5)制表功能:可以自动或手动绘制表格;还可以自定义表格效果;可以将表格和文本进行相互转换。

(6)模板与向导功能:提供大量丰富的模板,让用户可以很快建立相应文档格式;同时,允许用户自己定义模板,满足个性化用户需求。

(7)帮助功能:提供了形象而方便的帮助文档让用户遇到问题时,可以快速找到解决问题的方法，为用户自学提供了方便。

（8）超强兼容性：可以支持许多种格式的文档，可以编辑邮件、信封、备忘录、报告、网页等。

3.1.2　Word 的启动和退出

1. 启动 Word 2010

（1）利用"开始"菜单：选择"开始"→"程序"→"Microsoft Office"，打开其下级菜单中的"Microsoft Office Word 2010"，启动 Word 2010；

（2）利用快捷图标：双击桌面上的"Microsoft Office Word 2010"快捷图标，启动 Word 2010；

（3）利用现有的 Word 文档：双击任何 Word 2010 文档或 Word 2010 文档的快捷方式，启动 Word 2010。

2. 退出 Word 2010

（1）单击 Word 2010 窗口右上方的"关闭"按钮；

（2）选择"文件"选项卡"退出"命令；

（3）使用快捷键 Alt + F4 按钮关闭。

3.1.3　Word 工作窗口基本构成元素

启动 Word 2010 时将创建一个自动命名为"文档 1"的空白文档，其扩展名为.docx，选择"文件"选项卡中"新建"命令，双击"空白文档"按钮创建一个新文档，窗口组成及作用如图 3.1 所示。

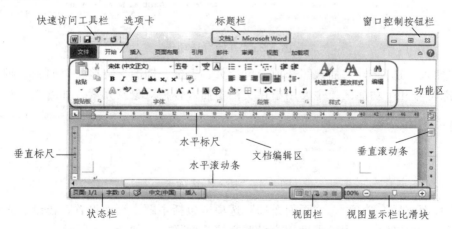

图 3.1　Word 2010 窗口组成

（1）标题栏：位于窗口的最上端，显示当前正在编辑的文档名称。

（2）选项卡：包括了"文件""插入""页面布局""引用""邮件""审阅""视图"等七个选项卡，是对 Word 功能大类的划分，每个选项卡包括了多个功能区。

（3）功能区：包括了工作时需要用到的所有命令，位于窗口顶部，将工作所需的命令进行分组，且位于选项卡中，如"开始"和"插入"命令，用户可以通过单击选项卡来切换显示的命令集，Word 2010 主要包括了以下选项卡及相应功能区：

① 文件选项卡。Microsoft Office 2010 用"文件"选项卡取代了 Microsoft Office 2003 及早期版本中的"文件"菜单和 Microsoft Office 2007 版本中的"Office 按钮"。

"文件"选项卡包括了一些基本命令，包括"打开"、"保存"和"打印"以及其他一些命令，如图 3.2 所示。

图 3.2　"文件"选项卡

② "开始"选项卡。"开始"选项卡中包括剪贴板、字体、段落、样式和编辑五个功能区，主要用于对文档进行文字编辑和格式设置，是最常用的选项卡，如图 3.3 所示。

图 3.3　"开始"选项卡

③ "插入"选项卡。"插入"选项卡包括页、表格、插图、链接、页眉和页脚、文本、符号和特殊符号几个功能区，主要用于在文档中插入各种对象及元素，如图 3.4 所示。

图 3.4　"插入"选项卡

④ "页面布局"选项卡。"页面布局"选项卡包括主题、页面设置、稿纸、页面背景、段落、排列几个功能区，用于帮助用户设置文档页面样式，如图 3.5 所示。

图 3.5　"页面布局"选项卡

⑤ "引用"选项卡。"引用"选项卡包括目录、脚注、引文与书目、题注、索引和引文目录几个功能区，用于实现在文档中插入目录等高级功能，如图 3.6 所示。

图 3.6 "引用"选项卡

⑥ "邮件"选项卡。"邮件"选项卡包括创建、开始邮件合并、编写和插入域、预览结果和完成几个功能区，专门用于在文档中进行邮件合并方面的操作，如图 3.7 所示。

图 3.7 "邮件"选项卡

⑦ "审阅"选项卡 "审阅"选项卡包括校对、语言、中文简繁转换、批注、修订、更改、比较和保护几个功能区，主要用于对文档进行校对和修订等操作，同时也适用于多人协作处理文档，如图 3.8 所示。

图 3.8 "审阅"选项卡

⑧ "视图"选项卡。"视图"选项卡包括文档视图、显示、显示比例、窗口和宏几个功能区，主要用于帮助用户设置操作窗口的视图类型，以方便操作，如图 3.9 所示。

图 3.9 "视图"选项卡

⑨ "加载项"选项卡 "加载项"选项卡包括菜单命令一个功能区，加载项是可以为 Word 2010 安装的附加属性，如自定义的工具栏或其他命令扩展。"加载项"功能区则可以在 Word 2010 中添加或删除加载项，如图 3.10 所示。

图 3.10 "加载项"选项卡

（4）快速访问工具栏：包括了文件操作常用命令，例如"保存"和"撤消"；同时，用户也可以自行添加个人常用命令。

（5）窗口控制按钮栏：包括了"最小化""最大化/还原切换""关闭"命令。

（6）水平/垂直标尺：用于设置或查看段落缩进、制表位、页面边界和栏宽等信息。

（7）水平/垂直滚动条：文档过长或显示比例较大时，一屏可能显示不了全部内容，通过滚动条可方便查看屏幕外的其他内容。

（8）文档"编辑"区：显示正在编辑的文档，文档的所有操作都在文档"编辑"区进行。

（9）滚动条：用于更改正在编辑文档的显示位置。

（10）视图栏：用于设置和更改文档的显示方式，通常有"页面视图""阅读视图""大纲视图"等，可以根据不同的需要选择不同的显示方式。

（11）缩放滑块：用于设置和更改正在编辑文档的显示比例。

（12）状态栏：显示当前正在编辑文档的相关信息。

3.1.4　Word 帮助命令的使用

在 Word 2010 窗口中选择窗口右上角的 ❓ 图标，或者直接按 F1 键可以弹出"Word 帮助窗口"。在该窗口中列出了常见问题的帮助说明，能够帮助用户迅速解决在使用过程中遇到的问题。

3.2　Word 文件操作与文本编辑

3.2.1　文档的基本操作

1. 新建文档

可以通过以下几个方式新建文档：

（1）选择"文件"→"新建"命令，将会弹出"新建文档"窗口，单击可用模板区的任意模板，可以新建相应的空白文档；

（2）选择"快速访问工具栏"中的"新建"按钮 □，如果没有该按钮可在窗口顶部左侧的"自定义快速访问工具栏"下拉菜单中将"新建"选中，则在"快速访问工具栏"中将出现"新建"按钮；

（3）使用"Ctrl + N"快捷键，将直接新建一个空白文档。

2. 打开文档

可以通过以下几个方式打开文档：

（1）选择"文件"→"打开"命令下的"打开"对话框，选中要打开的文档，也可以同时打开多个文档，如果文档顺序相连，可以选中第一个文档后按住 Shift 键，再用鼠标单击最后一个文档；如果文档顺序不相连，可以先按住 Ctrl 键；再用鼠标依次选定文档；最后，单击"打开"按钮即可，如图 3.11 所示。

图 3.11 "打开"对话框

（2）选择"快速访问工具栏"中的"打开"按钮 □，如果没有该按钮可在窗口顶部左侧的"自定义快速访问工具栏"下拉菜单中将"打开"选中，则在"快速访问工具栏"中将出现"打开"按钮。

（3）在"资源管理器"中，选中要打开的 Word 文档，按下回车键，系统会自动启动 Word 2010 将所选文档全部打开；如果文件在不同目录中，可以在"资源管理器"相应目录中，选中要打开的文档，按下鼠标左键，将文档拖到任务栏中 Word 图标上。

（4）选择"文件"→"打开"命令，在菜单右方会出现最近编辑过的若干文件，单击其中一个，便可快速打开相应文档。

（5）使用"Ctrl + O"快捷键，将直接弹出文件打开窗口。

3. 保存文档

可以通过以下几个方式保存文档：

（1）选择"文件→保存"命令，将出现文件"保存"对话框，输入文件名，选择文档保存路径和保存类型，单击"保存"按钮。默认情况下，文档将被保存为"docx"格式，如图 3.12 所示。

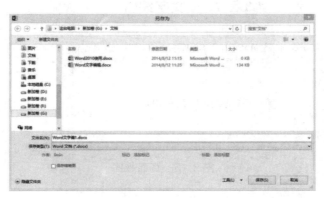

图 3.12 "保存"对话框

（2）选择"文件"→"另存"命令，将出现文件"另存"对话框，输入文件名，选择文档保存路径和保存类型，单击"保存"按钮，可将已经存在的文档以新的路径、文件名或类型保存。

（3）使用"Ctrl + S"快捷键，文档将直接以当前所在路径、文件名和类型进行存放。

4．关闭文档

可以通过以下几个方式关闭文档：

（1）选择"文件"→"关闭"命令，如果文档还存在没有保存的部分，将弹出文档是否保存的询问窗口，如图 3.13 所示。

（2）单击窗口右上角的"关闭"按钮 ✕ ，将文档进行关闭。

（3）将要关闭的文档置为当前活动窗口，使用快捷键 Alt + F4 按钮关闭文档。

图 3.13　文档关闭确认对话框

3.2.2　视图的使用

视图是文档在窗口中的显示方式，Word 2010 提供了多种视图，主要包括"页面视图""阅读视图""Web 版式视图""大纲视图""草稿视图"五种，如图 3.14 所示。用户可以在"视图"选项卡中选择需要的文档视图模式，也可以在右下方的视图按钮直接进行选择。

图 3.14　Word 视图按钮

1．页面视图

"页面视图"显示文档的所有排版与布局，包括页眉、页脚、图形对象、分栏设置、页面边距等元素，是最接近打印效果的视图，如图 3.15 所示。

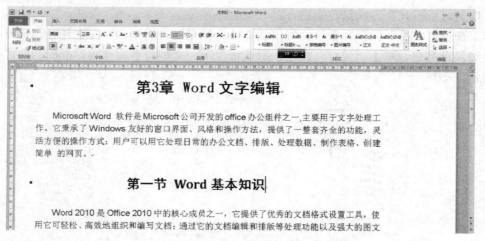

图 3.15　页面视图

2．阅读视图

"阅读视图"将"文件"按钮、功能区等窗口元素隐藏起来，以图书的分栏样式显示文档。同时，用户还可以单击"工具"按钮选择各种阅读工具，如图 3.16 所示。

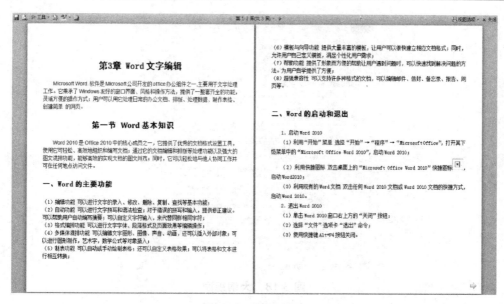

图 3.16　阅读视图

3.　Web 版式视图

"Web 版式视图"以网页的形式显示文档，正文显示宽度更大，同时自动换行以适应窗口，该视图适用于发送电子邮件和创建网页，如图 3.17 所示。

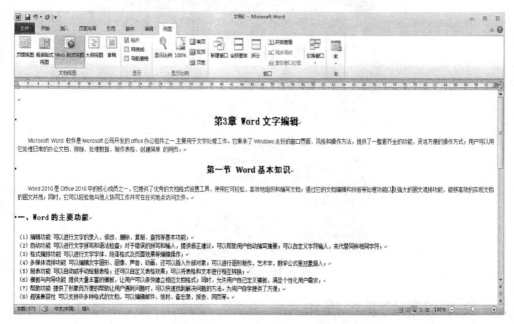

图 3.17　Web 版式视图

4.　大纲视图

"大纲视图"用于显示文档的层次结构，并可以方便地折叠和展开各级文档，适用于长文档的快速浏览和定位，如图 3.18 所示。

图 3.18　大纲视图

5. 草稿视图

"草稿视图"是最节省计算机系统硬件资源的视图方式，在该视图中不显示页边距、分栏、页眉页脚和图片等元素，仅显示标题和正文，如图 3.19 所示。

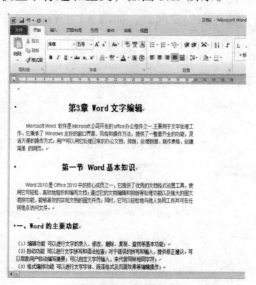

图 3.19　草稿视图

3.2.3　文本编辑的基本操作

1. 插入点的移动与定位

（1）鼠标定位：将鼠标移动到需要插入的位置后单击鼠标左键。

（2）键盘定位：使用键盘"→""←""↑""↓"4 个键将光标移动到需要插入位置，同时也可以使用快捷键进行定位，常用的快捷键见表 3.1。

表 3.1 光标移动常用快捷及功能

快捷组合键	功　能
Home	将光标移动到当前行的行首
End	将光标移动到当前行的行尾
Ctrl + Home	将光标移动到整个文档最前端
Ctrl + End	将光标移动到整个文档末尾
Alt + Ctrl + PageUp	将光标移至窗口顶端
Alt + Ctrl + PageDown	将光标移至窗口结尾

2.　文本选择

（1）用鼠标选择：将光标移动到需要选择字符的左侧，单击鼠标左键，拖动鼠标至最后一个需要选择的字符后松开鼠标；双击某个单词中的文字可选定整个单词。

（2）用键盘选择：如表 3.2 所示。

表 3.2 选择文本常用快捷组合键及功能

快捷组合键	功　能	快捷组合键	功　能
Shift + ↑	选择上一行文本	Shift + ↓	选择下一行文本
Shift + →	选择相邻后一个字符	Shift + ←	选择相邻前一个字符
Ctrl + Shift + ↑	选择从段首至当前字符的所有文本	Ctrl + Shift + ↓	选择从当前字符到段尾的所有文本
Ctrl + Shift + →	选择当前字符右侧一个字符或词语	Ctrl + Shift + ←	选择当前字符左侧一个字符或词语
Shift + Home	选择从行首至当前字符的所有文本	Shift + End	选择从当前字符至行尾的所有文本
Shift + PageUp	选择从上一屏至当前字符的所有文本	Shift + PageDown	选择从当前字符至下一屏的所有文本
Shift + Ctrl + Home	选择从文档最前端至当前字符所在行的所有文本	Shift + Ctrl + End	选择从当前字符所在行至文档末尾的所有文本
Ctrl + A	选择当前文档所有文本		

3.　插入与改写内容

Word 2010 有插入和改写两种录入状态。在"插入"状态下，从键盘输入文本即可将文本直接插入到当前光标所在位置，光标后面的文字将按顺序后移；"改写"状态下，键入的文本将把光标后的文字替换掉，其余的文字位置不改变。两个状态的切换可以用键盘上的"插入 insert"键进行切换，也可以在选项中进行设置，如图 3.20 所示。

图 3.20　改写模式设置

4. 删除操作

（1）直接删除：使用"Backspace"键直接删除光标前一个字符，"Delete"键删除光标后一个字符。

（2）选择删除：选定需要删除的内容，然后使用下面的方法进行删除：

① 使用"Backspace"键或"Delete"键一次性全部删除；

② 使用 Ctrl + X 键一次性全部删除。

5. 撤销、恢复和重复操作

（1）使用 ↶ 快捷键或快捷组合键"Ctrl + Z"可以撤消最近进行的操作，恢复到执行操作前的状态。

（2）交替使用快捷键 ↺ 与 ↻ 或快捷组合键"Ctrl + Y"可以恢复和重复最近所进行的操作。

 微信视频资源 3-1——如何进行插入点的移动与定位、文本的选择、文档内容的插入与改写、文档的删除、撤销、恢复和重复等操作

3.2.4　复制粘贴、移动操作

1. 复制粘贴

（1）利用剪贴板复制：选中需要剪切或复制的文本，选择"开始"选项卡中 "复制"按钮将文档复制到剪贴板；将光标移动到文本需要复制到的目标位置后点击"粘贴"按钮即可完成文本的复制操作（点击鼠标右键，也可以找到"复制"与"粘贴"按钮），如图 3.21 所示。

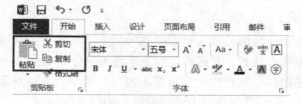

图 3.21　复制粘贴按钮

（2）也可以使用快捷组合键进行文本的复制粘贴操作，常用的组合键如表 3.3 所示。

表 3.3　复制粘贴常用组合键

快捷组合键	功　　能
Ctrl + C	将文本复制到剪贴板
Ctrl + X	将文本剪切到剪贴板
Ctrl + V	将文本粘贴到目标位置

（3）用鼠标拖曳复制：用鼠标选中需要复制的文本，按下"Ctrl"键的同时将选中的文本拖曳到目标位置后释放鼠标。

2．移　动

（1）利用剪贴板移动：选中需要剪切或复制的文本，选择"开始"选项卡中"剪切"按钮将文档复制到剪贴板；将光标移动到文本需要复制到的目标位置后点击"粘贴"按钮即可完成文本的粘贴操作（点击鼠标右键，也可以找到"剪切"与"粘贴"按钮）。

（2）用鼠标拖曳移动：用鼠标选中需要移动的文本，将选中的文本拖曳到目标位置后释放鼠标。

3.2.5　定位、替换和查找操作

1．定　位

选择"开始"选项卡下"编辑"组的"定位"按钮，或用快捷键"Ctrl + G"，在如图 3.22 所示的对话框中进行定位设置。

图 3.22　"定位"选项卡

2．查　找

选择"开始"选项卡下"编辑"组的"查找"按钮，或用快捷键"Ctrl + F"，在如图 3.23 所示的对话框中，输入查找内容，点击"查找下一处"按钮，符合条件的内容将会在文档中以不同底色显示。

图 3.23　"查找"选项卡

3．替　换

选择"开始"选项卡下"编辑"组的"替换"按钮，或用快捷键"Ctrl＋H"，在如图 3.24 所示的对话框中，输入查找内容和替换内容，点击"查找下一处"按钮，符合条件的内容将会在文档中以不同底色显示，点击"替换"或"全部替换"按钮，字符将会被替换成新的内容。

图 3.24　"替换"选项卡

　微信视频资源 3-2——如何进行文本的定位、查找、替换等操作

3.2.6　自动更正、拼写检查

1．自动更正

Word 中的自动更正功能可以更正一些常见的输入错误、拼写错误和语法错误，也可以插入文字、图形等。

选择"文件"选项卡"选项"命令，在"Word 选项"对话框中选择"校对"命令，单击"自动更正选项"按钮，弹出"自动更正"对话框，如图 3.25 所示。

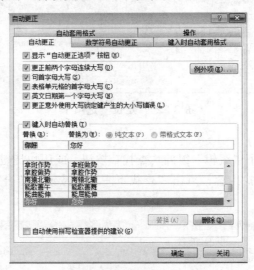

图 3.25　"自动更正"对话框

例如，更正"你好"为"您好"。

（1）在"替换"文本框中输入"你好"。

（2）单击"添加"，即可将该词条添加到自动更正列表中。

（3）当在文档中输入"你好"，回车即可用正确词语"您好"代替。

2. 拼写检查

Word 2010 能够在用户输入时自动检查拼写和语法错误，并用红色波浪线标记拼写错误，绿色波浪线标记语法错误。但需要注意的是，它只能检查英文的拼写错误。

例如，为一段文字进行拼写和语法检查，操作如下：

（1）单击"审阅"选项卡"校对"功能区中"拼写和语法"按钮。

（2）提示英文单词"computor"错误，并给出修改建议，修改后自动检查下一个错误，如图 3.26 所示。

（3）提示词组"数学公式等对象插入"错误，系统认为"等对象"拼写错误或特殊用法，用户可根据情况进行修改，如图 3.27 所示。

 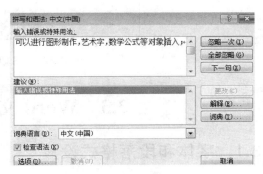

图 3.26　语法检查　　　　　　　　图 3.27　拼写和语法检查

3.2.7　插入符号的操作

选择"插入"→"符号"→"其他符号"命令，弹出如图 3.28 所示的对话框，选择需要插入的字符后点击"插入"按钮。

图 3.28　"符号"对话框

3.2.8　插入日期和时间

选择"插入"→"文本"→"日期和时间"按钮在文档中插入当前日期和时间。在"语言"栏中选择"中文"或"英文","可用格式"栏中选择一种日期和时间格式,如图 3.29 所示。

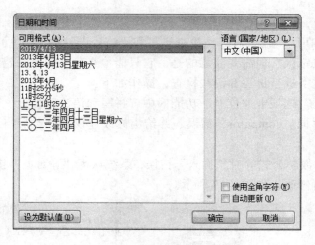

图 3.29 "日期和时间"对话框

3.3 Word 文档格式与版面

3.3.1 字体和段落格式设置

1. 字体格式

设置字体主要有两种方式:通过"开始"选项卡中的"字体"功能区进行设置,如图 3.30 所示,在功能区中可以设置字符的字体、字号、字体颜色、背景色、边框、是否加粗、是否斜体、上下标等。

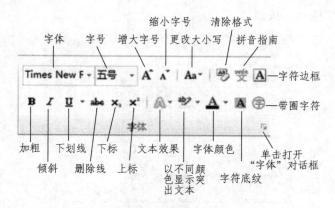

图 3.30 "字体"功能区

或者单击右下角的" ⌐ "打开"字体"对话框,在弹出的对话框中进行字体设置,界面如图 3.31 所示,在对话框中可以设置字体、字形、字号、颜色等,同时可以预览字体设置效果;点击"高级"选项卡,可以进一步设置字符间距等,如图 3.32 所示。

图 3.31 "字体"对话框　　　　　图 3.32 "高级"选项卡

同时，Word 也提供了一些快捷组合键用于对字体格式的快速设置，如表 3.4 所示。

表 3.4　字体格式设置快捷组合键

快捷组合键	功　能	快捷组合键	功　能
Ctrl + Shift + C	从文本复制格式	Shift + F3	更改字母大小写
Ctrl + Shift + V	将已复制格式应用于文本	Ctrl + Shift + A	将所有字母设为大写
Ctrl + Shift + F 或 Ctrl + D	打开"字体"对话框	Ctrl + B	将字符加粗
Ctrl + Shift + ">"	增大字号	Ctrl + U	给字符添加下划线
Ctrl + Shift + "<"	减小字号	Ctrl + I	应用倾斜格式

 微信视频资源 3-3——如何进行字体格式设置

2. 段落格式

段落由任意数量的文字、图形、对象（如公式、图表、特殊符号等）及其他内容组成。Word 以 Enter 键作为段落标记插入的标记，表示一个段落的结束。

段落格式的设置包括段落对齐方式、段落编号、段落左右缩进、段落边框、底纹等设置，可以在"开始"选项卡的"段落"功能区进行段落格式的快速设置，如图 3.33 所示。

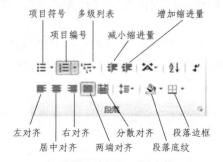

图 3.33 "段落"功能区

也可以点击"段落"功能区的"⌐"打开段落设置对话框,如图 3.34 所示,在该对话框中可以设置段落的对齐方式、大纲级别、左右缩进、段前段后间距、段落行距等,同时可以对所设置的段落格式进行预览。

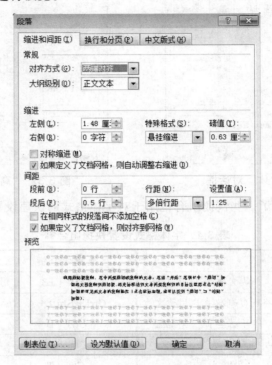

图 3.34 "段落"对话框

常用的设置方法包括:

(1)段落的对齐:段落对齐方式主要有左对齐、居中对齐、右对齐、两端对齐和分散对齐 5 种。可以在图 3.34"段落"对话框中的对齐方式进行设置,也可以使用段落功能区对应按钮进行设置。

(2)段落的缩进:段落缩进是表示一个段落的首行、左边和右边距离页面左边和右边以及相互之间的距离关系,主要有四种缩进方式:

① 左缩进:段落左边距离页面左边的距离;

② 右缩进:段落右边距离页面右边的距离;

③ 首行缩进:段落第一行由左缩进位置向内缩进的距离,通常,中文首行缩进一般两个汉字宽度距离;

④ 悬挂缩进:除第一行以外,段落中其余各行由左缩进位置向内缩进的距离。

标尺是用来设置段落缩进的快捷工具,它有 4 种缩进标记,如图 3.35 所示。

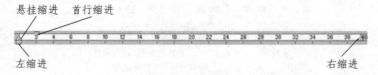

图 3.35 标尺设置缩进

（3）行间距：在如图 3.34 所示的"段落"对话框"间距"设置区域，可以设置段前、段后以及段落中各行的间距。

同时，Word 也提供了一些快捷组合键用于对段落格式的快速设置，见表 3.5。

表 3.5 段落格式设置快捷组合键

快捷组合键	功　能	快捷组合键	功　能
Ctrl + 1	单倍行距	Ctrl + L	在段落左对齐和两端对齐之间切换
Ctrl + 2	双倍行距	Ctrl + M	左侧段落缩进
Ctrl + 5	1.5 倍行距	Ctrl + Shift + M	取消左侧段落缩进
Ctrl + 0	在段前添加或删除一行间距	Ctrl + T	创建悬挂缩进
Ctrl + E	在段落居中和两端对齐之间切换	Ctrl + Shift + T	减小悬挂缩进量
Ctrl + J	在段落两端对齐和左对齐之间切换	Ctrl + Q	删除段落格式
Ctrl + R	在段落右对齐和两端对齐之间切换		

 微信视频资源 3-4——如何进行段落格式设置

3. 首字下沉

选择需要进行下沉的段落，在"插入"功能区中的"文本"组中的"首字下沉"按钮，在下拉菜单选择"首字下沉选项"对话框，设置需要下沉的字体、字号后按"确定"按钮，如图 3.36，3.37 所示。

图 3.36　"文本"命令组

图 3.37　"首字下沉选项"

4. 分　栏

选定需要分栏的段落，在"页面布局"选项卡中的"页面设置"功能区中选择"分栏"按钮，如图 3.38 所示，在下拉菜单中选择"更多分栏"选项，在对话框中可以对栏数、栏宽、栏间距、分隔线等进行详细设置，设置完成后点击"确定"按钮。

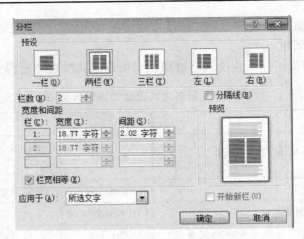

图 3.38 "分栏"对话框

3.3.2 项目和编号

在段落前添加项目符号和编号可以使文档内容更加醒目，同时可以更准确清楚地表达文档内容之间的并列关系、顺序关系等。选定要添加项目或编号的文档内容，单击"开始"选项卡中的"段落"功能区选择 ☰▼ ☰▼ ☰ 按钮，进行项目和编号的设置，在设置了"项目符号""编号"或"多级列表"的文档后，按回车键会自动产生后续的项目或序号。

（1）择需要添加项目符号或编号的段落。

（2）单击 "项目符号"或"项目编号"按钮，弹出相应菜单，如图 3.39，3.40 所示。

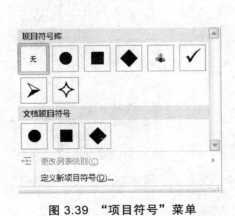

图 3.39 "项目符号"菜单

图 3.40 "项目编号"菜单

（3）选择需要的符号或编号样式。

（4）还可选择"定义新项目符号"或"定义新编号格式"命令，设置用户需要的符号或编号格式，如图 3.41，3.42 所示。

 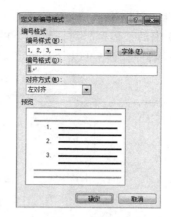

图 3.41 "定义新项目符号"对话框　　图 3.42 "定义新编号格式"对话框

（5）多级符号可清晰表明段落各层次之间的关系，如图 3.43 所示。

图 3.43 "项目符号和编号"对话框

 微信视频资源 3-5——如何在段落前添加项目符号和编号

3.3.3 边框、底纹、页眉和页脚的添加

1. 边框和底纹

选择需要添加边框或底纹的文字或段落，在"页面布局"选项卡中单击"页面背景"功能区，选择"页面边框"按钮弹出"底纹"对话框。

（1）"边框"对话框。

在图 3.44 中的"边框"对话框中，可以为选定的段落或文字设置边框的样式、颜色、宽度及应用范围等，同时也可以分别指定上、下、左、右四个方向边框的有无。

图 3.44　"边框"对话框

（2）"页面边框"对话框。

在图 3.45 所示的"页面边框"对话框中，可以对所选节或全部文档添加边框，同时设置边框样式、颜色、宽度，同时也可以分别指定上、下、左、右四个方向边框的有无。

图 3.45　"页面边框"对话框

（3）"边框与底纹"对话框。

在图 3.46"底纹"对话框中，可以指定底纹的填充颜色、图案等。

图 3.46　"底纹"对话框

2. 页眉和页脚的添加

　　页眉和页脚是打印在文档顶部和底部的文字与图形，打开需要添加页眉页脚的 Word 文档，点击"插入"选项卡，在中间部分的"页眉和页脚"功能区有"页眉""页脚"和"页码"三个按钮，如图 3.47 所示。

（1）插入与编辑页眉。

　　点击"页眉"按钮，出现图 3.48 所示的"页眉"对话框，可以选择需要插入页眉的样式，或者编辑和删除页眉。进行选择后文档区域会变灰显示，光标定位在页眉区域，可以进行文字或图形等对象的输入，在文档区域双击可以完成对页眉的插入或编辑。

图 3.47　"页眉和页脚"组

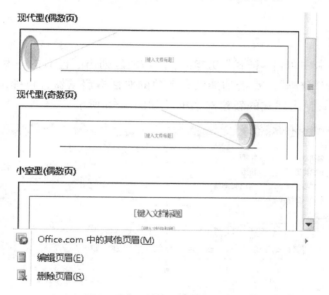

图 3.48　"页眉"对话框

（2）插入与编辑页脚。

　　点击"页脚"按钮，出现类似于图 3.48 所示的"页脚"对话框，可以选择需要插入页脚的样式，或者编辑和删除页脚。进行选择后文档区域会变灰显示，光标定位在页脚区域，可以进行文字或图形等对象的输入，在文档区域双击可以完成对页脚的插入或编辑。

（3）设置页码。

　　点击"页码"按钮，在下拉菜单中可以选择页码在页面的插入位置、删除页码，同时，也可以在如图 3.49 所示的对话框中进行页码格式的设置，可以选择页码编号的格式、是否包含章节号、编号方式等，点击确定，会在页面每一页的相应位置按指定格式和编号方式插入页码。

图 3.49　"页码格式"对话框

　　微信视频资源 3-6——如何进行文档页眉、页脚和页码的添加

3.4 Word 文档模板与样式

3.4.1 样式的建立与使用

样式是指系统或用户定义并保存的排版格式，是在编写文档前将文档中要用到的各种样式分别进行定义，并在使用时应用于各个段落。可以使用 Word 预定义的部分标准样式，也可以根据用户的需求修改标准样式或重新定制样式。

样式的定义包括了字体、段落、边框、编号等。使用保存的样式可以轻松的重复使用具有统一格式的段落格式，使文档保持严格的一致，不仅使用方便，同时也保证了不同段落格式的完全相同。

1. 样式的创建

在"开始"选项卡中单击"样式"功能区，该功能区列出了已有的一些样式，点击右方 ▾，出现该文档所有已应用样式。点击功能区右下角的对话框启动器，将弹出"样式"的任务窗格，在窗格下方的 ▦ 弹出样式的新建对话框，如图 3.50 所示。

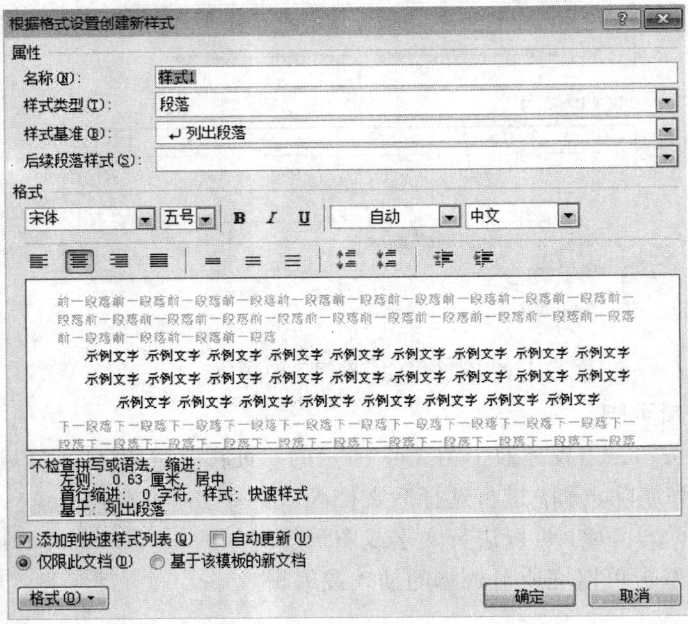

图 3.50 "根据格式设置创建新样式"对话框

在如图 3.50 所示的对话框中，输入样式名称、样式类型、字体格式等，同时点击下方的"格式"按钮，可以进行段落、边框、语言、编号等详细设置，最后单击"确定"按钮完成新样式的创建。

2. 样式的使用

将光标定位于需要应用样式的段落，在"开始"选项卡中"样式"功能区样式列表中选择样式并单击，则样式所定义的格式将会应用于所选择的段落。

3.4.2　模板的建立

模板在 Word 中以 dotx 为扩展名进行命名，由多个样式组合而成，为用户提供一种预先设定好的最终文档的外观，能够起到简化工作的作用。在新建文档时，可以使用系统自带的模板，同时也可以自己新建模板。

在设置好文档的样式后，如果需要将它保存为模板供其他文档使用，将在菜单中选择"另存为"按钮，在保存类型下拉菜单中选择"Word 模板"并输入模板名称，即可完成模板的新建。

3.5　Word 表格的建立与编辑

表格一般是由行和列组成，横向称为行，纵向称为列，由行和列组成的方格称之为单元格；使用 Word 制作的表格可以任意调整大小线条样式和颜色，还可以为单元格填充图案和颜色，使数据更突出醒目。

3.5.1　表格的建立

1. 使用对话框创建

将光标定位于需插入表格的位置，选择"插入"选项卡中的"表格"功能区，在下拉菜单中选择"插入表格"，弹出如图 3.51 所示的"插入表格"对话框，在对话框中输入列数和行数，并设置"自动调整"操作，最后点击"确定"按钮完成表格的创建。

2. 使用快捷方式创建

将光标定位于需插入表格的位置，选择"插入"选项卡中的"表格"功能区，点击向下的 ▼ ，出现如图 3.52 所示的表格网格框。在网格框中上下左右四个方向随意拖动鼠标改变表格的列数和行数，松开鼠标后表格创建完成。

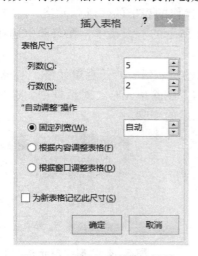

图 3.51　"插入表格"对话框

图 3.52　创建表格网格框

3.5.2　表格元素的编辑

1．表格元素的选择

（1）单元格选择。

① 使用鼠标直接拖动选择表格的一个或多个单元格。

② 点击需要选择单元格，点击鼠标右键，在弹出的菜单中单击"选择"项，在弹出菜单中选择"单元格"。

③ 将鼠标放在单元格的左侧部分，待鼠标变成指向右上方的黑色箭头时，点击即可选中该单元格。

（2）行的选择。

① 使用鼠标直接拖动选择表格的某一行。

② 点击需要选择的行中的任意一个单元格，点击鼠标右键，在弹出的菜单中单击"选择"项，在弹出菜单中选择"行"。

③ 将鼠标移动到需要选择的行的最左侧，待鼠标变成指向右上方的箭头时单击。

（3）列的选择。

① 使用鼠标直接拖动选择表格的某一列。

② 点击需要选择的列中的任意一个单元格，点击鼠标右键，在弹出的菜单中单击"选择"项，在弹出菜单中选择"列"。

③ 将鼠标移动到需要选择的列的最上侧，待鼠标变成指向下方的黑色箭头时单击。

（4）表格的选择。

① 使用鼠标直接拖动选择表格所有行和列。

② 点击需要选择的表格中的任意一个单元格，点击鼠标右键，在弹出的菜单中单击"选择"项，在弹出菜单中选择"表格"。

③ 将鼠标移动到需要选择的列的左上角，待鼠标变成"⊞"时单击。

2．表格元素的插入与删除操作

（1）表格元素的插入：将光标定位于需要进行操作的表格的任意单元格，点击鼠标右键，在弹出的快捷菜单中单击"插入"，弹出如图 3.53 所示的下级菜单，在菜单中选择需要插入的表格元素。

（2）表格元素的删除：将光标定位于需要删除的行、列中的任意单元格，点击鼠标右键，在弹出菜单中选择"删除单元格"项，在如图 3.54 "删除单元格"对话框中，选择删除单元格后进行的相应操作，点击"确定"后完成表格元素的删除。

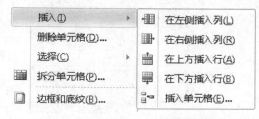

图 3.53　插入行、列或单元格菜单命令　　　　**图 3.54　"删除单元格"对话框**

3. 单元格合并与拆分

（1）合并单元格：用鼠标拖动选择需要进行合并的多个单元格，点击鼠标右键，在弹出菜单中选择"合并单元格"项，单元格内容会合并到新的单元格中。

（2）拆分单元格：将光标定位于需要进行拆分的单元格中，点击鼠标右键，在弹出菜单中选择"拆分单元格"项，在弹出的如图 3.55 所示的"拆分单元格"对话框中输入需要拆分的行和列数后单击"确定"按钮。

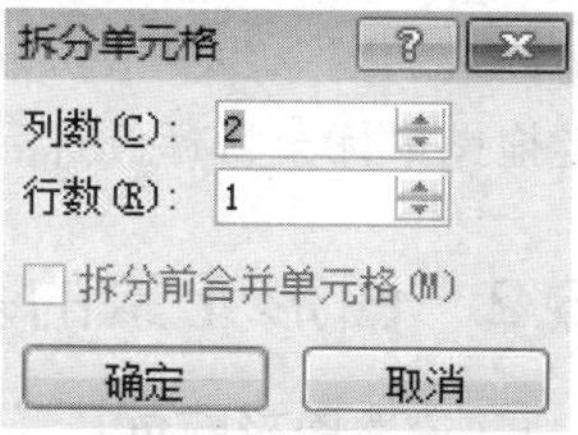

4. 表格格式设置

右击选定的表格，在弹出的菜单中单击"表格属性"项，出现如图 3.56 的表格属性对话框，在该对话框可以进行表格对齐方式、文字环绕方式、表框、底纹、行、列等设置。

图 3.55　"拆分单元格"对话框

图 3.56　"表格属性"对话框

（1）"表格"设置：在"表格"选项卡中可以设置表格的宽度、对齐方式、文字环绕方式等，同时也可以点击"边框与底纹"按钮对表格的边框与底纹的样式进行设置；点击"选项"按钮可以对单元格的边距等进行设置；

（2）"行"设置：在"行"选项卡中可以设置行的高度、是否允许跨页断行、是否在允许不同页重复出现标题等选项；

（3）"列"设置：在"列"选项卡中可以对列的高度进行设置；

（4）"单元格"设置：在"单元格"选项卡中可以设置单元格所在列的宽度、文字对齐方式等。

　微信视频资源 3-7——如何进行表格元素的编辑

3.6　Word 图形的制作与编辑

Word 2010 提供了线条、矩形、基本形状、箭头、公式、流程图、星与旗帜和标注等 8 种类型，通过不同类型自绘图形的组合可以绘制出不同效果的图形。

3.6.1　自选图形的绘制

单击"插入"选项卡，在"插图"功能区单击"形状"按钮，在弹出的下拉菜单中选定需要插入的图形并单击，鼠标将成十字形。将鼠标的光标移动到需要插入图形的位置后按住左键拖曳鼠标至目标位置后松开鼠标完成自选图形的插入。

3.6.2　图形元素的基本操作

1. 设置图形颜色

单击图形在顶部的选项卡中会出现"绘图工具格式"选项卡，选择该选项卡，在如图 3.57所示的"图形样式"功能区中，可以对图形的填充色、轮廓颜色和图形效果进行设置；同时，在图形上点击右键选择"设置图形格式"项也可以对图形的填充色和边框颜色进行设置。

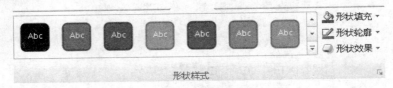

图 3.57　"图形样式"菜单

2. 设置图形效果

在如图 3.57 所示的"图形样式"菜单中，选择"形状效果"可以对图形的阴影、三维和旋转效果进行设置。

3. 设置图形叠放次序

插入文档的图形可以叠放在一起，叠放后上面的图形会挡住下面图形的相应位置的图像，图形的叠放次序可以按下面的方式进行设置：右键单击图形，在图 3.58 的对话框中选择"置于顶层"或"置于底层"项后在弹出的二级菜单中选择其叠放的次序。

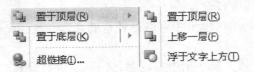

图 3.58　图形叠放次序菜单

4. 设置图形的组合与取消组合

（1）组合图形：图形的组合是指把多个图形给合在一起成为一组，以便于将图形作为一个整体进行移动和更改。图形组合的方式为：按住 Shift 键，依次单击需要组合的图形，然后在图形上单击鼠标右键，在弹出的菜单中选择"组合"项中的"组合"命令；

（2）取消组合：在已经组合好的图形上单击右键，在弹出菜单中选择"组合"项中的"取消组合"命令。

　微信视频资源 3-8——如何进行图形元素的基本操作

3.7　Word 对象的插入

3.7.1　图片的插入

1. 插入剪贴画

单击"插入"选项卡，在"插图"功能区选择"剪贴画"按钮，在文本区的右方会出现系统已有剪贴画（如果是第一次使用插入剪贴画功能则需要选择"搜索范围"和"结果类型"后点击"搜索"按钮），选择需要插入的剪贴画后双击完成剪贴画的插入。

2. 插入图片

插入图片功能是在文档中插入外部的图片文件。单击"插入"选项卡，在"插图"功能区点击"图片"按钮，在弹出的对话框中选择图片文件所在的路径，选择好需要插入的文件，点击"插入"按钮完成图片文件的插入。

3.7.2　文本框的插入

文本框是一类特殊的图形对象，用于在文档中制作标题、栏间标题、局部竖排效果等，下面我们分别介绍文本框的插入、编辑、大小调整、位置移动及其他属性设置。

（1）插入文本框：单击"插入"选项卡，在"文本"功能区选择"文本框"按钮，出现系统内置样式的文本框，可以直接选择需要插入的文本框，同时也可以选择下方的"绘制文本框"或"绘制竖排文本框"后鼠标变为十字形，在文档上按住左键拖曳鼠标达到合适大小后松开左键，一个最简单的文本框创建完成。

（2）编辑文本框：直接在文本框上选择文字就可以完成对文本框内容的编辑。

（3）文本框大小调整：选择文本框，将鼠标移动到文本框的四个顶点或者四个边的中点位置，待鼠标变成双向箭头后按下鼠标左键并拖动鼠标，可对文本框的大小进行调整。

（4）文本框的移动：将鼠标移动到文本框的边缘，当鼠标图形变成十字形状时，按下鼠标左键将文本框拖动到目标位置后松开鼠标完成文本框位置的移动。

（5）文本框属性设置：选择文本框后点击右键在弹出菜单中选择"设置形状格式"命令，弹出"设置形状格式"对话框，如图 3.59 所示。通过对话框，可以设定文本框的所有属性，包括文本框填充色、线条颜色、线型、阴影、图片效果、文字等。

图 3.59　"设置形状格式"对话框

3.7.3　SmartArt 图形的插入

单击"插入"选项卡，在"插图"功能区选择"SmartArt"按钮，弹出"选择 SmartArt

图形"对话框如图 3.60 所示，单击对话框左侧需要选择的图形类型，如选择层次结构图标，对话框中部出现该类型下的所有图形，选择某一图形后在右方出现其预览效果，点击"确定"按钮完成 SmartArt 图形的插入。

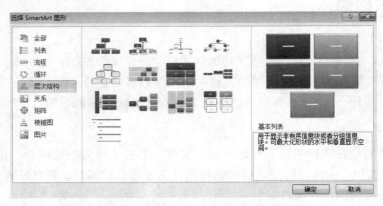

图 3.60 "选择 SmartArt 图形"对话框

3.7.4 图文混排

图文混排是将文字和图片在文档中同时进行排列，Word 通过设置图片的环绕方式来进行图文的混排，可以通过下面的方式完成图文混排：

（1）在文档中右键单击图片，在弹出菜单中选择"自动换行"项，在弹出的二级菜单中选择合适的环绕方式后点击"确定"按钮。

（2）在文档中右键单击图片，在弹出菜单中选择"大小和位置"项，在弹出的"布局"对话框中选择"文字环绕"选项卡，如图 3.61 所示，该选项卡列出了七种可选的环绕方式，选择合适的环绕方式后点击"确定"按钮。

图 3.61 "布局"对话框

  微信视频资源 3-9——如何进行图文混排操作

3.8　Word 文档的页面设置和打印

3.8.1　页面设置

页面设置可以设置文档的文字方向、页边距、纸张方向、纸张大小、分栏等效果，在"页面布局"选项卡中"页面设置"功能区包括了相应的功能按钮，如图 3.62 所示。

同时可以启动"页面设置"对话框进行页面详细设计，如图 3.63 所示。

图 3.62　"页面设置"命令组

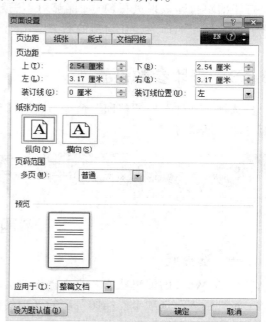

图 3.63　"页面设置"对话框

1. 页边距

在"页边距"选项卡中可以设置上、下、左、右四个方面页边距大小、装订线位置、纸张方向等，同时可以选择页面设置的应用范围。

（1）页边距：设置上、下、左、右边距的数值。

（2）方向：设置页面的方向，分为"横向"和"纵向"。

（3）页码范围：包含对称页边距、拼页、普通、书籍折页、反向书籍折页等选项。

（4）应用于：确定页面设置的范围，有"整篇文档""插入点之后""所选文字"等选项。

2. 纸　张

在"纸张"选项卡中可以设置纸张规格、纸张大小、纸张来源及设置的应用范围，默认的纸张大小是"A4"，页面方向是"纵向"。

3. 版　式

在"版式"选项卡中设置页眉、页脚距边界位置，对齐方式、设置页眉、页脚的"奇偶页是否不同""首页是否不同"及设置的应用范围。

4. 文档网格

在"文档网格"选项卡可以设置文字的排列方向、分栏数、行数、字符数及设置的应用范围。

3.8.2 打印预览

Word 的打印预览效果与打印机打印的效果相同，具有所见即所得的特点，所以在文档正式打印前对打印效果进行预览，能够对不满意的地方进行及时修改，其操作方式为：点击"文件"→"打印"命令，在窗口的右方会出现文档的预览效果。

3.8.3 打印参数设置

选择"文件"→"打印"命令，在打印窗口中设置打印机、打印份数、打印页数、单双面打印、纸张等。

 微信视频资源 3-10——如何进行文档的打印操作

例题与解析

一、选择题

1. 在 Word 的编辑状态，为文档设置页码，可以使用（　　）。

A. "插入"选项卡"插图"功能区中的命令

B. "页面布局"选项卡中的命令

C. "开始"选项卡"样式"功能区中的命令

D. "插入"选项卡"页眉和页脚"功能区中的命令

【答案与解析】本题答案为 D。"插入"选项卡"页眉和页脚"功能区中"页码"命令可以完成为文档设置页码的功能。

2. 用 Word 进行编辑时，要将选定区域的内容放到的剪贴板上，可单击工具栏中（　　）。

A. 剪切或替换　　　　　B. 剪切或清除　　　　　C. 剪切或复制　　　　　D. 剪切或粘贴

【答案与解析】本题答案为 C。A 中"替换"命令是用目标文本对选定文本进行替代；B 中"清除"命令用来删除选定的内容；D 中"粘贴"命令用来将剪贴板上的内容放到选定区域。

3. 在 Word 中新建文档命令位于（　　）选项卡中。

A. "文件"　　　　　B. "插入"　　　　　C. "设计"　　　　　D. "审阅"

【答案与解析】本题答案为 A。新建文档的操作步骤为：在"文件"选项卡中选择"新建"命令，选择"空白文档"选项，单击"创建"按钮创建新文档。

4. 在 Word 编辑过程中，使用（　　）键盘命令可将插入点直接移到文章末尾。

A. <Shift> + <End>　　　　　　　　B. <Ctrl> + <End>

C. <Alt> + <End>　　　　　　　　　D. <End>

【答案与解析】本题答案为 B。<Shift>＋<End>功能为选择光标当前位置到行末的所有文本；<End>功能为将鼠标移动到当前行的行末位置。

5. Word 在编辑完毕一个文档后，可使用（　　）功能知道它打印后的结果。

A. 打印预览　　　B. 模拟打印　　　C. 提前打印　　　D. 屏幕打印

【答案与解析】本题答案为 A。Word 的"打印预览"效果与打印机打印的效果相同，具有所见即所得的特点，在文档正式打印前对打印效果进行预览，能够对不满意的地方进行及时修改，其操作方式为：点击"文件"→"打印"命令，在窗口的右方会出现文档的预览效果。

6. 在 Word 中要对表格中某一单元格进行拆分，应执行（　　）操作。

A."插入"菜单中的"拆分单元格"命令　　　B."表格"菜单中"拆分单元格"命令

C."工具"菜单中的"拆分单元格"命令　　　D."格式"菜单中"拆分单元格"命令

【答案与解析】本题答案为 B。拆分单元格的具体操作为选择将光标定位于需要进行拆分的单元格中，选择"表格"选项卡中"布局"功能区中"拆分单元格"命令或者点击鼠标右键，在弹出菜单中选择"拆分单元格"项，在弹出的对话框中输入需要拆分的行和列数后单击"确定"按钮。

7. Word 中，图片可以有多种环绕形式与文本混排，其中（　　）不是所提供的环绕形式。

A. 左右型　　　B. 穿越型　　　C. 上下型　　　D. 嵌入型

【答案与解析】本题答案为 A。Word 提供的图文混排的环绕形式包括"嵌入型""四周型""紧密型""穿越型""上下型""衬于文字上方""浮于文字上方"。

8. 在 Word 编辑状态时，要在文档中添加◆，应该选择（　　）选项卡。

A."开始"　　　B."页面布局"　　　C."插入"　　　D."引用"

【答案与解析】本题答案为 C。具体操作为"插入"→"符号"→"符号"命令。

9. 在 Word 中，应当使用（　　）命令设定纸张的打印方向。

A."页面布局"选项卡中"稿纸"功能区

B."视图"选项卡中"显示"功能区

C."视图"选项卡中"窗口"功能区

D."页面布局"选项卡"页面设置"功能区

【答案与解析】本题答案为 D。具体操作为"页面布局"→"页面设置"→"纸张方向"选择"横向"或者"纵向"进行纸张打印方向的设置。

10. 在 Word 的编辑状态，可以统计当前文档中文字字数、行数等的命令位于（　　）选项卡。

A."插入"　　　B."引用"　　　C."审阅"　　　D."工具"

【答案与解析】本题答案为 C。命令位于"审阅"→"校对"→"字数统计"命令，在 2010 中不再有"工具"选项卡。

二、操作题

1. 将素材按要求进行排版。

【素材】

峨眉山景区简介

峨眉山风景区，屹立在四川盆地西南部，位于峨眉山市西南 7 km，东距乐山市 37 km。景区面积约 154 km^2，最高峰万佛顶海拔 3 099 m，是中国四大佛教名山之一。有寺庙约 26 座，重要的有八大寺庙，佛事频繁。受四海信士的敬仰，是四川风景名胜区、全国文明风景旅游区示范点。1996 年 12 月 6 日，峨眉山乐山大佛作为文化与自然双重遗产被联合国教科文组织列入世界遗产名录。

【要求】

（1）标题"峨眉山景区简介"字体设置为"黑体"，字形为"常规"，字号为"一号"居中显示；

（2）正文字体设置为"宋体"，字号设置为"五号"；"峨眉山"三个字的字体加粗，字号为"三号"，字形设为"斜体"；

（3）正文行距为 30 磅，两端对齐。

【答案与解析】具体操作步骤如下：

（1）选择"开始"选项卡，选择标题"峨眉山景区简介"，在开始选项卡中"字体"功能区中的"字体"下拉列表中选定"黑体"；"字号"下拉列表中选择"一号"。字形默认为"常规"。

（2）选中标题"峨眉山景区简介"，在"段落"功能区中单击"居中"命令按钮，将文字居中显示。

（3）选择正文，在开始选项卡中"字体"功能区中的"字体"下拉列表中选择"宋体"；"字号"下拉列表中选择"五号"。

（4）选择正文中的"峨眉山"文字，在开始选项卡中"字体"功能区中的"字号"下拉列表中选择"三号"，字形同时选择"斜体"和"加粗"按钮。

（5）选择所有文字，在开始选项卡中"段落"功能区中"行和段落间距"中选择"行距"选项，将"行距"设置为"固定值"，"设置值"中设置为"30 磅"。对齐方式选择两端对齐。

2. 将素材按要求进行排版。

【素材】

峨眉山，E-mei，Mount 亦作 Mount Emei。位于四川省乐山市境内，在四川盆地西南部，西距峨眉山市 7 km，东距乐山市 37 km。景区面积 154 km^2，最高峰万佛顶海拔 3 099 m，佛教圣地华藏寺所在地金顶（3 079.3 m）为峨眉山旅游的最高点。它是著名的佛道教名山和旅游胜地，有"峨眉天下秀"之称。它是中国四大佛教名山之一，有寺庙约 26 座，重要的有八大寺庙（报国寺、伏虎寺、清音阁、万年寺、洪椿坪、仙峰寺、洗象池、华藏寺），佛事频繁。据传为佛教中普贤菩萨的道场。1982 年，峨眉山以峨眉山风景名胜区的名义，被国务院批准列入第一批国家级风景名胜区名单。1996 年 12 月 6 日，峨眉山—乐山大佛作为一项文化与自然双重遗产被联合国教科文组织列入世界遗产名录。2007 年，峨眉山景区被国家旅游局正式批准为国家 5A 级旅游风景区。

【要求】

（1）标题"峨眉山"字体设置为"黑体"，字形为"常规"，字号为"一号"居中显示；

（2）设置正文第一段文字首字下沉；

（3）将正文第一段（除首字）字体设置为"楷体"，字号为"小四号"；

（4）将正文第二段字体设置为"楷体"，字号为"小四号"，字形为"斜体"，并加下划线；

（5）全文段落两端对齐，段落后设置0.5行间距。

【答案与解析】具体操作步骤如下：

（1）选择"开始"选项卡，选择标题"峨眉山"，在开始选项卡中"字体"功能区中的"字体"下拉列表中选定"黑体"；"字号"下拉列表中选择"一号"。字形默认为"常规"。

（2）选中标题"峨眉山"，在"段落"功能区中单击"居中"命令按钮，将文字居中显示。

（3）选定正文第一段，单击"插入"选项卡"文本"组"首字下沉"下拉按钮，在弹出的下拉菜单中单击"下沉"。

（4）选定正文第一段，在开始选项卡中"字体"功能区中的"字体"下拉列表中选择"楷体"；"字号"下拉列表中选择"小四号"。

（5）选定正文第二段，在开始选项卡中"字体"功能区中的"字体"下拉列表中选择"楷体"；"字号"下拉列表中选择"小四号"；"字形"选择 *I* 将字体设置为"斜体"，选择 U 给文字加上下划线。

（6）选定所有正文，启动"段落设置"对话框，在"对齐方式"中选择"两端对齐"，在间距选项中设置"段后"为0.5行。

3. 将素材按要求进行排版。

【素材】

峨眉山气候特点

峨眉山云雾多，日照少，雨量充沛

平原部分属亚热带湿润季风气候，一月平均气温约6.9 ℃，七月平均气温26.1 ℃；因峨眉山海拔较高而坡度较大，气候带垂直分布明显，海拔1 500～2 100 m属暖温带气候；海拔2 100～2 500 m属中温带气候；海拔2 500 m以上属亚寒带气候。海拔2 000 m以上地区，约有半年为冰雪覆盖，时间为10月到次年4月。

峨眉景区随海拔高度的不同，而呈现不同的气候特征

清音阁以下为低山区，植被葱郁、风爽泉清，气温与平原无大差异，早晚略添衣着即可。清音阁至洗象池为中山区，气温已较山下平原低4～5 ℃，游客需备足衣物。洗象池至金顶为高山区，人行云中，风寒雨骤，气温比山下报国寺等处低约10 ℃左右。山上为游客准备了大量棉大衣，可供游人租用。峨眉山中间有一条"界线"，山下被称为"阳间"，山上被称为"阴间"。积云有一定的重量，所以在峨眉山的那条界线的位置。因此，游人在金顶时时常会听见雷声，但只有"阳间"在下雨，"阴间"不会下雨。

【要求】

（1）标题"峨眉山气候特点"字体设置为"幼圆"，字形为"常规"，字号为"一号"居中显示；

（2）将"峨眉山云雾多，日照少，雨量充沛"和"峨眉景区随海拔高度的不同，而呈现不同的气候特征"，字体设置为"楷体"，字号"三号"，并添加项目符号"●"；

（3）将"峨眉山云雾多，日照少，雨量充沛"和"峨眉景区随海拔高度的不同，而呈现不同的气候特征"的正文设置首行缩进2个字符，左缩进1个字符，行距设置为25磅。

【答案与解析】具体操作步骤如下：

（1）选择"开始"选项卡，选择标题"峨眉山气候特点"，在开始选项卡中"字体"组中的"字体"下拉列表中选定"幼圆"；"字号"下拉列表中选择"一号"。字形默认为"常规"。

（2）选中标题"峨眉山气候特点"，在"段落"组中单击"左对齐"命令按钮，将文字居左显示。

（3）选定"峨眉山云雾多，日照少，雨量充沛"及其正文，在"开始"选项卡"字体"组中将字体设置为"楷体"，字号设置为"三号"；选定"翠海"，在"段落"组中选择"项目编号"中的"●"。

（4）选择"峨眉山云雾多，日照少，雨量充沛"标题部分，点击格式刷；选择"峨眉景区随海拔高度的不同，而呈现不同的气候特征"标题再次点击格式刷，则"峨眉景区随海拔高度的不同，而呈现不同的气候特征"标题部分具有了与"峨眉山云雾多，日照少，雨量充沛"标题部分相同的格式。

（5）选择"峨眉山云雾多，日照少，雨量充沛"正文部分，打开段落设置对话框，在弹出的对话框中设置左缩进1个字符，正文首行缩进2个字符，行距设置为"固定值"，设置值"25磅"。

（6）使用与（5）相同的方法或格式刷将"峨眉景区随海拔高度的不同，而呈现不同的气候特征"正文部分设置为相同的格式。

Excel 电子表格

Microsoft Excel 是微软公司开发的办公套件 Office 中比较重要的一部分，它广泛应用于现代化办公中，包括如财务、统计、管理、教学、工商、科研等各种需要进行数据搜集、整理、分析和处理的领域，是现代化办公中的必备工具之一。

4.1 Excel 2010 的新增功能

Excel 2010 相对于 Excel 2007 在许多方面有较大的改进，如全新的数据分析、可视化工具、协同工作和粘贴预览等等，以下列举其中的八个方面的改进功能：

1. 64 位版本

Excel 2010 提供了 64 位版本，该版本可以创建数据量更大、计算更加复杂的工作簿，并且在打开较大和较复杂的 Excel 文档时速度更快，几乎没有延迟的感觉。

2. 迷你图表

迷你图表是显示在单个单元格中的小图表，可以反映基于时间的趋势或者数据的变化。

3. 切片器

切片器是以一种直观的交互方式来快速筛选数据透视表中的数据，使用按钮对数据进行快速分段和筛选，便于显示所需的数据。

4. 数据透视表功能增强

增强了包括如性能、数据透视表标签、筛选功能、回写支持、值显示方式和数据透视图的交互等功能，能够更轻松、更快速地使用数据透视表。

5. 函数增强

新增了一系列更精确的统计函数和其他函数，在准确性、一致性方面都有更进一步的改善。

6. 筛选功能增强

当在工作表、数据透视表和数据透视图中筛选数据时，可以使用新增的搜索框在大型列表中检索从而找到所需要的内容。

7. 新增粘贴预览功能

粘贴预览功能是在将粘贴内容实际粘贴到工作表之前进行预览操作，包括"保留源列宽""无边框"或"保留源格式"等。

8. 图片编辑功能增强

该功能可以更好地控制在工作簿中插入的图形与图像，包括屏幕快照、SmartArt 图形布局、图片修正、新增和改进的艺术效果、更好的压缩和裁剪功能等等。

4.2　Excel 基本知识

4.2.1　Excel 的启动与退出

1. 启动 Excel

在开始使用 Excel 前，需要先启动 Excel 应用程序，常见的启动方式有以下四种：

方法 1：单击 Windows 操作系统的开始按钮，在弹出的"开始"菜单中选择"所有程序 > Microsoft Office > Microsoft Excel 2010"命令，如图 4.1 所示。

方法 2：双击 Excel 2010 在桌面上的快捷方式图标进行快速启动，如图 4.2 所示。

图 4.1　Excel 2010 启动　　　图 4.2　Excel 2010 桌面快捷图标

方法 3：双击或者右键打开一个已经存在的 Excel 文件，即可启动 Excel 应用程序并打开该文件。

方法 4：在安装好 Excel 2010 后，会添加快捷方式图标到快速启动栏中，直接点击图标即可进行快速启动，如图 4.3 所示；还可以右键点击快捷方式图标，在弹出的菜单中选择 "锁定到任务栏" 命令，会将快速启动图标固定到任务栏，单击任务栏中的 Excel 图标即可快速启动。

图 4.3　Excel 2010 快速启动栏图标

2. 退出 Excel

完成 Excel 文档的编辑或者暂时不需要使用该文档时，需要退出 Excel 程序，常见的退出方式有以下三种：

方法 1：单击窗口控制栏中的 "关闭" 按钮；

方法 2：单击 "文件" 选项卡，在弹出的菜单中选择 "关闭" 菜单即可关掉当前活动的工作簿，若选择 "退出" 菜单会关闭所有的工作簿并退出 Excel 应用。

方法 3：使用组合快捷键【Alt + F4】。

4.2.2　Excel 窗口结构

Excel 2010 由快速访问工具栏、标题栏、窗口控制栏、选项卡标签栏、编辑栏、工作表编辑区、状态栏和视图栏八部分组成，布局如图 4.4 所示，具体栏目介绍如下：

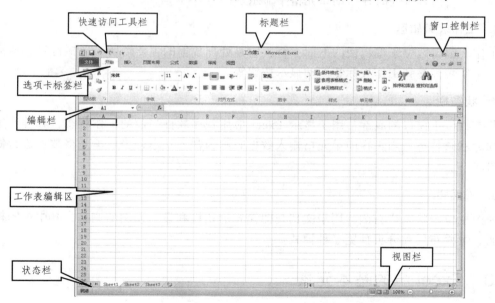

图 4.4　Excel 2010 窗口结构

1. 快速访问工具栏

它位于操作窗口顶行的左部，默认情况下包括 "保存文件" "撤销" "恢复" 等快速访问按钮，直接单击相应的按钮即可完成对应的功能。该工具栏的最右侧有个 "自定义快速访问工具栏" 按钮，单击时会打开一个下拉菜单，可以选择相应的选项增加或减少工具栏中的快速访问按钮；也可以右键单击快速访问按钮，在弹出的菜单中选择"从快速访问工具栏删除"来去掉在快速访问工具栏的显示。

2. 标题栏

它位于屏幕窗口的顶端中部，显示当前正在打开的活动电子工作簿文件的名称，图4.4中显示的"工作簿1"是系统新建Excel工作簿时自动命名的临时文件名。

3. 窗口控制栏

它在屏幕窗口的顶端右部，单击相应按钮可以实现联机帮助、最小化、最大化、还原和关闭窗口功能。

4. 选项卡标签栏

选项卡标签栏位于标题栏的下面一行，包含有一个"文件"下拉菜单项，和多个选项卡标签，它初始包括"开始""插入""页面布局""公式""数据""审阅""视图"等选项卡标签，选择不同的选项卡标签，选项卡下的功能组也会随之变化。

5. 编辑栏

它在选项卡标签栏的下面一行，由左、中、右三部分组成，左边部分显示活动单元格的地址，中间部分为取消、输入和插入函数图标按钮；右边部分用于显示输入和修改活动单元格的内容，该内容也同时在活动单元格中显示。

6. 工作表编辑区

工作表编辑区位于编辑栏的下面一行，它是处理数据的主要场所，包括行号、列标、单元格、工作表标签和工作表标签滚动显示按钮等。

7. 状态栏

状态栏位于窗口的底部，用于显示Excel应用程序软件当前的工作状态，如等待用户操作时则为就绪状态，当正在向单元格输入数据时则为输入状态，当对单元格数据进行修改时为编辑状态。

8. 视图栏

视图栏位于状态栏右侧，用于文档视图模式的切换和显示比例的调整，其中视图模式包含普通、页面布局和分页预览三种模式。

4.2.3 Excel 中的基本元素

工作簿、工作表和单元格是Excel中的三种基本元素，他们之间是包含与被包含的关系，即一个工作簿包含一个或者多个工作表，而一个工作表包含多个单元格，如图4.5所示。

1. 工作簿

工作簿是Excel操作的主要对象和载体，通常也被称作为"电子工作簿文件""电子表格文件""工作簿文件"等。用户可以同时创建或者打开多个工作簿，默认情况下新建的工作簿名称为"工作簿 1"，此后新建的工作簿名以"工作簿 2"、"工作簿 3"等依次命名，Excel 2010 中工作簿的默认扩展名为 xlsx。

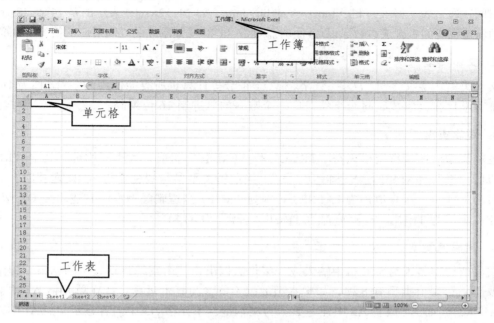

图 4.5　工作簿、工作表和单元格

2.　工作表

工作表是工作簿的基本组成单位，由单元格按照行和列排列组成，用于数据的存储和处理工作，一个或者多个工作表组成一个工作簿。

3.　单元格

单元格是 Excel 的数据存储单元，是工作表中用行和列将整个工作表划分出来的若干个小方格。在单元格中可以输入符号、数值、公式以及其他内容。单元格通过行号和列标来进行标记，其中行号是用阿拉伯数字"1、2、3、4……"来进行标识，而列标采用大写英文字母"A、B、C、D……"来标识。单元格的地址表示方式采用"列标 + 行号"，比如工作表中最左上角的单元格地址是 A1，表示第 1 行 A 列；选中每一个单元格，将会在编辑栏的最左端显示出已选中的单元格地址名称"A1"；也可以在编辑栏中输入地址"A1"，进行单元格的快速定位。

4.2.4　Excel 中的数据类型

在 Excel 中数据可分为四种类型，它们分别是数值、文本、逻辑和错误值。其中：

1.　数值类型

数值类型包含数字、日期、时间三种：

数字：由十进制数字（0~9）、小数点（.）、正负号（＋、－）、百分号（%）、千位分隔符（，）、科学计数符号（E 或 e）、货币符号（￥、$、US$、£等）等组合而成。如 1234，－5678、－3.1415926、6.10321E＋17、￥1，927.1 等，都是有效的数字类型。

日期：通常表示格式为 yyyy/mm/dd 或 yyyy-mm-dd，如 2013/12/21，表示的日期是 2013 年 12 月 21 日，对应的数值是从 1900 年 1 月 1 日起到该日期为止之间的天数 41629。

时间：通常表示格式为 hh：mm：ss 或 hh：mm，如 14：28：04 表示的是 14 点 28 分 4 秒，对应的值是该时间折合成秒数除以 24 小时总秒数 86 400，如刚才的时间对应的值约为 0.602 82。

2．文本类型

文本类型由英文字母、汉字、数字、标点、符号等计算机所有能使用的字符（称为 Unicode 字符集）顺序排列组成，每个字符对应一个唯一的二进制 16 位编码。

3．逻辑类型

逻辑类型由两个特定标识符"TRUE"和"FALSE"组成，大小写均可。其中 TRUE 代表逻辑值"真"，FALSE 代表逻辑值"假"。当逻辑类型参与到逻辑与 AND 运算时，只要某一个值为 FALSE，运算值都为 FALSE，否则为 TRUE；当逻辑类型参与到逻辑或 OR 运算时，只要任一个值为 TRUE，运算值都为 TRUE，否则为 FALSE。

4．错误值类型

错误值类型是因为单元格中输入或者编辑数据出错，由系统自动显示的结果，提示用户注意改正。错误值类型有 8 种，如文本型数据不能参与算术运算，如在单元格 A3 中输入公式"A1*A2"，而 A1 或者 A2 中任一数据为文本型，单元格 A3 中内容显示"#VALUE!"。

4.3　工作簿的基本操作

4.3.1　创　建

启动 Excel 2010 应用程序，程序会自动创建一个名为"工作簿 1"的空白工作簿，如需要另外创建工作簿，单击"文件"选项卡，在弹出的菜单中选择"新建"菜单，继续选择"空白工作簿"或者"样本模板"来进行工作簿的创建。其中"空白工作簿"是创建一个空白无内容的工作簿，"样本模板"是根据模板的主题、布局和内容生成包含内容的工作簿，如图 4.6 所示。

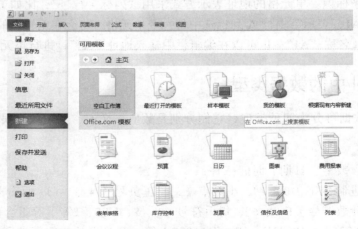

图 4.6　创建工作簿

4.3.2 保 存

用户创建好工作簿后，需要对其进行命名和保存，单击"文件"选项卡，在弹出的菜单中选择"保存"菜单即会弹出保存对话框，首次保存时会要求输入保存的地址和文件名，如图 4.7 所示。

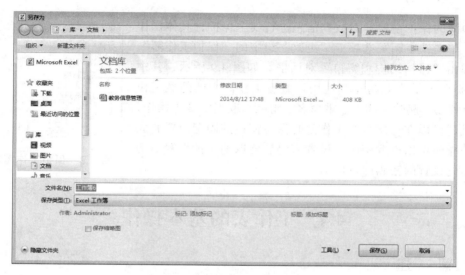

图 4.7 保存工作簿对话框

4.3.3 打 开

若要对已经存在的工作簿进行修改时需要先打开，有两种方式：一是双击工作簿文件即可；二是在 Excel 运行的情况下，单击"文件"选项卡，在弹出的菜单中选择"打开"菜单即会弹出文件打开对话框，选择需要打开的文件路径和文件即可，如图 4.8 所示。

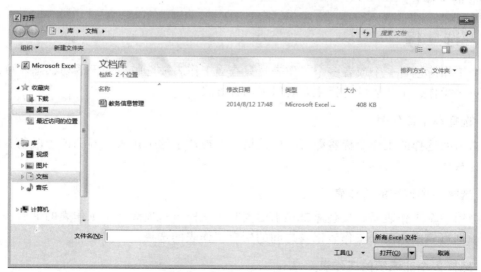

图 4.8 打开工作簿对话框

4.3.4 关 闭

单击"文件"选项卡，在弹出的菜单中选择"关闭"命令即可完成。

4.3.5 保 护

工作簿的保护主要针对数据信息进行安全保护，具体操作步骤是：单击"审阅"选项卡"更改"组中的"保护工作簿"按钮，弹出"保护结构和窗口"对话框，如图 4.9 所示，其中"结构保护"能够有效防止其他用户查看工作簿中的隐藏工作表，以及移动、删除、插入、重命名、隐藏、取消隐藏等操作，"窗口保护"可以在每次打开工作簿时保持窗口的固定位置和大小。保护操作可以设置密码，设置密码后要取消保护设置，需要输入预先设置的密码即可取消。

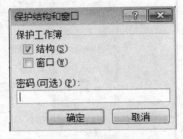

图 4.9　保护工作簿对话框

4.4　工作表的基本操作

4.4.1 新 建

首先启动 Excel 应用程序窗口，默认情况下会自动创建一个名为"工作簿 1"的工作簿文件，并自动生成三个工作表，名称分别是 Sheet1、Sheet2、Sheet3。一般情况下新建工作表实例后，可以根据工作表的内容命名并保存，这样便于查找与操作。单击工作表标签右方的"新工作表"按钮 ，会在活动的单元格后新建一个工作表，并依次按序进行自动命名，如图示中点击"新工作表"按钮会在 Sheet3 工作表后新创建一个工作表名为 Sheet4 的工作表。

4.4.2 选 择

一个工作簿包含一个或者多个工作表，只有当工作表被选中后处于活动状态才可以进行后续的更多操作，工作表的选择主要有以下四种方式：

1. 选择单个工作表

单击需要选择的工作表标签即可，默认情况下被选中的工作表标签底色为白色、未选中的底色为灰色。

2. 选择多个连续的工作表

选择第一个工作表后，按住【Shift】键同时用鼠标单击连续多个工作表的最后一个工作表标签，即可完成这两个工作表以及之间的所有工作表的选择。

3. 选择多个非连续的工作表

选择第一个工作表后，按住【Ctrl】键同时用鼠标单击其他需要选择的工作表标签，重复该操作，即可完成多个非连续的工作表的选择。

4. 选择所有工作表

鼠标右键单击任意一个工作表标签，在弹出的菜单中选择"选定全部工作表"命令，即可完成该工作簿中所有工作表的选择。

 微信视频资源 4-1——如何选择单个工作表、多个连续工作表、多个非连续工作表和所有工作表

4.4.3　插　入

新建一个工作簿会默认创建三个工作表，当我们需要更多的工作表时，需要对工作表进行插入操作，有以下四种方式：

1. "插入工作表"快捷按钮

单击工作表右侧的"插入工作表"按钮，会在工作表的最后插入一张空白工作表。

2. 工作表插入快捷菜单

单击"开始"选项卡"单元格"组中的"插入"按钮，在弹出菜单中选择"插入工作表"命令，会在活动工作表之前插入一张空白工作表。

3. 工作表插入对话框

鼠标右键单击任一工作表标签，在弹出的菜单中选择"插入"命令，会弹出插入对话框，选择"常用"选项卡中的"工作表"，单击"确定"即可。

4. 快捷键

使用【Shift + F11】组合键在活动工作表前插入一张空白工作表。

4.4.4　删　除

对于不需要使用的工作表，可以进行删除操作，从而更便于管理。工作表的删除操作是不能恢复的，所以删除的时候要特别注意。当删除空白工作表时系统会直接删除掉，当删除的工作表中包含数据时，会弹出删除提醒对话框，告知工作表的删除是永久性的，确实是否要删除，如图 4.10 所示。删除前首先选中需要进行删除操作的一个或者多个工作表，然后可采用以下两种方式完成删除：

图 4.10　工作表删除对话框

1. **选项卡菜单命令**

单击"开始"选项卡"单元格"组中的"删除"按钮 ，在弹出菜单中选择"删除工作表"命令。

2. **右键快捷菜单命令**

鼠标右键单击选中的工作表标签，在弹出的菜单中选择"删除"命令。

4.4.5 重命名

工作表的默认名称以"Sheet + 序号"，不能够直观的表达每个工作表包含的内容，为了方便管理，可以根据工作表的内容进行名字的修改。首先鼠标右键单击选中的工作表标签，在弹出的菜单中选择"重命名"命令，或者鼠标双击工作表标签名，进入到编辑状态，然后输入新工作表名称，【Enter】键退出编辑状态从而完成命名操作。

4.4.6 移动或复制

在表格制作中，有时需要将工作表移到另一个位置或者对工作表进行复制操作，这就会用到工作表的移动或复制操作，可以采用以下两种方式：

1. **鼠标拖动**

选择需要移动的工作表标签，然后按住鼠标左键不放，鼠标光标变为 形状，拖动到需要移到的工作表之后，释放鼠标左键即可。若需要进行复制操作，在上述操作过程中按住【Ctrl】键即可。

2. **对话框操作**

右键点击所选择的工作表标签，在弹出的菜单中选择"移动或复制"命令，打开"移动或复制单元格"对话框，选择需要将选择的工作表移动到那个工作表之前，若在对话框中选择了建立副本，则会对所选择的工作表进行复制操作，如图 4.11 所示。

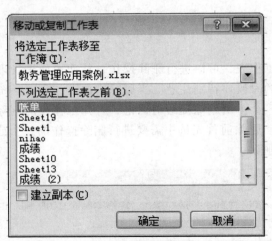

图 4.11 工作表移动或复制对话框

4.4.7   显示或隐藏

　　工作簿隐藏是为了不让用户看到某一工作表以及工作表中的数据，操作步骤是：右键单击所选中的工作表，在菜单中选择"隐藏"命令，即可隐藏掉所选择的工作表，点击"取消隐藏"命令，会弹出取消隐藏对话框，选中需要取消的工作表名，点击确定即可，如图 4.12所示。

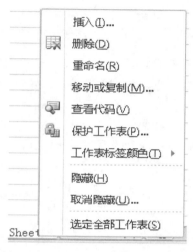

图 4.12   工作表隐藏、取消隐藏

4.4.8   改变标签颜色

　　默认情况下工作表标签都是同一个颜色，活动标签为白色、非活动标签为灰色，在 Excel 2010 中可以用不同的颜色对特定的工作表进行标识从而更加醒目，具体操作是：右键单击工作表标签，从打开的快捷菜单中单击"工作表标签颜色"菜单，或者在选择工作表标签后单击"开始"选项卡"单元格"组中的"格式"按钮，选择"工作表标签颜色"菜单，打开 "设置工作表标签颜色"的对话框，选择任一颜色作为工作表标签的颜色，如图 4.13 所示。

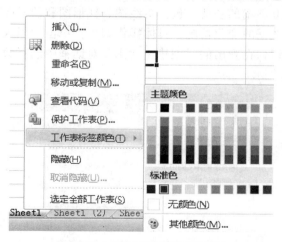

图 4.13   工作表标签颜色设置

4.4.9　打印输出

　　工作表的打印输出包括页面设置、打印机属性和打印这三个选项，如图 4.14 所示，可以设置打印份数、打印机选择、页数打印范围、页边距、文档横纵向、纸张大小、大小缩放等。

图 4.14　报表打印对话框

4.4.10　增加迷你图

　　迷你图是 Excel 2010 新增的功能，包括折线图、柱形图和盈亏图三种类型。迷你图能用图形形象地呈现某一项数据的变化情况，具体操作如下：单击"插入"选项卡"迷你图"组中的其中一个迷你图按钮，在弹出的"创建迷你图"对话框中选择数据范围以及迷你图的放置位置即可，如图 4.15 所示。

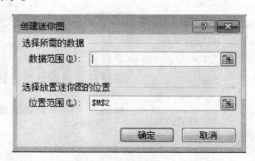

图 4.15　迷你图创建对话框

4.4.11　保　护

工作表的保护是为了防止工作表的数据被更改，具体操作是：单击"审阅"选项卡"更改"组中的"保护工作簿"按钮，弹出"保护结构和窗口"对话框，选择是否锁定"结构"，以及密码即可，如图 4.16 所示。

图 4.16　工作表保护对话框

4.5　单元格的基本操作

4.5.1　选　择

单元格选择操作是其他操作的前提，只有在单元格被选中的情况下才能进行后续的操作。选择某一个单元格最为简单，只要在指定的单元格上单击即可，或者在编辑栏直接输入坐标；鼠标单击工作表编辑区的左端和上端的交汇处，可以选择整个工作表；单击一个列的列标，可以选择整个列；单击一个行的行号，可以选择整个行；若在列标或行号上单击并拖曳鼠标，可以选择连续若干个列或行；配合【Shift】键，再单击其他的行号或列标，可以选择连续的若干行或列；配合【Ctrl】键，再单击其他的行号或列标，可以选择非连续的若干行或列。

单元格的选择会对应选择区域的地址信息，见表 4.1。

表 4.1　单元格区域及地址信息

区　域	说　明
A1	A 列第 1 行
A1：D5	从 A1 单元格到 D5 单元格之间的连续区域，共 20 个单元格
B：B	B 整列
3：3	第三整行

4.5.2　插　入

单元格的插入操作是在指定的单元格中插入一个或多个单元格，或者一行或多行、一列或多列单元格，插入的方式有两种：

1. 右键快捷菜单操作

选中要进行插入操作的单元格，点击右键选择"插入"命令弹出插入对话框，如图 4.17 所示，选中其中的一项点击确定按钮 确定 即可完成插入操作。其中，"活动单元格右移"或者"活动单元格下移"选项，会在活动单元格位置插入新单元格，并且将同行右方的单元格右移或者同列下方的单元格下移；"整行"选项，会在当前单元格所在行（即当前行）或当前选择区域的上面插入一个或若干个新的空行；"整列"选项，会在当前单元格所在列（即当前列）或当前选择区域的左面插入一个或若干个新的空列。

图 4.17　单元格插入对话框

2. 选项卡插入

选中要进行插入操作的单元格，单击"开始"选项卡"单元格"组中的"插入"按钮，在下拉菜单中选择"插入单元格""插入工作表行""插入工作表列"与"右键快捷菜单操作"类似。

4.5.3　删　除

在工作表编辑过程中，有时候需要清除单元格的数据和对应的单元格位置，这就会用到单元格的删除操作，与单元格插入操作类似，也有两种方式：

1. 右键快捷菜单操作

选中要进行删除操作的单元格，点击右键选择"删除"命令弹出删除对话框，如图 4.18 所示，选中其中的一项并点击 确定 按钮即可完成删除操作。其中，"右侧单元格左移"和"下方单元格上移"选项，活动单元格的内容会被清除，并且将同行右方的单元格左移或者同列下方的单元格上移；"整行"选项，当前单元格所在行（即当前行）或当前选择区域所在的行全部删除；"整列"选项，当前单元格所在列（即当前列）或选择区域所在的列全部删除。

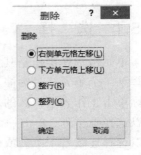

图 4.18　单元格删除对话框

2. 选项卡删除

选中要进行插入操作的单元格，单击"开始"选项卡"单元格"组中的"删除"按钮，在下拉菜单中选择"删除单元格""删除工作表行""删除工作表列"与"右键快捷菜单操作"类似。

4.5.4　清　除

单元格的清除操作是针对单元格中的数据进行格式、内容、批注和超链接的清除，具体操作步骤是：首先选择待清除数据的区域，单击"开始"选项卡"编辑"组中的"清除"按钮，在弹出的菜单出现 6 个选项：全部清除、清除格式、清除内容、清除批注清除超链接和删除超链接，如图 4.19 所示。其中，"全部"选项，会清除所选区域内的所有单元格的格式、内容和批注；"格式"选项，会清除所选区域内的所有单元格的格式，使之都设置为默认的常规格式，但内容和批注保持不变；"内容"选项，会清除所选区域内的所有单元格的内容，但格式和批注都保持不变；"批注"选项，会清除所选区域内的所有单元格的批注，但格式和内容都保持不变。清除所选区域中的数据，只删除单元格本身，而不像删除操作一样会涉及移动后面或下面的数据。

图 4.19　单元格清除菜单

4.5.5　合　并

单元格合并是指将多个连续的单元格合并为一个单元格的操作，具体操作步骤是：首先选择要进行合并的单元格，单击"开始"选项卡"对齐方式"组中的"合并后居中"按钮，在弹出的菜单中选择其中一项菜单命令即可完成，如图 4.20 所示。其中，"合并后居中"命令，是将选择的多个单元格合并成一个单元格，并且数据保留最左上角的数据内容并居中显示；"跨域合并"命令，是将同行中的连续的单元格进行合并，和合并后居中不同的是仅对同一行之间进行合并操作；"合并单元格"命令，与"合并后居中"不同的是单元格数据的对齐方式不一样，采用的是合并数据最左端数据格式；"取消单元格合并"命令，是将已经合并的单元格还原为合并前的状态。

图 4.20　单元格合并菜单

4.5.6　拆　分

单元格拆分是将已经合并后大的单元格拆分成多个小的单元格，也可以称作为取消单元格合并，具体操作步骤是：单击"开始"选项卡"对齐方式"组中的"合并后居中"按钮，在弹出的菜单中选择"取消单元格合并"命令即可完成。

4.5.7　隐藏与显示

单元格的隐藏与显示都是针对当前单元格的行或者列，操作方式有两种：

1. 右键菜单

选中工作表的行或者列，可以是不连续的多行或多列，右键点击在弹出的菜单中选择"隐藏"或者"取消隐藏"，如图 4.21 所示。

2. 选项卡操作

选中要进行隐藏的行或者列，单击"开始"选项卡"单元格"组中的"格式"按钮，在下拉菜单打开 "隐藏和取消隐藏"菜单命令，在弹出的二级菜单中选择相应的命令完成隐藏与显示操作，如图 4.22 所示。

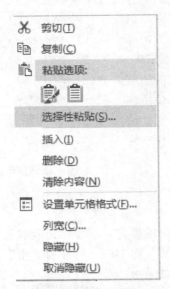
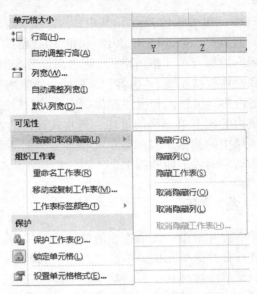

图 4.21　工作表隐藏与显示操作　　　　图 4.22　单元格的隐藏与显示操作

4.6　单元格格式设置

　　当需要在单元格中输入一些特定格式的数据时，会用到单元格格式设置操作，这可以单击选项卡中功能组包含的快捷功能按钮或者菜单来完成，也可以右键单击选中的单元格，在菜单中选择"设置单元格格式"对话框进行单元格完整的格式设置，如图 4.23 所示，一共包含"数字""对齐""字体""边框""填充"和"保护"六项，内容和功能如下：

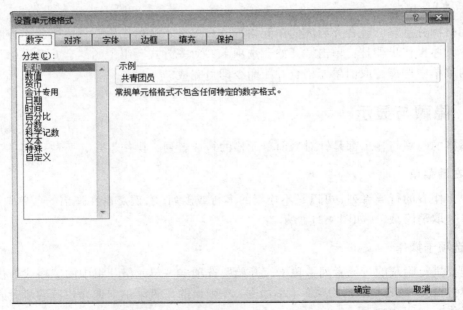

图 4.23　设置单元格格式对话框

4.6.1 "数字"选项卡

该选项主要用来设置单元格区域中数字数据的显示类型和方式,包括常规、数值、货币、会计专用、日期、时间、百分比、分数、科学记数、文本、特殊、自定义等多种可选类型和方式。当选择任一种类型和方式时,在其右边就会给出"示例"的显示效果、需要设置的选项,以及一些说明性的文字等信息,供用户设置和参考。如单元格内容为"12345.678",在选中的数值中我们可以看到如图 4.24 所示,小数最后一位值采用四舍五入处理,数值使用了千分位分隔符,即整数部分每三位有一个分割,显示为 12,345.68 。

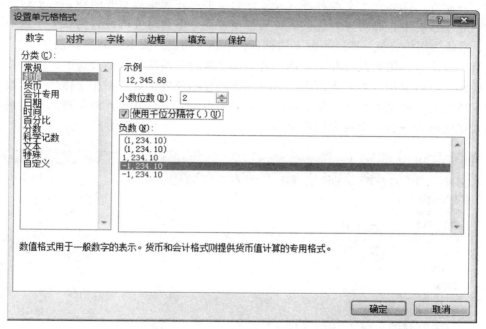

图 4.24　数值格式设置

各个分类主要功能如下:

常规:不包含任何特定的数字格式。

数值:用于一般数字的表示,如设定小数位数、是否使用千分位分隔符和负数的显示样式设置。

货币:用于表示一般货币数值,如￥12,345.678。

会计专用:对一系列数值进行货币符号和小数点的对齐设置。

日期:将日期和时间数值显示为指定的格式显示为日期值,如"1933 年 10 月 18 日"。

时间:将日期和时间数值显示为指定的格式显示为时间值,如"16 时 16 分 19 秒"。

百分比:将单元格中的数据乘以 100 后,以百分数形式显示,可以设置小数位数,如0.123 45 小数位数设置为 3 为,显示为"12.345%",若小数位数设置为 2,则小数最末尾按照四舍五入的方式显示为:"12.35%"。

分数:数字以分数的形式显示,可以选择分母为数为 1 位、2 位和 3 位,或者以特定值(2、4、8、16、10、100)作为分母,分子是由相应的值乘以分母后取的近似值。

科学计数：以科学计数的方式来显示，其中 e 或 E 代表指数。

文本：将输入的内容作为文本来处理。

特殊：针对一些值进行特殊类型的转换，如邮政编码、中文大小写数字等。

自定义：在现有格式的基础上可以进行自定义类型。

4.6.2 "对齐"选项卡

该选项用来设置数据在单元格中的对齐方式，如图 4.25 所示，它包含文本对齐方式、文本控制、方向等选择部分。文本对齐方式又分为水平对齐和垂直对齐两种，水平对齐可设置为常规、靠左、居中、靠右等方式，默认为常规方式。垂直对齐可设置为靠上、居中、靠下等方式，默认为居中方式，即既不靠上边框，也不靠下边框。文本控制部分包含 3 个可选项：自动换行、缩小字体填充及合并单元格。若"自动换行"前的复选框被选中，则较长的文本将自动换到下一行显示，否则将占用右边单元格的显示位置。若"缩小字体填充"被选中，则压缩字体使较长的文本也能够显示在一个单元格内。若"合并单元格"被选中，则使被选中的单元格区域合并成一个较大的单元格。

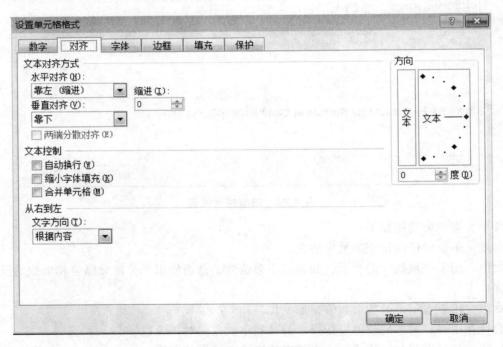

图 4.25　对齐设置对话框

4.6.3 "字体"选项卡

该选项主要对数据的字体、字形、字号、下划线、颜色、特殊效果等进行设置，如图 4.26 所示，默认为宋体、常规字形、12 字号、自动颜色、无下划线、无特殊效果，可以根据需要对所选择的字体设置，在右下角有设置后的预览窗口可以看到实时效果。

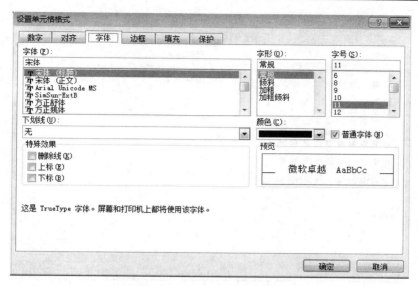

图 4.26 字体设置对话框

4.6.4 "边框"选项卡

该选项主要对选择区域内表格边框的线条样式和颜色进行设置，包括表格边框的线条样式、颜色等，如图 4.27 所示。

图 4.27 边框设置对话框

4.6.5 "填充"选项卡

该选项主要对所选区域内单元格的背景色和图案的颜色、样式进行设置，默认为无底色和无图案，如图 4.28 所示。

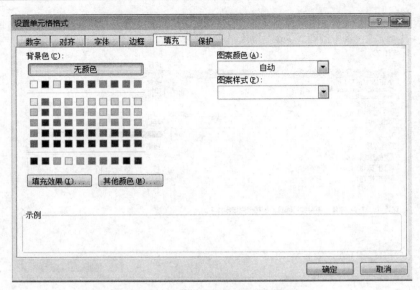

图 4.28　填充设置对话框

4.6.6 "保护"选项卡

该选项主要对所选区域内单元格的格式进行锁定保护与隐藏操作，如图 4.29 所示。

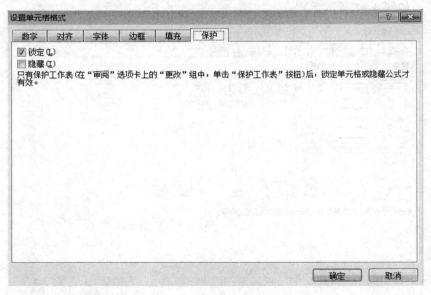

图 4.29　保护设置对话框

4.7 数据编辑方法

数据的编辑方法包括数据的选择、剪切、复制、粘贴、重写、修改、插入、删除、清除、撤销、恢复、查找、替换等。

4.7.1　输　入

Excel 2010 包括四种常见的数据输入方法：从键盘直接输入、从下拉列表中输入、利用系统记忆输入、使用填充功能输入等，各自适用于不同的情况。

1．从键盘直接输入数据

从键盘直接输入数据是最常用的数据输入方法，首先用鼠标单击选中要进行数据输入的单元格，也可以在编辑栏的最左侧输入要录入数据的单元格地址，如"C5"，被选中的单元格叫活动单元格，此时单元格边框是黑粗线条。接下来，直接敲击键盘输入相应的数值、文本等内容，此时单元格处于"输入"状态，光标在单元格中闪烁，输入的内容在编辑栏右边的数据编辑框和单元格中显示同样的内容。单元格中内容确定后，可以按下【Tab】键或者【→】键，结束此次输入，并将右边相邻的单元格变为活动单元格；或者，按下【Enter】键或者【↓】键，结束此次输入，并将下边相邻单元格变为活动单元格。

下面以"教务管理应用案例"工作簿为例，演示从键盘直接输入文本、数字、日期等类型的数据。

打开"教务管理应用案例"工作簿，选中"基础信息"工作表，该表拟存储学生的基本信息，首先建立表头，分别输入列名称，学号、姓名、性别、政治面貌、出生日期、身份证号，结果如图 4.30 所示

图 4.30　学生基本信息

在对应的列输入数据信息，其中姓名、性别、政治面貌、身份证号为文本型、出生日期为日期型，年龄为数值型。在单元格数据输入时，若需要将数值数据当做文本使用时，不能直接输入，而需要先输入一个半角单引号做先导，再接着输入相应的内容才有效，如这里的身份证号，如果直接输入身份证号"610321198107241234"，会显示为 6.10321E+17，而加上半角单引号后，会在单元格左上角出现一个绿色三角，图 4.31 是展示了数字文本与数值数据的不同显示。输入出生日期，直接敲入"1981/7/24"内容即可，若要更直观的展示，可以设置单元格格式，"年月日"，单元格内容变为"1981 年 7 月 24 日"。

	A	B
1	**文本型**	**数值型**
2	610321198107241234	6.10321E+17

图 4.31　文本与数据的区别

2．从下拉列表中输入数据

在单元格中输入内容时，可以采用从下拉列表中输入数据，从而将该列中已经存在的数据列出来供用户选择，达到自动输入的效果，如图 4.32 所示。

如我们在输入某位学生的性别信息时，鼠标右键单击待输入文字数据的活动单元格，在弹出菜单中单击"从下拉列表中选择"选项，则就在当前单元格的下面弹出一个列表，如图 4.33 所示，将会列出同列连续单元格中去重后的所有取值，从中选择一个已知值即可作为该单元的值。

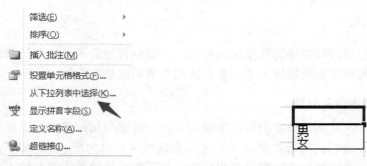

图 4.32　从下拉列表中选择输入数据　　　图 4.33　从下拉列表中选择性别的数据列表

 微信视频资源 4-2——如何从下拉列表中输入数据

3. 根据系统记忆输入数据

在单元格中输入内容时，如果输入的一部分内容与本工作表中同列的其他单元格内容能够唯一匹配，则会把匹配上单元格的内容显示到正在输入内容的单元格中，选择【Tab】键或【Enter】键完成输入，这就是利用系统记忆进行数据的快速输入。

如在录入新学生基本信息中的政治面貌栏目时，输入"中共"字符时，单元格填充内容为"中共"，当输入到"中共党"，会自动匹配出"中共党员"内容，选择【Tab】键或【Enter】键即可自动匹配输入。

 微信视频资源 4-3——如何根据系统记忆输入数据

4. 快速填充有序数据

在单元格中输入内容时，若列或行之间的数值和文本内容变化有一定规律，可以使用 Excel 的数据快速填充功能来完成同行或者同列连续若干个单元格的数据输入。如图 4.34 所示，需要对工作表中的学号栏进行编号，编号规则从"20140001"开始，逐行递增值 1 进行有序编号，首先在单元格 A2 中输入"20140001"，A3 中输入"20140002"，选中 A2 和 A3 单元格，按住鼠标左键并朝有序变化从上到下的方向进行拖曳，每经过一个单元格都就会按照 A2 和 A3 单元格的变化规律递增 1 显示出内容，然后松开鼠标左键即可完成快速填充操作。

	A	B	C	D	E	F	G
1	学号	姓名	性别	政治面貌	出生日期	身份证号	年龄
2	20140001	李海宁	男	中共党员	1981年7月24日	610321198107243000	
3	20140002	赵钰玮	女	中共预备党员	1986/9/6	510824198609060000	
4	20140003	李达	男	共青团员	1985/9/3	510602198509036000	
5	20140004	刘飞	男	民革会员	1987/11/18	510781198711183000	
6	20140005	党志春	男	群众	1964/1/27	6.10302E+17	
7	20140006	尹林	男	群众	1986/11/12	1.20105E+17	
8	20140007	李楠	女	中共党员	1986/4/25	1.30705E+17	
9	20140008	陈佳欣	女		1988/11/14	4.11024E+17	
10	20140009	张晨辰	男		1988/11/23	3.42622E+17	
11	20140010	徐超	男		1988/11/1	33100219881101493X	
12		配	男	中共党员	2011/12/17		

图 4.34　使用快速填充进行学号编号

 微信视频资源 4-4——如何快速填充有序数据

4.7.2 修 改

修改是针对单元格中的数据内容进行变更操作，具体操作步骤是：双击要进行修改的单元格，此时文字光标出现在单元格内，利用鼠标或者键盘可以进行光标的移动和选择，在光标处利用键盘输入新内容，完成单元格内容的修改后，按下【Tab】【→】【Enter】或【↓】键，完成单元格的修改。

4.7.3 剪 切

剪切是将 Excel 选中的信息放入到剪切板中，完成粘贴操作后，原来的地方就没有被剪切的信息了。具体操作步骤是：单击"开始"选项卡"剪贴板"组中的"剪切"，或者右键单击在弹出的菜单中选择 "剪切"命令即可，此时被剪切数据区域的边框呈虚线闪烁显示，区域内的数据仍然存在；或者通过按下【Ctrl + X】组合键来实现对所选择数据区域的剪切操作。若要对剪切数据进行撤销剪切操作，直接按【Esc】即可。

4.7.4 复 制

复制是将 Excel 选中的区域数据复制一份，完成粘贴后原位置的数据保留且不会有所变化。具体操作步骤是：单击"开始"选项卡"剪贴板"组中的"复制"按钮或者右键单击在弹出的菜单中选择 "复制"命令即可，此时被复制数据区域的边框呈虚线闪烁显示，区域内的数据仍然存在；或者通过按下【Ctrl + C】组合键来实现对所选择数据区域的复制操作。若要对复制数据进行撤销复制操作，直接按【Esc】即可。

4.7.5 粘 贴

粘贴是在剪切或复制数据之后，将数据依据需要粘贴到指定区域，具体操作是单击所需粘贴区域左上角，单击"开始"选项卡下的"粘贴"按钮或者右键单击所要进行操作的单元格，在弹出的菜单中选择 "粘贴"命令即可；或者通过按下【Ctrl + V】组合键来实现粘贴操作。

4.7.6 撤 销

当进行过数据处理操作后，单击"快速访问工具栏"中的"撤销"按钮，可撤销刚做完的一次操作，多次点击可依次撤销所做过的多次操作。

4.7.7 恢 复

当需要对撤销后的数据进行恢复操作时，单击"快速访问工具栏"中的"恢复"按钮，可恢复上一次的操作，多次点击可依次恢复所做过的多次操作。

4.7.8 查 找

当需要在文档中检索某一指定数据时，可以使用 Excel 的数据查找功能，能够非常快速地找到需要的内容，具体操作步骤是：单击"开始"选项卡"编辑"组中的"查找和选择"按钮 🔍，在弹出的下拉菜单中选择"查找"命令会弹出查找对话框，如图 4.35 所示。在查找对话框中输入需要查找的内容，点击"查找全部"或者"查找下一个"即可进行查找操作。其中查找全部，会在下端显示出符合查找条件的工作簿、工作表、单元格地址、值等信息；查找下一个是继续查找符合查找条件的单元格，并使之处于活动单元格。

图 4.35 查找对话框

4.7.9 替 换

替换是将数据中指定的内容替换为其他内容的操作，与查找操作方法类似，多一个"替换为"的输入框，及按查找条件检索出的数据替换为输入框的内容。其中"全部替换"是将符合条件的数据一次性全部替换掉，"替换"是替换当前所查找到的数据，并查找下一个，如图 4.36 所示。

图 4.36 替换对话框

4.8 Excel 公式与函数

公式是对数据进行处理和计算的方程式，它结合了常量数据、单元格引用、运算符等元素，而函数是一组具有特殊功能的公式，相当于 Excel 预先设置好的公式。

4.8.1 单元格引用

电子工作表中的每个单元格都对应着一个唯一的列标和行号，由列标（由大小写字母）和行号（阿拉伯数字）组成该单元格的地址。如"D16"就是一个单元格的地址，该单元格处于列标为 D 的列与行号为 16 的行的交叉位置。单元格引用就是单元格的地址表示，可以细分为相对引用、绝对引用、混合引用、工作表间引用和工作簿间引用五种，它们在书写格式和含义上有所不同。

1. 相对引用

相对引用是指引用时使用的是单元格的相对地址，即直接用列标和行号而构成的单元格地址，如 A1、B2、C3 都是对应单元格的相对地址。在公式的复制与填充时，位置发生了变化，引用也会随之发生变化。

如 A1 = 3、B1 = 4、A2 = 5、B2 = 6，C1 使用的是相对地址 "A1*B1"，值为 12，复制 C1 单元格粘贴到 C2，C2 计算所引用地址也发生了变化 "A2*B2"，值为 30。

2. 绝对引用

绝对引用是指引用时使用的是单元格的绝对地址，绝对地址分别在列标和行号的前面加上 "$" 字符而构成。如 A3 = 7、B3 = 8、A4 = 9、B4 = 10，C3 使用的是绝对地址 "A3*B3"，值为 56，复制 C3 单元格粘贴到 C4，C4 引用地址不会发生变化还是 "A3*B3"，值仍为 56。

3. 混合引用

混合引用是指引用时既使用了相对地址又使用了绝对地址，此时若公式所在单元格位置发生变化，则绝对引用的部分保持绝对引用的性质，地址保持不变；相对引用的部分同样保持相对引用的性质，随着单元格的变化而改变。如 $G5 和 G$5 都是混合地址，其中 $G5 的列采用了绝对地址，G$5 的行采用了绝对地址。

4. 工作表间引用

单元格的引用可以在不同的工作表间引用，只需要在单元格引用的前面加上工作表的名称和感叹号 "!" 即可，如在工作表 Sheet1 中引入 "Sheet2" 的 "A1" 即可以用 "Sheet2!A1" 来实现。

5. 工作簿间引用

各个工作簿之间也可以进行相互引用，引用格式是 "'工作簿存储地址[工作簿名称]工作表名称'!单元格地址"，如 " = 'C：\Users\Administrator\Desktop\[教务管理应用案例.xlsx]基础信息'!A1"。

4.8.2　Excel 公式

Excel 2010 具有强大的数据处理和计算的能力，也就是所说的公式，它由运算对象和运算符号按照一定的规则和需要连接而成。运算的对象可以是常量（直接表示出来的数字、文本和逻辑数据，如 "3.14" 位数值常量，"abc" 为文本常量）、单元格引用、公式、函数等等。

Excel 中的三种数据类型数值型、文本型和逻辑型都可以参与数据运算。

1. 数值型

数值型既可以做加（ + ）、减（ − ）、乘（ * ）、除（ ／ ），乘方（ ^ ），百分比（ % ）等算术运算，也可以做判断大小的比较运算，如等于（ = ）、大于（ > ）、大于等于（ > = ）、小于（ < ）、小于等于（ < = ）、不等于（ < > ）。

2. 文本型

文本型可以进行连接运算（＆）和数据大小的各种比较运算。两个文本型数据进行比较时，西文字符则比较对应的 ASCII 码（此码已成为 Unicode 码的一部分）的大小，汉字则比较对应的拼音字母的大小，拼音字母的大小仍由对应的 ASCII 码的大小确定。

3. 逻辑型

逻辑型既可以参考逻辑运算，如逻辑与 AND、逻辑或 OR，也可以参与算术运算。作为逻辑运算时使用的是 Excel 函数 AND 和 OR，如单元格 A3 中输入公式"AND（A1，A2）"，A4 中输入公式"OR（A1，A2）"，其中 A1 值为"FALSE"，A2 值为"TRUE"，A3 中内容显示"FALSE"，A4 中内容显示"TRUE"；作为算术运算时，TRUE 和 FALSE 代表的数值分别为 1 和 0，如单元格 A3 中输入公式"A1＋A2"，而 A1 值为 34，A2 值为"TRUE"，单元格 A3 中内容显示"35"。

4.8.3 Excel 函数

Excel 函数是一些预定义的公式，通过使用一些称为参数的特定数值按特定的顺序或结构进行计算，是在需要时可以直接调用的一种表达式。用户可以直接用它们对某个区域内的数值进行一系列运算，如分析和处理日期值和时间值、确定贷款的支付额、确定单元格中的数据类型、计算平均值、排序显示和操作文本数据，等等。

Excel 函数一共有 11 类，分别是财务函数、日期与时间函数、数学与三角函数、统计函数、工程函数、数据库函数、文本函数、信息函数、逻辑函数、查询和引用函数以及用户自定义函数（表 4.2）。每种类别中包含多个具体的函数，总共有 500 多个。

表 4.2 Excel 函数及其功能

函数类别	功 能
财　务	提供了非常丰富的财务函数，可以完成大部分的财务统计和计算，如 EFFECT 函数可计算实际年利息率，FV 函数可计算投资的未来值，DB 函数计算用固定定率递减法得出的指定期间内资产折旧值等
日期和时间	用于分析和处理日期值和时间值。如 TODAY 函数可返回当前的日期，NOW 函数可返回当前的时间
数学与三角函数	用于各种数据计算和三角计算，如对数字取整 CEILING 函数、计算单元格区域中的数值总和 SUM 函数
统　计	对一定区域类的数据进行统计学分析，如 AVERAGE 函数可返回指定区域或者常量的算术平均值
查找与引用	在工作表中进行查找与引用，如 LOOKUP 函数可在向量或者数组中查找指定值
数据库	对存储在数据清单或数据库中的数据进行分析
文　本	对文本字符串进行处理，如截取、查找、搜索、替换等
逻　辑	对数值进行逻辑计算，如逻辑与 AND 函数，逻辑或 OR 函数
信　息	用于确定单元格中的数据类型
工　程	运用于各种工程中的函数
多维数据集	用于返回多维数据集中的相关信息
兼容性	与 Excel 早期版本相兼容的函数

4.8.4　在单元格中输入公式与函数

单元格中公式的输入与文本输入方式有些类似，首先在编辑栏的单元格内容区域或者单元格中输入"="符号，然后输入表达式或者函数，输入公式同时在单元格和编辑栏的单元格内容区域中显示出来，输入结束后按下【Tab】或【Enter】键，或者单击编辑栏中的确认按钮 ✔，单元格中就会显示出公式计算的结果。当再次选择此单元格时，会在编辑栏的单元格内容区域显示其公式，若需要进行公式编辑，双击此单元格或直接在编辑栏的单元格内容区域对公示进行修改编辑即可。

4.8.5　填充操作输入公式与函数

若列或行之间的数值和文本内容变化有一定规律，都是按照指定的公式或者函数来进行求值与计算的，可以使用 Excel 的数据快速填充功能来完成同行或者同列连续若干个单元格的公式与函数输入。如工作簿"成绩"，其中 A 列是学号、B 列是数学成绩、C 列是语文成绩、D 列是英语成绩、E 列是总分，如图 4.37 所示：

	A	B	C	D	E
1	学号	数学	语文	英语	总分
2	20140001	92	90	74	
3	20140002	77	92	93	
4	20140003	80	88	93	
5	20140004	85	65	78	

图 4.37　通过填充操作方式计算总分

要计算其中一个学生如学号为"20140001"的总分成绩，首先在 E2 中输入表达式"= B2 + C2 + D2"，此时学号为"20140001"的总分成绩就算出来了 256 分，也可以用函数的方式"= SUM（B2：D2）"。

在需要计算所有学生各自的总分时，如果还是像如上所述对每一个学生进行手动输入肯定是不可能的，这就可以用到填充方式的输入，具体操作步骤是：选中需要向下填充的单元格"E2"，按住鼠标左键向下进行拖曳，拖曳过的单元格已经有相应的值进行填充，即当前学生的成绩总分，单击任意一个单元格如"E4"，可以看到 E4 内容为函数"= SUM（B4：D4）"，很快完成其余学生总分计算的输入。

	A	B	C	D	E
1	学号	数学	语文	英语	总分
2	20140001	92	90	74	256
3	20140002	77	92	93	262
4	20140003	80	88	93	261
5	20140004	85	65	78	228

图 4.38　通过填充操作方式计算总分结果

 微信视频资源 4-5——如何填充操作输入公式与函数

4.9　Excel 数据处理

Excel 数据处理是利用已经建立好的电子数据表格，根据用户要求进行数据查找、排序、筛选和分类汇总等过程。本节主要介绍数据的排序、筛选和分类汇总。

4.9.1　数据排序

1. 简单排序

简单排序是数据表中按照某一列进行升序或者降序排序，也称作为单属性排序。操作步骤是：选中需要进行排序的数据区域中的任一单元格，单击"开始"选项卡"编辑"组中的"排序和筛选"按钮，在弹出的菜单中选择"升序"或者"降序"即可。

2. 复杂排序

复杂排序是数据表中按照多列进行升序或者降序排序，也称作为多属性排序。操作步骤是：选中需要进行排序的数据区域，单击"开始"选项卡"编辑"组中的"排序和筛选"按钮，在弹出的菜单中选择"自定义排序"，弹出排序对话框，如图 4.39 所示。

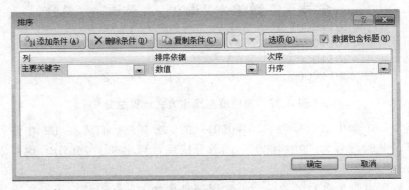

图 4.39　排序对话框

在"排序"对话框中，给出了 3 个排序关键字选择下拉列表框，用户可以根据需要只设置 1 个"主要关键字"，也可以在此基础上再设置多个关键字，即"次要关键字"，对每个关键字会有"排序依据"和"次序"的选项。若用户选择的待排序区域带有标题行，则应选中"数据包含标题"单选按钮。排序对话框设置完成后，单击"确定"按钮进行排序。

在排序过程中，首先按主要关键字对应列中的值的升序或降序，对原有记录次序进行调整，若是升序则关键字值较小的记录被调整到前面，关键字值较大的记录则被调整到后面，若是降序则相反。若存在着次要关键字，还要对主要关键字值相同的记录，再按次要关键字值的大小进行升序或降序排序。

4.9.2　数据筛选

数据筛选是从数据表中筛选出符合某一个或者某一组条件的数据记录，隐藏其他不符合条件的数据记录，在 Excel 中有两种筛选方法：自动筛选和高级筛选。

1.　自动筛选

通常工作表由标题行和其后的所有记录行组成，自动筛选操作步骤如下：单击"数据"选项卡"排序和筛选"组中的"筛选"按钮，此时数据表中每一列的标题（属性名）右边都带有一个三角按钮，单击它可以打开一个下拉菜单，如图 4.40 所示。在检索框中输入内容，下方列表会根据模糊检索进行动态显示，点击确定后会将不符合条件的记录过滤掉不进行显示。如果需要对筛选条件进行自定义，可以选择"数字筛选"或者"文本筛选"菜单（筛选列数据为文本的为"文本筛选"，筛选列数据为数值的为"数字筛选"），打开自定义筛选对话框，根据数据类型和筛选需要进行设置，如图 4.41 ~ 图 4.43 所示。

图 4.40　自动筛选对话框

图 4.41　文本类型自定义筛选条件

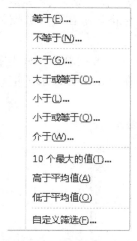

图 4.42　数字类型自定义筛选条件

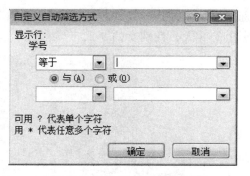

图 4.43　自定义筛选对话框

 微信视频资源 4-6——如何进行数据自动筛选

2．高级筛选

自动筛选只能筛选出条件比较单一的记录,若条件比较复杂则需要采用高级筛选的方式。如希望从工作表"成绩"中筛选出"数学>90,总分>250"或者"语文>80,总分>260"的记录,设定好列表区域和条件区域,如图4.44所示,其中同一行之间是逻辑"与"的关系,不同行之间是逻辑"或"的关系,按照给定的条件会筛选出符合条件的学号为"20140001"和"20140002"的记录。

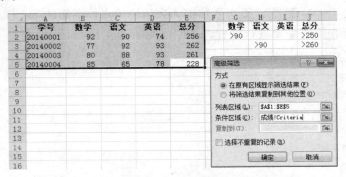

图 4.44　高级筛选方式筛选出复杂条件的数据

4.9.3　数据的分类汇总

数据的分类汇总是对相同的列数据进行汇总,从而快速查看各个列的统计结果。具体操作步骤是:首先对数据表按某个属性进行排序,然后单击"数据"选项卡"分级显示"组中的"分类汇总"按钮。在"分类汇总"对话框中,"分类字段"下拉列表框选择用于数据分类的字段;"汇总方式"下拉列表框选择用于数据汇总的方式,它包括求和、计数、求平均值、求最小值、求最大值等方式;"选定汇总项"复选列表框选择用于数据汇总的字段;"替换当前分类汇总"复选框,通常设为选定状态,以便消除以前的分类汇总信息;"汇总结果显示在数据下方"复选框,通常也设为选定状态,否则其汇总结果信息将显示在对应数据的上方;"每组数据分页"设置需要连续显示或者分页显示分组数据信息。

如图4.45所示,先对工作表按照性别进行升序排序,然后在分类汇总中"分类字段"选择"性别","汇总方式"为计数,"选定汇总项"为"性别",在数据下方显示了汇总结果,其中性别男的8人,性别女的3人。

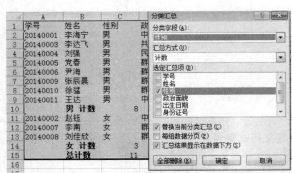

图 4.45　按性别进行分类汇总

4.10　Excel 图表

4.10.1　图表的概念

　　在 Excel 中，不仅可以使用二维数据表的形式反映人们需要使用和处理的信息，而且也能够通过图形更形象和直观地表示数据中的规律或者关系，当数据表中的数据被修改时，与之相联系的图表也随之会相应变化。一个完整的图表主要由图表区、绘图区、图表标题、图例、垂直轴、水平轴、数据系列等组成，见图 4.46 所示，其中：

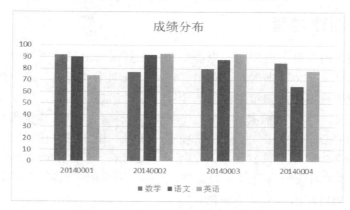

图 4.46　成绩分布图表

　　图表区：图表最基本的组成部分，是整个图表的背景区域，图表的其他组成部分都汇集在图表区中。

　　绘图区：图表的重要组成部分，它主要包括数据系列和网格线等。

　　图表标题：用于显示图表的名称。

　　图例：用于表示图表中的数据系列的名称或为分类而指定的图案或颜色。

　　垂直轴：用于确定图表中垂直坐标轴的最小和最大刻度值，有时也称数值轴。

　　水平轴：主要用于显示文本标签，有时也称分类轴。

　　数据系列：在图表中绘制的相关数据点，这些数据源自数据表的行或列。它是根据用户指定的图表类型以系列的方式显示在图表中的可视化数据。可以在图表中绘制一个或多个数据系列。

4.10.2　图表的类型

　　Excel 2010 提供了 11 种类型的图表，分别为柱形图、折线图、饼图、条形图、面积图、XY（散点图）、股价图、曲面图、圆环图、气泡图、雷达图等，比较常用的是柱形图、折线图、饼图三种。

1．柱形图

　　柱形图用于显示一段时间内的数据的变化或说明各项之间数据的比较情况。各项对应图表中的一簇不同颜色的矩形块，或上下颜色不同的一个矩形块。

2. 折线图

折线图用于显示数据随时间或类别而变化的趋势，类别数据沿水平轴均匀分布，所有的值数据沿垂直轴均匀分布。

3. 饼　图

饼图用于显示一个数据系列中各项的大小与各项总和的比例，由若干个扇形块所组成，扇形块之间用不同颜色区分，一种颜色的扇形块代表同一属性中的一个相应对象的值，该扇形块面积的大小就反映出对应数值的大小和在整个饼图中的比例。

4.10.3　图表创建过程

图表是在数据表的基础上使用的，当需要在一个数据表上创建图表时，首先选择该数据表中的任一个单元格或一个数据区域，单击"插入"选项卡"图表"组，选择需要的图表类型即可完成图表的快速创建。如希望创建一个基于成绩的柱状图表，用于反映学生的数学、语文、英语成绩情况，其中 X 轴表示学号、Y 轴表示成绩，具体操作步骤是：选取要进行图表创建的区域"A1：D5"，单击"插入"选项卡"图表"组中的"柱形图"按钮，在当前工作表的右下方区域会生成一个柱状图表，如图 4.47 所示，其中 X 轴方向显示了每个学生的学号、Y 轴上显示学生对应的每门课程的成绩，各科成绩在图例区域用不同的颜色进行标注，如数学用蓝色、语文用红色、英语用绿色。

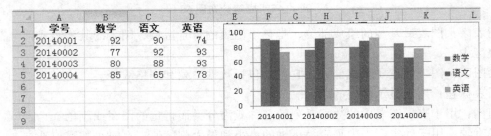

图 4.47　创建成绩分布图表

 微信视频资源 4-7——如何创建图表

4.10.4　图表编辑过程

图表创建后，往往不是我们所需要的结果，这需要对图表进行编辑操作，它包括修改图表对象、图表区格式、图表类型、图表源数据、图表选项、图表插入位置等内容。在单击选中某一图表后，在选项卡标签栏会自动增加一栏"图表工具"栏，栏目下包含包括了设计、布局、格式三个子选项卡。其中，设计是针对图表的类型、数据、布局、样式、位置灯进行修改和调整，如图 4.48 所示；布局是针对图表各个区域进行修改和设置，如图表的标签、坐标轴、背景、分析、图表名称等，如图 4.49 所示；格式是针对图表的形状样式、排列、大小、艺术字样式等进行修改和设置，如图 4.50 所示。

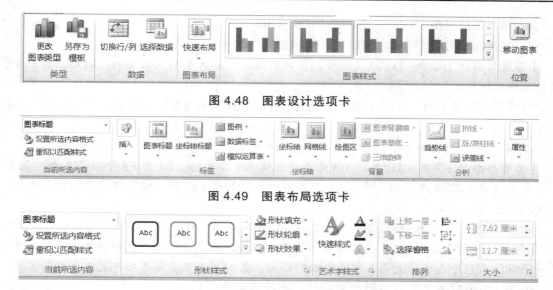

图 4.48 图表设计选项卡

图 4.49 图表布局选项卡

图 4.50 图表格式选项卡

例题与解析

1. Excel 2010 工作簿文件默认的扩展名是（　　　）。

A. xls　　　　　　B. xlsx　　　　　　C. docx　　　　　　D. pptx

【答案与解析】答案：B。xls 是 Excel 2003 工作簿文件的默认扩展名，docx 是 Word 2007 及之后文件默认扩展名，pptx 是 PowerPoint 2007 及之后文件默认扩展名。

2. 选择若干连续的单元格，可以使用以下（　　　）键配合鼠标来完成。

A.【Ctrl】　　　　B.【Shit】　　　　C.【Enter】　　　　D.【Tab】

【答案与解析】答案：B。【Ctrl】用于选择非连续的单元格，【Enter】用于结束单元格的数据输入，【Tab】用于结束单元格的数据输入或者单元格之间进行切换操作。

3. 在单元格引用中，用以下（　　　）字符来表示工作簿间的引用。

A. !　　　　　　　B. []　　　　　　　C. $　　　　　　　D. +

【答案与解析】答案：B。!符号用于工作表间的引用，$符号用于绝对地址的引用。

4. 若一个单元格的地址为 B4，那它紧邻右下角的单元格地址为（　　　）。

A. B5　　　　　　　B. C4　　　　　　　C. C5　　　　　　　D. A3

【答案与解析】答案：C。每个单元格都对应着一个唯一的列标和行号，列标由字母组成、行号由数字组成，从左往右、从上往下依次递增，右下角的单元格相当于是当前单元格的行号增加 1，列标增加 1，即 C5。

5. 在工作表中，第 28 列的列标为（　　　）。

A. AA　　　　　　　B. Z2　　　　　　　C. AB　　　　　　　D. AC98

【答案与解析】答案：C。工作表的列表是以字母组成，从 1~26 列是用字母 A~Z 表示，第 27~52 列用字母 AA~AZ 表示，第 53~98 列用字母 BA~BZ。

6. 当向 Excel 工作表单元格输入公式时，使用单元格地址 A$3 引用 A 列 3 行单元格，该单元格的引用是（　　　）。

　A. 相对地址引用　　　　　　B. 绝对地址引用
　C. 交叉地址引用　　　　　　D. 混合地址引用

【答案与解析】答案：D。这是混合地址的引用，其中 A 列引用的是相对地址，第 3 行引用的是绝对地址。

7. 某公式中引用了一组单元格，它们是（A1：C3，D4，E5），该公式引用的单元格总数为（　　）。

　A. 4　　　　　　　B. 8　　　　　　　C. 10　　　　　　　D. 11

【答案与解析】答案：D。A1：C3 是连续区域 9 个单元格，D4 与 E5 分别是 1 个单元格。

8. 在 Excel 2010 图表中，用于显示一段时间内的数据的变化或说明各项之间数据的比较情况的图表类型是（　　）。

　A. 柱形图　　　　B. 折线图　　　　C. 饼图　　　　D. 条形图

【答案与解析】答案：A。折线图用于显示数据随时间或类别而变化的趋势；饼图用于显示一个数据系列中各项的大小与各项总和的比例；条形图用于显示各项目之间数据的差异。

9. 在 B1 中对 A 列数据进行求和的公式表示为（　　）。
　A. SUM（A：A）　　　　　　B. MAX（A：A）
　C. MIN（A：A）　　　　　　D. AVERAGE（A：A）

【答案与解析】答案：A。其中 MAX 是求最大值函数，A：A 是选择 A 列所有数据，MIN 是求最小值函数，AVERAGE 是求平均值函数。

10. Excel 2010 中提供了（　　）种函数类型。
　A. 11　　　　　　B. 15　　　　　　C. 20　　　　　　D. 30

【答案与解析】答案：A。11 种函数类型，分别是财务函数、日期与时间函数、数学和三角函数、统计函数、工程函数、数据库函数、文本函数、信息函数、逻辑函数、查询和引用函数以及用户自定义函数。

PowerPoint 电子演示文稿

Microsoft PowerPoint 是微软公司设计的演示文稿软件，也是目前最流行的幻灯片演示软件之一。使用 Microsoft PowerPoint 创作的演示文稿可以集文字、图形、图像、声音以及视频等多媒体元素于一体，完美展现用户需要表达的内容。我们使用 Microsoft PowerPoint 不仅可以创建演示文稿，还可以在互联网上召开会议或在网上给观众展示演示文稿。

5.1　PowerPoint 2010 的新增功能

Microsoft PowerPoint 2010（图 5.1）是微软公司于 2010 年发行的重要版本，主要增加了对视频和图片编辑的新功能。下面我们介绍 PowerPoint 2010 一些主要的新增功能，相关功能在后面相应的环节中详细介绍。

图 5.1　Microsoft PowerPoint 2010

5.1.1　创建、管理并与他人协作处理演示文稿

主要包括以下新增功能：
（1）在新增的 Backstage 视图中管理文件；
（2）与他人共同创作演示文稿；
（3）将幻灯片组织为逻辑节；
（4）合并和比较演示文稿。

5.1.2　使用视频、图片和动画增强功能，丰富演示文稿

主要包括以下新增功能：
（1）在演示文稿中嵌入、编辑和播放视频；

（2）剪裁视频或音频剪辑；

（3）将演示文稿转换为视频；

（4）对图片应用艺术纹理和效果；

（5）精确裁剪图片；

（6）使用 SmartArt 图形布局；

（7）向幻灯片中添加屏幕截图。

5.1.3　更有效地共享演示文稿

主要包括以下新增功能：

（1）广播幻灯片；

（2）将鼠标转变为激光笔。

5.2　演示文稿的基本知识

在这一节面，我们主要介绍 PowerPoint 2010 的启动和退出、主界面和各选项卡的功能，便于大家对 PowerPoint 2010 的界面和常用功能有一个基本的认识和了解。

5.2.1　PowerPoint 的启动与退出

1. 启动 PowerPoint

启动 PowerPoint 2010 的方法有下面几种：

（1）通过"开始"菜单启动（图 5.2）。在安装完毕 Office 2010 后，我们会在"开始"菜单中自动生成启动 PowerPoint 2010 的快捷方式。点击"开始"按钮→点击"所有程序"菜单→点击"Microsoft Office"菜单→点击"Microsoft PowerPoint 2010"，即可启动 PowerPoint 2010。

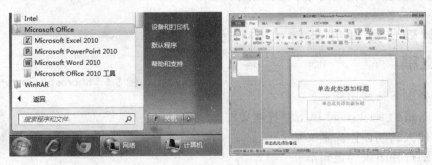

图 5.2　通过"开始"菜单启动

（2）通过桌面的"快捷方式"图标启动 PowerPoint 2010。在计算机的桌面上找到"Microsoft PowerPoint 2010"的快捷方式图标，双击即可启动 Microsoft PowerPoint 2010。

（3）通过双击演示文稿文件启动。通过计算机的桌面或者资源管理器找到需要打开的 PowerPoint 文档，双击该文档即可启动 Microsoft PowerPoint 2010，同时在 PowerPoint 2010 中打开该文档。

2. 退出 PowerPoint

我们可以通过下面几种方式退出 PowerPoint 2010。

（1）点击 PowerPoint 2010 右上角的关闭按钮 x 。

（2）点击左上角的"文件"菜单→点击"退出"按钮 x 退出 。

（3）通过快捷键 Alt + F4 关闭。快捷键 Alt + F4 是 windows 操作系统关闭所有应用程序的快捷键。

5.2.2　PowerPoint 2010 的主窗口

PowerPoint 2010 的工作界面由标题栏、快速访问工具栏、功能区（包括菜单栏和工具栏选项卡）、工作区（即普通视图，包括幻灯片/大纲浏览窗格）、状态栏等几个部分组成。

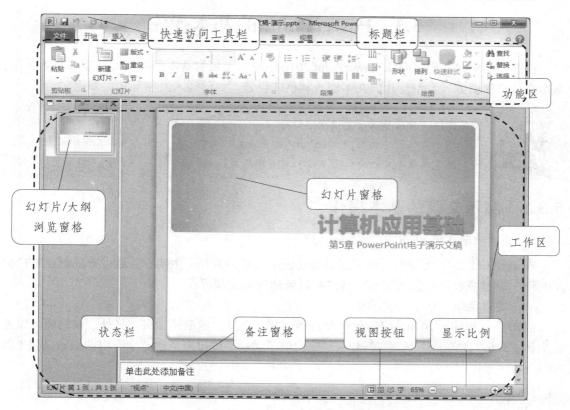

图 5.3　PowerPoint 2010 普通视图的工作界面

5.2.3　PowerPoint 2010 的选项卡和常用命令按钮

PowerPoint 2010 大部分操作都可以通过功能区的 Ribbon 风格的控制按钮来实现，功能区采用选项卡的形式来对各项功能进行分类。PowerPoint 2010 的选项卡主要包括"开始""插入""设计""切换""动画""幻灯片放映""审阅"和"视图"等（图 5.4）。另外根据操作对象的不同，会临时增加"格式""设计"等选项卡。

在不同的选项卡中，还利用"组"来对一组相似的命令进行分类。比如"开始"选项卡中，包括"剪贴板""幻灯片""字体""段落""绘图""编辑"几个组，每个组里面有若干个命令按钮。

图 5.4　"开始"选项卡中的组和命令

5.3　PowerPoint 的基本操作

在这一节中，我们将介绍 PowerPoint 2010 中演示文稿的基本操作、幻灯片的基本操作、演示文稿的视图方式、幻灯片的文本输入和格式设置、如何插入对象等相关知识。

常见问题：什么是演示文稿和幻灯片？
　　演示文稿是指使用 PowerPoint 软件生成的文件，幻灯片是演示文稿中的某一页，一个演示文稿是由一个或者多张幻灯片组成。

5.3.1　演示文稿的基本操作

1．新建演示文稿

PowerPoint 2010 为我们提供了多种新建演示文稿的方法，主要有：通过菜单创建空白演示文稿、通过模板创建演示文稿、通过主题创建演示文稿等。

（1）通过菜单创建空白演示文稿。

启动 PowerPoint 2010，应用程序会自动创建一个空白的演示文稿。另外，我们还可以通过点击"文件"菜单→"新建"按钮→"空白演示文稿"按钮来新建一个空白的演示文稿（图5.5）。

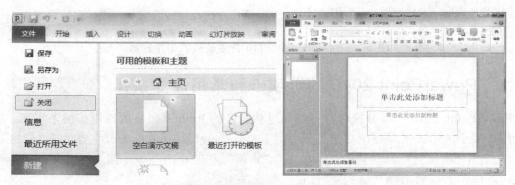

图 5.5　通过菜单新建空白演示文稿

　　如果我们已经启动了 PowerPoint 2010，可以使用快捷键 Ctrl + N 来快速新建一张空白的演示文稿。

（2）通过模板创建演示文稿。

　　我们可以根据模板来创建演示文稿，只需要对其中的内容进行修改就可以创建美观专业的演示文稿。我们可以直接双击模板文件来创建演示文稿。另外，我们还可以通过点击"文件"菜单→"新建"按钮，在打开的界面的"Office.com 模板"（图 5.6）或者"样本模板"中选择列出的模板来创建演示文稿。

图 5.6　利用 Office.com 提供的模板创建演示文稿

（3）通过主题创建演示文稿。

　　使用主题创建演示文稿，可以创建专业设计师水准的演示文稿，同时使我们的演示文稿具有统一的风格。

　　我们可以通过点击"文件"菜单→"新建"按钮→"主题"按钮，并根据应用程序提供的主题来创建演示文稿（图 5.7）。

图 5.7　利用主题创建演示文稿

💡 **常见问题：什么是模板、版式和主题？**

　　PowerPoint 模板是用户保存为 .pot（PowerPoint 97-2003 版本格式）或者 .potx（PowerPoint2007-2010 格式）文件的一张幻灯片或一组幻灯片的图案或蓝图。模板可以包含版式（幻灯片上标题和副标题文本、列表、图片、表格、图表、形状和视频等元素的排列方式）、主题颜色（文件中使用的颜色的集合）、主题字体（应用于文件中的主要字体和次要字体的集合）、主题效果（应用于文件中元素的视觉属性的集合）和背景样式，甚至还可以包含内容（其中主题效果、主题颜色和主题字体三者构成一个主题）。

我们可以创建自己的自定义模板，然后存储、重用以及与他人共享。此外，我们还可以获取多种不同类型的 PowerPoint 内置免费模板，也可以在 Office.com 和其他网站上获取可以应用于演示文稿的模板。

 微信视频资源 5-1——如何新建演示文稿

2. 打开演示文稿

如果我们要编辑演示文稿，则需要通过 PowerPoint 打开演示文稿。打开演示文稿有下面几种方法：

（1）双击演示文稿文件打开。在桌面或者资源管理器中找到需要打开的演示文稿的文件，双击演示文稿文件即可打开该演示文稿。

（2）通过菜单打开。我们可以通过点击"文件"菜单→"打开"按钮，在弹出的"打开"对话框中选择演示文稿文件所在位置，双击该文件或者选择该文件后点击"打开"按钮，即可打开该演示文稿（图 5.8）。我们也可以使用快捷键 Ctrl + O 来快速打开"打开"对话框。

（3）打开最近使用的演示文稿。PowerPoint 提供了记录最近使用过的演示文稿路径功能，可以根据最近的演示文稿路径，快速打开最近关闭的演示文稿。我们也可以通过点击"文件"菜单→"最近所用文件"按钮，在所列出的"最近使用的演示文稿"和"最近的位置"中选择需要打开的演示文稿（图 5.9）。

图 5.8 通过菜单打开演示文稿

图 5.9 通过"最近所用文件"功能打开演示文稿

3. 保存演示文稿

我们在创建了演示文稿之后，应该及时保存，以免因为停电、系统出错或者误操作等原因导致演示文稿没有保存而造成不必要的损失。我们可以通过以下几种方式保存演示文稿：

（1）通过菜单保存。我们可以通过点击"文件"菜单→"保存"按钮来保存演示文稿。PowerPoint 2010 创建的演示文稿的格式为.pptx。我们可以使用快捷键 Ctrl + S 来快速保存当前演示文稿。

（2）通过菜单另存为其他格式的文件。我们可以通过点击"文件"菜单→"另存为"按钮来将演示文稿保存为其他格式的文件，如 PowerPoint 97-2003 版本的演示文稿格式（.ppt）、PowerPoint 模板（.potx）、PowerPoint 放映（.ppsx）等（图 5.10）。

图 5.10　将演示文稿另存为其他格式文件

4. 关闭演示文稿

有些时候我们不需要退出 PowerPoint 2010，而只需要关闭某个演示文稿。我们可以通过点击左上角的"文件"菜单→"关闭"按钮，即可关闭当前打开的演示文稿。在关闭之前，如果当前演示文稿没有保存，PowerPoint 2010 会提示是否需要保存。

我们可以使用快捷键 Ctrl + W 来快速关闭当前演示文稿。

5. 演示文稿的页面设置

在功能区的"设计"选项卡的"页面设置"组，我们可以进行演示文稿的页面设置。点击"页面设置"按钮，就可以打开"页面设置"对话框，我们可以对幻灯片的大小和比例、起始编号、幻灯片方向和备注页/讲义/大纲的方向进行设置（图 5.11）。需要注意的是，幻灯片的方向和备注/讲义/大纲的方向是可以单独设置的。

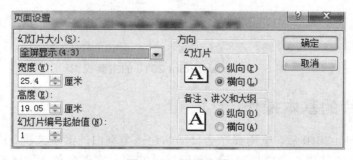

图 5.11　页面设置

6. 打印演示文稿

为了更好地将演示内容传达给观众，我们需要打印演示文稿讲义（每页打印一张、两张、三张、四张、六张或九张幻灯片），这样观众既可以在我们进行演示时参考相应的演示文稿，或者留作以后参考。我们也可以通过点击"文件"选项卡中的"打印"命令来打开打印界面（图 5.12），我们还可以使用快捷键 Ctrl + P 来快速打开打印界面。在打印界面中，我们可以设置打印份数、打印机、打印幻灯片的范围、打印版式和打印颜色，设置完毕后点击界面上部的"打印"按钮就可以开始打印了。

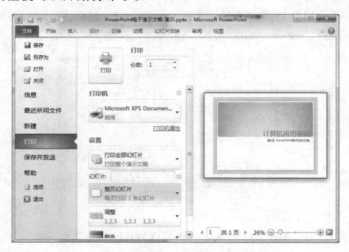

图 5.12 打印演示文稿

5.3.2 演示文稿的视图

PowerPoint 2010 为我们提供了多种视图，以帮助我们更好地编辑、浏览和放映演示文稿。这些视图主要包括：用于编辑和查看演示文稿的视图（普通视图、幻灯片浏览视图、备注页视图和母版视图）、用于放映演示文稿的视图（幻灯片放映视图、演示者视图和阅读视图）及用于准备和打印演示文稿的视图（幻灯片浏览视图和打印预览）（图 5.13）。

我们可以通过"视图"选项卡打开相应的视图，或者使用窗口右下角的快捷视图按钮来选择相应的视图。

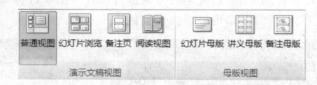

图 5.13 PowerPoint 2010 的主要视图

5.3.3 幻灯片的基本操作

启动 PowerPoint 2010 后，应用程序会自动新建一个空白的演示文稿，这个空白的演示文稿中包含一张标题幻灯片。一般情况下，我们设计的演示文稿会包含多张幻灯片，在设计过程中就会涉及幻灯片的一些基本操作，包括选择、新建、复制、移动、删除、隐藏来组织管理幻灯片等。

1. 选择幻灯片

在操作幻灯片和编辑幻灯片内容之前，我们首先要确定在哪张幻灯片中进行操作。选择幻灯片的操作主要包括：选择单张幻灯片、选择多张相邻的幻灯片、选择多张不相邻的幻灯片和选择全部幻灯片。

（1）选择单张幻灯片。选择单张幻灯片最为简单，我们只需要在工作区的"幻灯片"选项卡中，单击需要选择的幻灯片缩略图即可选中该幻灯片。

（2）选择多张相邻的幻灯片。在工作区的"幻灯片"选项卡中，单击需要选择的一组幻灯片的第一张缩略图，然后按住 Shift 键不放，同时单击需要选择的一组幻灯片的最后一张缩略图，即可选择多张相邻的幻灯片。

（3）选择多张不相邻的幻灯片。在工作区的"幻灯片"选项卡中，单击需要选择的一组幻灯片的第一张缩略图，然后按住 Ctrl 键不放，依次单击其他需要选择的幻灯片缩略图即可。

（4）选择全部幻灯片。将鼠标定位在工作区的"幻灯片"选项卡中某张幻灯片缩略图或者空白处，再依次点击功能区的"开始"选项卡→"编辑"组中的"选择"按钮，在展开的下拉列表中选择"全选"命令，即可选择全部幻灯片。我们将鼠标定位在工作区的"幻灯片"选项卡中后，也可以使用快捷键 Ctrl + A 来实现选择全部幻灯片。

2. 新建幻灯片

新建幻灯片有多种方法，主要有：通过版式新建、通过右键新建、通过快捷键新建幻灯片。

（1）通过版式新建幻灯片。通过版式新建幻灯片可以创建指定版式的幻灯片。操作方法为：点击"开始"选项卡，在"幻灯片"组中，单击"新建幻灯片"按钮右下角的三角按钮，在展开的版式列表中，选择需要的版式即可。

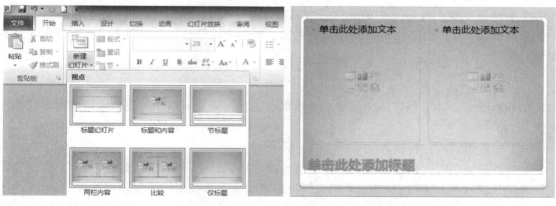

图 5.14 通过版式新建一个"两栏内容"版式的幻灯片

（2）通过右键新建幻灯片。在工作区的"幻灯片"选项卡中，将鼠标定位到需要新建幻灯片的位置（最前面、两张幻灯片之间或者最后面），然后单击右键选择"新建幻灯片"命令，即可新建一张幻灯片。新建幻灯片的版式与前一页幻灯片的版式相同，但如果是在标题页（一般是第 1 页幻灯片）后新建幻灯片，新建的幻灯片的版式为版式库列表中的第 2 种版式。

（3）通过快捷键新建幻灯片。我们可以通过快捷键 Ctrl + M 来新建幻灯片，新建幻灯片的版式与通过右键新建的幻灯片的效果一样。

3. 移动幻灯片（改变幻灯片排序）

在工作区的"幻灯片"选项卡中，选择需要移动的幻灯片缩略图，按住鼠标左键不放，往上或者往下移动该幻灯片缩略图到我们希望放置的位置即可。在拖动的过程中，会有一根黑色横线标记即将放置的位置。

4. 删除幻灯片

对于一些无用的幻灯片，我们需要将其删除。除了"幻灯片放映视图"之外的其他视图，都可以执行删除幻灯片操作。先选择需要删除的幻灯片，按键盘的 Delete 键或者 Backspace 键即可删除选择的幻灯片。

 常见问题：如何恢复删除的幻灯片？

如果我们一不小心误删除了某些幻灯片，可以通过 PowerPoint 2010 左上角的快速访问工具栏的撤销按钮 或者使用快捷键 Ctrl + Z 来撤销删除操作。

事实上在 PowerPoint 2010 中，我们可以使用撤销按钮或者快捷键 Ctrl + Z 来撤销之前的绝大部分操作，包括删除、输入、移动、设置等。

5. 隐藏幻灯片

选择需要隐藏的幻灯片，选择功能区的"幻灯片放映"选项卡的"设置"组中的"隐藏幻灯片"，即可隐藏选择需要的幻灯片。

5.3.4 幻灯片的文本输入和格式设置

演示文稿的内容非常丰富，包括文本、图片、图形、表格、图表、声音及视频等元素，其中文本是最基本也是最重要的元素。在这一节里，我们主要介绍如何输入和编辑文本、设置文本格式、设置对齐格式、设置段落格式、添加项目符号和编号等关于文本操作的基本知识。

1. 输入文本

在 PowerPoint 中，幻灯片中的所有文本都必须输入到文本框中。我们可以通过下面的方法输入文本。

（1）根据版式占位符输入文本。

占位符是使用版式创建新的幻灯片时出现的方框，每个占位符都有相关提示，告诉我们在什么位置输入内容（图 5.15）。单击占位符即可输入文本或者粘贴复制好的文本。

图 5.15　根据版式占位符输入文本

常见问题：什么是占位符？

　　顾名思义，占位符就是先占住一个固定的位置，等着我们再往里面添加内容的符号。占位符用于幻灯片上，就表现为一个虚线框，虚线框内部往往有"单击此处添加标题"之类的提示语，一旦鼠标点击之后，提示语会自动消失，我们就可以在占位符中输入内容了。当我们要创建自己的模板时，占位符就显得非常重要，它能起到规划幻灯片结构的作用。

（2）插入文本框输入文本。

　　文本框专门用来添加文字，有横排和竖排两种。使用文本框可将文本放置在幻灯片上的任何位置。

　　我们可以通过功能区的"插入"选项卡的"文本"组的"文本框"按钮或者其下拉菜单中的"横排文本框"或者"竖排文本框"命令，将鼠标移动到幻灯片窗格中需要插入文本的位置，单击左键即可插入相应的文本框，然后在文本框中输入需要的内容即可（图 5.16）。

图 5.16　插入文本框

　　另外，我们还可以为形状、图片、图表、表格、SmartArt 图形等对象输入文字。我们将在后面的相关章节中详细介绍。

　微信视频资源 5-2——如何插入文本和艺术字

2.　选择文本和文本框

　　我们对文本进行编辑操作的时候，必须先选择文本。选择的范围包括两部分：一个是文本本身，一个是本文所在文本框、占位符或者艺术字。由于文本框、占位符和艺术字的相关操作都是类似的，因此在本小节中，只说明文本框的相关操作。

　　（1）通过拖动鼠标选择文本。将鼠标定位到需要选择的文本的前面，这个时候鼠标会变成一个闪烁的光标，按住鼠标左键向后拖动，直到所选取的文字全部以反白显示。这些被反白显示的文本即为选择的文本（图 5.17）。用鼠标单击被选中文字以外的其他地方就可以取消选择。

　　我们可以通过快速双击来选择词组，或者快速连续三次点击鼠标左键选择整段文字，也可以通过依次点击功能区的"开始"选项卡→点击"编辑"组中的"选择"按钮→选择下拉菜单中的"全选"命令来全部选择文本框中的所有文字，或者使用快捷键 Ctrl + A 来全部选择文本框中的所有文字。

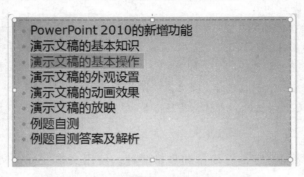

图 5.17　通过拖动鼠标选择了第 3 行文本

（2）选择文本框。

单击文本框内的任何位置，这个时候文本框会被激活，并出现一个虚线框，单击虚线框后，虚线框变成实线框，表示已经选取了整个文本框（图 5.18）。

图 5.18　选择文本框

另外，我们还可以使用鼠标框选的方式，一次性选择在鼠标框选范围内的所有对象（包括文本框、占位符和艺术字等），或者按住 Shift 键，逐个点击需要选择的文本框以一次性选择多个对象。

如果幻灯片中的对象太多，可能因为对象重叠的原因无法使用鼠标精确选择到文本框，我们可以使用"开始"选项卡的"编辑"组中的"选择"按钮，在下拉菜单中选择"选择窗格"，然后在右侧会打开一个选择窗格，列出了当前幻灯片上所有的对象，我们根据列表选择需要的文本框或者其他对象即可。

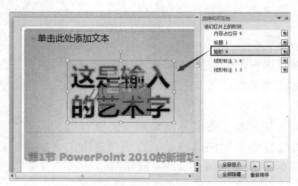

图 5.19　通过选择窗格来选择对象

> 重要提示：选择文本和文本框的方法，同样也适合于其他对象，包括艺术字、图片、表格、形状、图表、SmartArt、音频、视频等。

3. 删除文本和文本框

（1）删除文本。我们将鼠标定位到需要删除的文本之后，使用 Backspace 键逐个删除文本，或者将鼠标定位到需要删除的文本之前，使用 Delete 键逐个删除文本，或者选择需要的文本段落之后，使用 Backspace 或者 Delete 键删除选中的文字段落。

（2）删除文本框。我们选择了需要删除的文本框后，使用 Backspace 或者 Delete 键删除选中的对象。

4. 移动文本和文本框

我们可以在文本框内部移动部分文本的位置，也可以移动文本框本身在幻灯片中的位置。当移动文本框后，文本框内的文字在幻灯片中的位置也随之改变。

（1）在文本框内容移动文本。我们只选择需要移动的文本段落，用鼠标左键按住选中的文本段落不放，移动鼠标将这部分文本移动到所需要的位置，松开鼠标左键即可。应用程序会以一个反白的光标来预览即将移动到的位置。

（2）移动文本框。选择需要移动的文本框，当文本框的外框变成实线框后，将鼠标移动到鼠标文本框外框上（此时应该避免将鼠标放在框线的尺寸控制柄上，即框线上的小圆点和小方框），这个时候鼠标会变成一个十字箭头 ✛，按住鼠标左键，移动鼠标到需要的位置，然后放开鼠标左键即可。

常见问题：如何精确定位对象（包括文本框）的位置？

用鼠标拖动来移动对象，有时候对象所处的位置并不特别精确。我们可以通过对话框来精确设置对象在幻灯片所处的位置。具体操作办法是：选择需要设置位置的对象，然后选择功能区的"格式"选项卡（只有选择了对象才会有这个选项卡）中的"大小"组右下角的箭头按钮，打开"设置形状格式"窗口，在左侧菜单中点击"位置"菜单，然后在右侧的"位置"区域即可设置对象在幻灯片中的位置（图 5.20）。

图 5.20 精确设置对象的位置

我们也可以在选择对象之后，在对象上面单击右键选择"设置形状格式"命令来打开"设置形状格式"窗口。

5. 设置文本格式

除了文字本身之外，如果我们能够将文本的字体、颜色等设置为醒目的效果，会使得演示文稿更加美观，更具观赏性。文本格式主要包括字体、字号大小、颜色、字体样式和效果（是否加粗、倾斜、是否有下划线、删除线、阴影效果等）。

我们可以使用功能区的"开始"选项卡的"字体"组中的相关命令来设置文本格式。

（1）设置字体。先选择需要设置的文本内容，在字体选择框 微软雅黑 (正文) · 中，点击右侧的三角形按钮，在展开的字体列表中选择需要设置的字体即可，或者直接在输入框输入字体名称。

（2）设置字号大小。先选择需要设置的文本内容，在字号选择框 40 · 中，点击右侧的三角形按钮，在展开的字号大小列表中选择需要设置的字号即可，或者直接在输入框中输入字号大小。另外，我们可以使用增加字号按钮 A˙ 或者减小字号按钮 A˙ 逐级增加或者减少字号。

（3）设置文本颜色。先选择需要设置的文本内容，点击颜色选择按钮 A · 设置当前显示的颜色，或者点击右侧的三角形按钮，在展开的颜色面板中选择需要的颜色，也可以点击颜色面板下方的"其他颜色"按钮，通过打开的"颜色"对话框来选择其他颜色。

（4）设置字体样式和效果。在选择需要设置的文本内容后，我们可以通过加粗按钮 **B** 来设置文本是否需要加粗，快捷键为 Ctrl + B；可以通过倾斜按钮 *I* 来设置文本是否需要倾斜，快捷键为 Ctrl + I；可以通过下划线按钮 **U** 来设置文本是否需要添加下划线，快捷键为 Ctrl + U；可以通过阴影按钮 **S** 来设置文本是否需要添加阴影效果；可以通过删除线按钮 **abc** 来设置文本是否需要添加删除线；可以通过字符间距按钮 **AV** ˙ 来设置文本的字符间距（包括很紧、紧密、常规、稀疏、很松及设置其他间距）；可以通过字符大小写设置按钮 **Aa** · 来设置文本的大小写规则（包括句首字母大写、全部小写、全部大写、每个单词首字母大写和切换大小写）；可以通过样式清除按钮 来清除文本单独设定的格式，套用模板或者主题使用的文本格式。

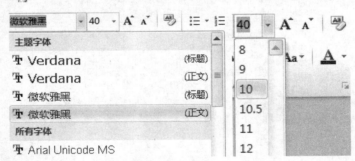

图 5.21　功能区中"字体"组中设置文本格式

6. 设置文本框格式

我们可以根据自己的需求改变 PowerPoint 默认设置的文本框格式，以取得更好的展示效果。对文本框的样式设定，主要包括背景填充的颜色和效果、外框线条的颜色和线型、形状的特殊艺术效果等。

在选择了文本框后，我们可以通过点击功能区的"形状样式"组的命令的相关命令来设置文本框。

（1）使用形状样式库快速设置文本框样式。我们可以点击形状样式库右侧的下拉按钮 ，为所选文本框中应用形状样式（图 5.48）。比如我们使用"细微效果-黑色，深色 1"的样式为文本框添加细微渐变效果。

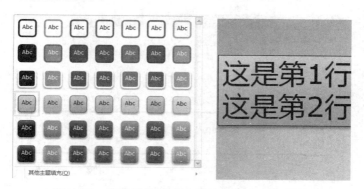

图 5.22　使用形状样式库快速设置文本框样式

（2）自定义文本框效果。

我们还可以通过"形状样式"组中的文本填充、文本轮廓、文本效果按钮来自定义文本框效果，其设置方法与文本的设置类似。

（3）通过"设置形状格式"对话框设置文本框效果。我们还可以在选择的文本框上单击右键，选择"设置形状格式"，打开的"设置形状格式"对话框中。在该对话框中，可以对背景填充、线条和线型、阴影、映像、发光和柔滑边缘、三维格式、三维旋转、大小、位置和文本框等内容进行详细设置。

7.　设置段落格式

通常我们在组织内容的时候，会将内容分为若干个自然段即段落。为了更加清楚、醒目地表达各段落的内容，同时也为了美化效果，我们通常会对段落进行格式设置。设置段落格式主要包括文本行距和段间距、段落缩进、文本方向、对齐方式等。

（1）文本行距和段间距。

文本行距是指段落中各行文字之间的距离，段间距是指每个段落文本之间的间距，段间距包括段前间距和段后间距。

① 通过功能区"段落"组的命令按钮设置行距。我们可以使用"行距"按钮 ≡ 来设定行距，比如设定行距为 1 倍、1.5 倍等。

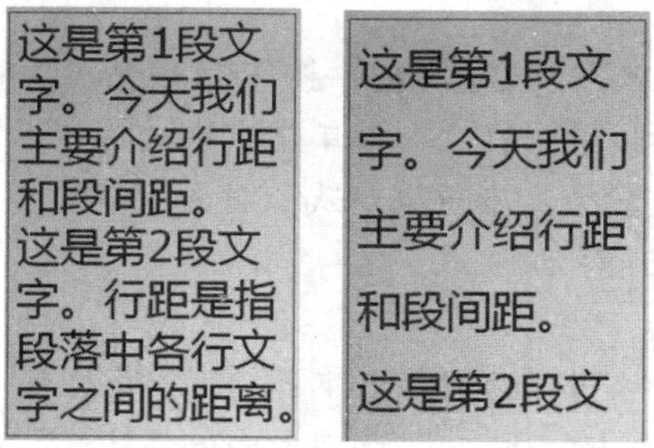

图 5.23　使用了 1.5 倍行间距的效果（右图）

② 通过"段落"对话框设置行距和段间距。点击"段落"组右下角的箭头按钮，或者在文本处单击右键选择"段落"命令，可以打开"段落"对话框。在"缩进和间距"选项卡中，

我们可以在"间距"区域对"段前"间距、"段后"间距和行距进行设定。

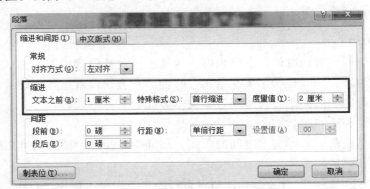

图 5.24　设定段间距和行距

（2）段落缩进。

段落缩进是指文本之前预留的位置。使用段落缩进，可以使演示文稿的文本内容显得更有层次，也更符合中文使用习惯（图 5.25）。段落缩进主要包括文本之前的缩进和两种缩进特殊格式："首行缩进"和"悬挂缩进"。文本之前的缩进是指段落各行的文字都缩进指定值，首行缩进是指段落的首行文本比其他行文本缩进指定值，悬挂缩进是指段落除首行外，其他行文本缩进指定值。我们可以通过"段落"对话框来设定缩进值。

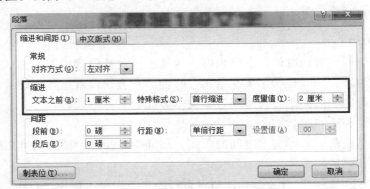

图 5.25　设定缩进值

（3）文本方向。

我们可以通过"段落"组的"文字方向"按钮 来设定文字方向（包括横排、竖排、旋转、堆积等），也可以通过在文本处单击右键选择"设置文字效果格式"，在打开的"设置文本效果格式"对话框中的"文本框"选项卡中，设定文本方向（图 5.26）。

（4）设置文本对齐方式。

对齐主要是用来设置文本段落在文本框中的相对位置（5.27）。我们可以使用功能区的"开始"选项卡中的"段落"组中的"左对齐"按钮、"居中对齐"按钮、"右对齐"按钮、"两端对齐"按钮和"对齐文本"按钮 来分别实现相应的对齐方式。

图 5.26　设置文字方向

第1行左对齐
　　第2行居中对齐

图 5.27　通过"段落"组中的命令按钮对齐文本框中的文本

8.　添加项目符号和编号

在文本中使用项目符号或编号，可以让文本显得更有条理和具有层次感。项目符号和编号都是以段落为单位的。

（1）添加项目符号。我们可以使用"段落"组中的"项目符号"按钮 ≡ 或者点击"项目符号"按钮右侧的三角按钮，在打开的项目符号样式库中选择一种样式，为选择的段落文本添加符号（图 5.28）。

图 5.28　添加项目符号

（2）编号。我们可以使用"段落"组中的"编号"按钮 ≡ 或者点击"编号"按钮右侧的三角按钮，在打开的编号样式库中选择一种样式，为选择的段落文本添加编号（图 5.29）。

图 5.29　添加编号

我们还可以在"项目符号和编号"对话框的"编号"选项卡中进行编号样式选择、设置起始值等操作。

5.3.5　使用对象

在设计演示文稿的时候，除了使用文本来表达观点之外，我们还可以使用图片、表格、形状、图表和音视频等多媒体素材来丰富演示文稿的内容。

5.3.5.1　使用图片

图片是幻灯片的重要组成元素，通过图片既可以表现幻灯片的美感，也可以充分表现演示文稿的内容。

1. 插入图片

我们可以使用功能区的"插入"选项卡的"图像"组的"图片"按钮来插入计算机中的图片（图5.30）。

图 5.30　插入图片

另外，我们还可以在通过"图像"组中的其他相应按钮，分别插入剪贴画、屏幕截图。

2. 美化图片

（1）调整图片背景、亮度、颜色和使用艺术效果。

在"图片工具-格式"选项卡的"调整"组里面，我们可以进行删除背景、更正图片锐化和柔化设置、更正图片亮度和对比度、调整图片颜色和饱和度、添加艺术效果等操作（图5.31）。

图 5.31　"调整"组的相关命令

选中需要调整的图片后，我们点击"图片工具-格式"选项卡，使用"艺术效果"按钮下的"影印"效果，即可得到一张具有影印效果的艺术图片（图5.32）。

原图　　　　　　　　　　　影印艺术效果

图 5.32　利用"影印"艺术效果美化图片

（2）使用图片样式。

在选中图片后，我们可以使用"图片工具-格式"选项卡的"图片样式"组里面图片样式库来美化图片，也可以使用"图片边框"按钮、"图片效果"按钮和"图片版式"按钮来设计图片的各种效果。图 5.33 展示的是利用"居中矩形阴影"样式来美化图片。

原图　　　　　　　　　居中矩形阴影样式

图 5.33　利用"居中矩形阴影"样式来美化图片

我们还可以点击"图片样式"组右下角的箭头按钮，或者在图片上单击右键选择"设置图片格式"命令，打开"设置图片格式"对话框，对图片的效果进行更加详细、精确的设置。

3. 裁剪图片

裁剪通常用来隐藏或修整部分图片，以便进行强调或删除不需要的部分。在选中图片后，我们可以使用"图片工具-格式"选项卡的"大小"组的"裁剪"按钮来裁剪图片（图 5.34）。我们只需要左右或者上下拖动裁剪控制点即可实现裁剪，在裁剪过程中，被裁剪掉的部分以灰色阴影显示。

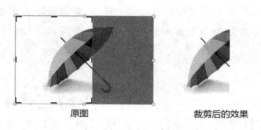

原图　　　　　　　　　　　　　　裁剪后的效果

图 5.34　裁剪图片

5.3.5.2　使用音频和视频

声音和视频能够更加直观地表达我们的想法，使得我们的演示文稿声情并茂。在 PowerPoint 2010 中，新增了音视频剪裁功能。

1. 使用音频

我们可以点击功能区的"插入"选项卡的"媒体"组的"音频"按钮来插入音频（图 5.35）。

图 5.35　插入音频

PowerPoint 2010 能够支持当前主流的音频，主要包括：wav、mid、wma、mp3 等。

2. 使用视频

我们可以点击功能区的"插入"选项卡的"媒体"组的"视频"按钮来插入视频（图 5.36）。

图 5.36　插入视频

PowerPoint 2010 能够支持当前主流视频格式，主要包括：avi、asf、wmv、mov、mpeg、mp4、swf 等。

 提示：动画、影片或者声音将按照其在幻灯片的显示顺序依次播放。如果在插入影片或者声音之前没有显示动画，则将先播放影片和声音，即使以后将动画应用与此幻灯片之后，也是如此。

3. 剪裁音频

我们先选择需要剪辑的音频，在功能区会新增一个"音频工具-播放"选项卡，选择"编辑"组中的"剪裁音频"，在打开的"剪裁音频"对话框中，可以对音频的开始时间和结束时间进行设置（图 5.37）。

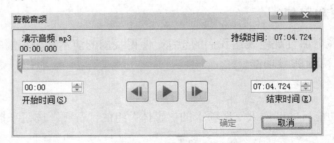

图 5.37　剪裁音频对话框

4. 剪裁视频

我们先选择需要剪辑的视频，在功能区会新增一个"视频工具-播放"选项卡，选择"编辑"组中的"剪裁视频"，在打开的"剪裁视频"对话框中，可以对视频的开始时间和结束时间进行设置。

5.3.5.3　使用表格

表格常常是显示和表达数据最好的方式，将大量数据以合适的方式用表格组织起来，可以高效而明确地传递信息，比简单罗列文字有更好的效果。

1. 插入表格

我们可以使用"插入"选项卡的"表格"组中的"表格"按钮，点击该按钮后，在展开的示意表格中拖动鼠标，选择需要的行数和列数，即可完成表格的插入（图 5.38）。

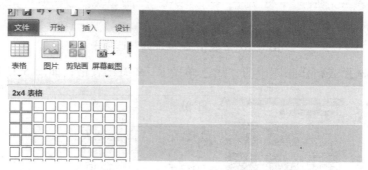

图 5.38　插入一个 4×2 的表格

我们还可以点击"表格"按钮，在展开的面板中选择"添加表格"，通过"插入表格"对话框来插入表格，或者通过"绘制表格"按钮来用鼠标绘制表格。

2. 编辑和调整表格

选择表格后，会出现"表格工具-布局"选项卡，我们可以通过该选项卡的相关命令来编辑和调整表格（图 5.39）。

图 5.39　"表格工具-布局"选项卡

（1）我们可以通过"行和列"组中的"删除"按钮来删除行、列或者表格。

（2）我们可以通过"行和列"组中的"在上方插入""在下方插入""在左侧插入"和"在右侧插入"按钮，来插入行和列。

（3）我们可以通过"合并"组的"合并单元格"和"拆分单元格"按钮来分别实现单元格的合并和拆分。

（4）我们可以通过"单元格大小"组的"高度"和"宽度"输入框，精确设定所选单元格的大小，还可以通过"分布行"按钮在所选行之间平均分布高度，通过"分布列"按钮在所选列之间平均分布宽度。

（5）我们可以通过"对齐方式"组的各项命令，设定表格内文本和对象的水平和垂直方向的对齐方式，还可以设置文字方向和单元格边距。

（6）我们可以通过"表格尺寸"组的"高度"和"宽度"输入框，精确设定整个表格的大小。

（7）我们还可以通过"排列"组中的各项命令，来设定表格在幻灯片中的层次和对齐方式等。

3. 设置表格样式和效果

选择表格后，会出现"表格工具-设计"选项卡（图 5.40），我们可以通过该选项卡的相关命令来设置表格样式和效果。

图 5.40　"表格工具-设计"选项卡

例如，我们选择表格样式库中的"浅色样式 1"来美化表格，如图 5.41 所示。

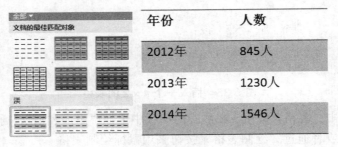

年份	人数
2012年	845人
2013年	1230人
2014年	1546人

图 5.41　使用"浅色样式 1"来美化表格

在这个选项卡中，我们还可以对表格样式选项、艺术字样式等进行设计，以获得更加美观的表格效果。

5.3.5.4　使用图表

相对于单纯的数据表格，利用图表表达的信息直观清晰、便于理解。因此，当我们需要用数据说明问题的时候，可以制作在幻灯片中添加图表，来增强演示文稿的说服力，同时也起到美化演示文稿的作用。

1. 插入图表

我们点击功能区的"插入"选项卡的"插图"组的"图表"按钮，就会打开"插入图表"对话框。PowerPoint 2010 提供了柱状图、折线图、饼图、条形图、面积图、XY（散点图）、股价图、曲面图、圆环图、气泡图和雷达图。我们根据列出的图表类型，选择自己需要的图表，点击确定即可插入图表（图 5.42）。

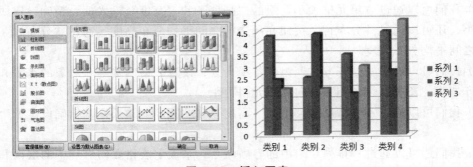

图 5.42　插入图表

插入图表后，我们一般需要根据实际情况，修改图表的数据。在插入图表后，会自动弹出一个 Excel 窗口，我们根据实际情况，在 Excel 表中修改相关数据即可（图 5.43）。

▲	A	B	C	D
1		系列 1	系列 2	系列 3
2	类别 1	4.3	2.4	2
3	类别 2	2.5	4.4	2
4	类别 3	3.5	1.8	3
5	类别 4	4.5	2.8	5

图 5.43　修改图表的数据

在后面的编辑过程中，我们可以随时修改图表数据，操作方式是：先选择图表，功能区会新增一个"图表工具-设计"选项卡，点击该选项卡的"数据"组的"编辑数据"按钮，即可使用 Excel 打开数据编辑窗口。

2. 美化图表

在选中图表后，功能区会新增三个选项卡，分别是"图表工具-设计""图表工具-布局""图表工具-格式"选项卡。

（1）使用"图表工具-设计"选项卡设置图表的布局和样式。

在"图表工具-设计"选项卡中，我们可以更改图表类型，对图表数据进行编辑，也可以快速选择图表的布局方式和图表样式（图 5.44）。

图 5.44　"图表工具-设计"选项卡

（2）使用"图表工具-布局"选项卡设置图表的详细布局。

在"图表工具-布局"选项卡中，我们可以对图表的所有部分（包括背景、各类标签、坐标轴等）进行详细的设置（图 5.45）。

图 5.45　"图表工具-布局"选项卡

（3）使用"图表工具-格式"选项卡设计图表。

在"图表工具-格式"选项卡中，我们可以对图表的形状样式、艺术字样式、排列和大小进行详细设置（图 5.46）。

图 5.46　"图表工具-格式"选项卡

5.3.5.5　使用形状

形状包括线条、矩形、圆形、箭头、公式形状、流程图、标注等图形。这些图形通常用于连接有关系的对象或者内容。

1. 插入形状

我们点击功能区的"插入"选项卡的"插图"组的"形状"按钮，在展开的形状库中选择需要插入的形状，使用鼠标在幻灯片中点击需要放置的位置即可，或者通过拖动一个范围来设置新插入的形状的尺寸范围（图 5.47）。

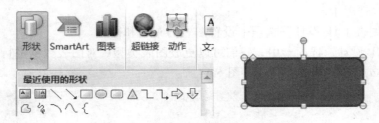

图 5.47　插入一个"圆角矩形"形状

线条、连接符和任意多边形等形状通常用于连接有关系的对象或者内容，不具备添加文本的功能。矩形、圆形、箭头、流程图、星与旗帜、标注等通常用于表示带有说明性的对象、过程或者内容，是可以添加文本的。在可以在添加文本的形状上面单击右键，选择"编辑文字"，即可在形状上输入文本（图 5.48）。

图 5.48　在形状中添加文本

2. 设置形状样式

在选择需要设置的形状对象之后，功能区会新增一个"绘图工具-格式"选项卡，在该选项卡的"形状样式"组中，我们可以通过形状样式库中的某种样式来美化形状。图 5.49 即为使用"细微效果　　黑色，深色 1"样式来美化一个圆角矩形。

图 5.49　形状样式

我们还可以通过"形状样式"组中的"形状填充""形状轮廓""形状效果"等按钮自定义形状样式，使用方法与文本框的操作方法类似。

5.3.5.6　使用 SmartArt 图形

SmartArt 图形是自 PowerPoint 2007 以来新增的特殊功能之一，使用 SmartArt 制作出来的图形，不仅可以直观地展现事物之间的各类关系（比如企业组织内部的层次关系、生产过程中的循环关系、会议报告的递进关系、各类活动事项的流程关系等），而且在视觉欣赏上更加美观。在 PowerPoint 2007 以前，我们要花费大量时间进行以下操作：使各个形状大小相同并且适当对齐，使文字正确显示，手动设置形状的格式以符合文档的总体样式。使用 SmartArt 图形和其他新功能如主题，只需单击几下鼠标，即可创建具有设计师水准的插图。

1.　插入 SmartArt

我们点击"插入"选项卡的"插图"组的"SmartArt"按钮，即可打开"选择 SmartArt 图形"对话框。SmartArt 图形的类型主要包括：列表、流程、循环、层次结构、关系、矩阵、棱锥图和图片（图 5.50）。

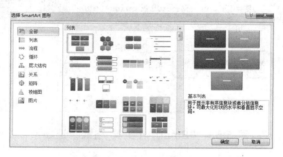

图 5.50　选择 SmartArt 图形对话框

根据要表达内容的实际关系，我们选择合适的 SmartArt 图形，点击确认，在幻灯片页面就会出现 SmartArt 编辑界面。我们在左侧编辑区相关的位置输入相关的文本，或者在右侧 SmartArt 的形状上输入文本即可（图 5.51）。

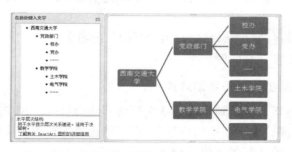

图 5.51　利用层次结构来展示机构部门关系

2. 美化 SmartArt

在选中 SmartArt 后，功能区会新增两个选项卡，分别是"SmartArt 工具-设计"和"SmartArt 工具-格式"选项卡。

（1）使用"SmartArt 工具-设计"选项卡来美化 SmartArt。

在"SmartArt 工具-设计"选项卡中，我们可以添加形状、对某个形状进行升级和降级操作、更改布局、更改颜色、设定 SmartArt 样式、将 SmartArt 转换成文本或者形状等（图 5.52）。

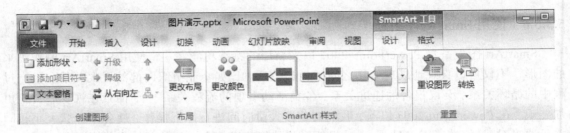

图 5.52 "SmartArt 工具-设计"选项卡

（2）使用"SmartArt 工具-格式"选项卡来美化 SmartArt。

在"SmartArt 工具-格式"选项卡中，我们可以对 SmartArt 中的形状进行编辑（更改形状、增大、减小）、快速设置形状样式、自定义形状样式、快速使用文本的艺术字样式、对形状进行排列、设置 SmartArt 或者形状的大小等（图 5.53）。

图 5.53 "SmartArt 工具-格式"选项卡

5.3.5.7 使用超链接

在 PowerPoint 中，超链接可以是从一张幻灯片到同一演示文稿中另一张幻灯片的连接（如指向自定义放映的超链接），也可以是从一张幻灯片到不同演示文稿中另一张幻灯片、到电子邮件地址、网页或文件的连接。我们可以为文本、艺术字、图片、形状、图表、SmartArt 图形等添加超链接。

选择需要添加超链接的对象，然后点击"开始"选项卡的"链接"组的"超链接"按钮，就可以打开"插入超链接"对话框。

1. 通过超链接切换到另外一张幻灯片

我们可以使用超链接，切换到当前演示文稿的其他幻灯片。在"插入超链接"对话框左侧"链接到："后面选择"本文当中的位置"，在"请选择文档中的位置"区域选择需要链接到的幻灯片编号，点击确认即可（图 5.54）。

图 5.54　通过超链接到演示文稿的其他幻灯片

2. 通过超链接打开网页

我们可以使用超链接，打开网站或者网页。在"插入超链接"对话框左侧"链接到:"后面选择"现有文件或网页"，在"地址"栏后面输入需要打开的网址，点击确认即可。

3. 通过超链接打开计算机中的文件

我们可以使用超链接，打开计算机中的文件。在"插入超链接"对话框左侧"链接到:"后面选择"现有文件或网页"，再选择"当前文件夹"，通过对话框选择需要的文件，点击确认即可。

4. 通过超链接打开电子邮件地址

我们可以使用超链接，打开电子邮件。在"插入超链接"对话框左侧"链接到:"后面选择"电子邮件地址"，在对话框输入电子邮件地址，点击确认即可。如果本计算机没有安装电子邮件客户端，通过点击该链接则会提醒安装，否则无法发送电子邮件。

5.3.5.8　使用页脚、时间和幻灯片编号

点击"插入"选项卡的"文本"组的"页眉和页脚""日期和时间""幻灯片编号"三个按钮中的任何一个，就可以打开"页眉和页脚"对话框。在这个对话框中，我们可以设置在幻灯片中是否显示时间和日期以及显示的格式（自动更新或者固定值），是否显示幻灯片编号，是否显示页脚以及页脚的内容，还可以设定是否在标题幻灯片中不显示上述信息。

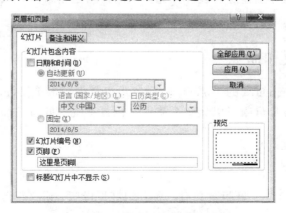

图 5.55　设置幻灯片页脚和编号

5.4　演示文稿的外观设置

在实际工作中，一个演示文稿中每张幻灯片的整体风格都要保持基本一致，PowerPoint提供了主题与母版以快速实现这个效果。我们可以使用主题统一更改演示文稿的颜色、字体及图形外观效果，还可以在母版中加入个性化的标志、文字、图片等内容，而且这些内容是在演示文稿的普通视图中无法修改和编辑的，便于保持整体设计的统一性。

5.4.1　使用主题

主题是颜色、字体和效果三者的组合。主题可以作为一套独立的选择方案应用于文件中。在 PowerPoint 2010 中，可以使用预设的主题样式来整体、快速统一现有的演示文稿外观，也可以对现有的主题样式进行更改，包括颜色、字体和效果。

1．使用预设主题

在新建的演示文稿中，默认是 Office 主题的，没有颜色搭配、字体设计和效果设计。我们可以在功能区"设计"选项卡的"主题"组的主题样式库中选择需要的主题。比如我们可以选择名为"聚合"的主题，PowerPoint 会为我们搭配背景和颜色、选择字体，对界面布局进行重新设计，使得幻灯片看起来非常简洁和精美（图 5.56）。

图 5.56　使用"聚合"主题

2．自定义主题

如果我们对内置的主题不太满意，还可以在内置主题的基础上，重新对颜色、字体和效果进行设计。我们可以分别通过"设计"选项卡的"主题"组的"颜色""字体"和"效果"按钮来选择不同的设计。

5.4.2　使用母版和版式

母版是演示文稿中很重要的一部分，使用它可以减少很多重复性的工作，提高工作效率。更重要的是，使用幻灯片母版可以让整个演示文稿具有统一的风格和样式。

5.4.2.1　认识母版和版式

1．什么是母版

在 PowerPoint 2010 中，母版一共有三种：幻灯片母版、讲义母版和备注母版。这里主要介绍前两种母版。

幻灯片母版：幻灯片母版是幻灯片层次结构中的顶层幻灯片，用于存储有关演示文稿的主题和幻灯片版式的信息，包括背景、颜色、字体、效果、占位符大小和位置。幻灯片母版是最常用的母版，它包括 5 个占位符：标题、文本、日期、页脚和幻灯片编号。这些占位符中的文字并不会真正显示在幻灯片中，只是起到一种提示作用。它可以控制演示文稿中除了标题版式之外的其他幻灯片版式，从而保证整个演示文稿的所有幻灯片的风格是统一的，并且能够将每张幻灯片中固定出现的内容进行一次性编辑（图 5.57）。

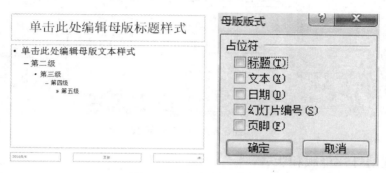

图 5.57　幻灯片母版

我们可以点击"视图"选项卡的"母版"组的"幻灯片母版"来打开幻灯片母版视图。

讲义母版：讲义母版包括 4 个占位符（页眉、页脚、日期和页码），用于控制讲义的打印格式，我们可以将多张幻灯片制作在一个页面，以节省资源。讲义只显示幻灯片而不包括相应的备注，并且与幻灯片、备注不同的是，讲义是直接在讲义母版而不是普通视图中创建的（图 5.87）。

2. 什么是幻灯片版式

幻灯片版式包含要在幻灯片上显示的全部内容的格式设置、位置和占位符。占位符是版式中的容器，可容纳如文本（包括正文文本、项目符号列表和标题）、表格、图表、SmartArt图形、影片、声音、图片及剪贴画等内容。而版式也包含幻灯片的主题（颜色、字体、效果 和背景）。

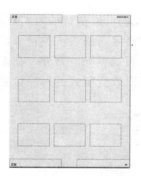

图 5.58　讲义母版

图 5.59　一种标题幻灯片版式

通常情况下，一个演示文稿具有至少一个母版，一个母版由若干个版式组成。除了标题幻灯片版式（一般是第一个版式），其他版式都要继承母版的设定，比如背景、颜色、字体、占位符等。

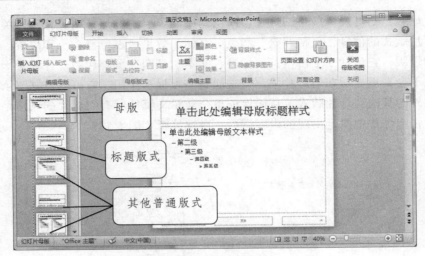

图 5.60　母版和版式

5.4.2.2　管理幻灯片母版和版式

1. 管理幻灯片母版

在"幻灯片母版"视图中，选择幻灯片母版之后，我们可以执行插入幻灯片母版和版式、重名幻灯片母版，可以点击"母版版式"按钮，在打开的"母版版式"对话框中选择幻灯片母版需要出现的内容区域，还可以设定母版的主题和背景，或者关闭母版视图等（图 5.61）。

图 5.61　管理幻灯片母版的命令

2. 管理幻灯片版式

在"幻灯片母版"视图中，选择幻灯片版式之后，我们可以执行插入幻灯片母版和版式、删除（已经有幻灯片使用了该版式的则不能删除）与重命名、插入占位符、设置是否有标题和页脚区，还可以设置版式的主题和背景，或者关闭母版视图等。另外，在左侧的幻灯片母版和版式缩略图窗格，我们可以拖动幻灯片版式缩略图以改变版式的排序位置（图 5.62）。

图 5.62　管理幻灯片版式的命令

 微信视频资源 5-3——如何创建和管理母版与版式

5.5 演示文稿的动画效果

将注意力集中在要点上、控制信息流以及提高观众对演示文稿的兴趣，使用动画是一种好方法。我们可以通过 PowerPoint 2010 将演示文稿中的文本、图片、形状、表格、SmartArt 图形和其他对象制作成动画，赋予它们进入、退出、大小或颜色变化甚至移动等视觉效果（图 5.63）。

图 5.63 "动画"选项卡的命令

PowerPoint 2010 中有以下四种不同类型的动画效果：

"进入"效果。这些效果包括使对象逐渐淡入焦点、从边缘飞入幻灯片或者跳入视图中。

"退出"效果。这些效果包括使对象飞出幻灯片、从视图中消失或者从幻灯片旋出。

"强调"效果。这些效果包括使对象缩小或放大、更改颜色或沿着其中心旋转。

动作路径。动作路径是指定对象或文本沿行的路径，它是幻灯片动画序列的一部分。使用这些效果可以使对象上下移动、左右移动或者沿着星形或圆形图案移动（与其他效果一起）。

我们可以单独使用任何一种动画，也可以将多种效果组合在一起。例如，可以对一行文本应用"浮入"进入效果及"放大/缩小"强调效果，使它在从下侧浮入的同时逐渐放大。

在选择了需要设定动画的对象之后，我们可以在"动画"选项卡进行设定动画、动画效果，还可以进行设置高级动画、计时和动画预览。

5.5.1 为对象应用动画

1. 应用动画

我们可以按照下面的步骤为对象应用动画（图 5.64）：

图 5.64 为对象应用动画

（1）选择需要的应用对象的动画。

（2）打开"动画"选项卡，在"动画"组中点击下拉按钮 ▽ 展开动画库。

（3）选择需要的动画方案。

应用动画后，我们可以使用"预览"按钮预览动画效果。

2. 设置动画效果

在为对象应用了动画效果之后，我们还可以为动画效果设置更多选项。操作步骤如下：

（1）选择已经应用的动画效果的对象。

（2）点击"动画"组中的"效果选项"按钮，展开动画效果选项列表。

（3）选择需要的效果选项。

需要说明的是，对于不同的动画效果，效果选项的内容是不一样的。

图 5.65　动画效果选项

5.5.2　为对象应用多个动画

有时候我们对一个对象需要设定多个动画，比如先飞入再飞出，这就需要使用到"添加动画"功能。具体操作步骤如下：

（1）选择需要添加动画的对象。

（2）点击"高级动画"组中的"添加动画"按钮，展开动画库。

（3）选择需要添加的动画效果。或者点击下方的"更多进入效果""更多强调效果""更多退出效果"和"更多动作路径"按钮，以选取更多的动画效果。

5.5.3　其他高级设置

1. 动画窗格

我们可以使用"高级动画"组中的"动画窗格"按钮，打开动画窗格。在动画窗格中，我们可以看到当前幻灯片页面中的所有应用了动画效果的对象，可以对动画对象进行选择，也可以通过拖动的方式对动画顺序进行排序，或者点击动画对象后面的下拉按钮 ▼，进行其他操作（图 5.66）。

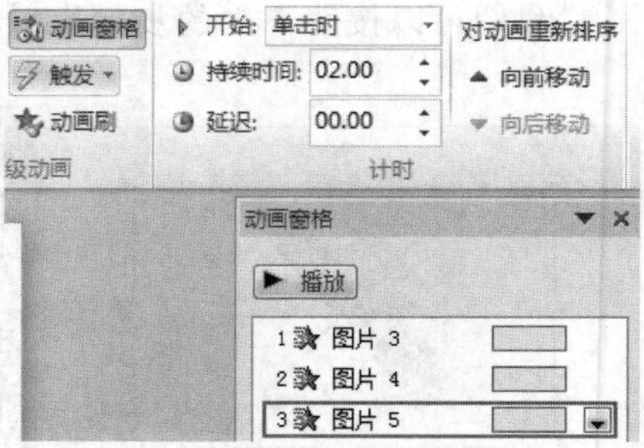

图 5.66　使用动画窗格

2. 设定动画出现条件、时间和顺序

我们可以通过"计时"组中的相关命令来设定动画出现的条件（单击时、与上一动画同时、上一动画之后）、时间和顺序（图 5.67）。

图 5.67　动画出现的条件、时间和顺序

 微信视频资源 5-4——如何为对象添加动画

5.6　演示文稿的幻灯片切换效果

幻灯片切换效果是在演示期间从一张幻灯片移到下一张幻灯片时在"幻灯片放映"视图中出现的动画效果。我们可以控制切换效果的速度，添加声音，甚至还可以对切换效果的属性进行自定义。

5.6.1　应用切换效果

对某张幻灯片应用幻灯片切换效果的步骤如下（图 5.68）：

图 5.68　应用幻灯片切换效果

（1）在功能区包含"大纲"和"幻灯片"选项卡的窗格中，单击"幻灯片"选项卡。

（2）选择要向其应用切换效果的幻灯片缩略图。

（3）在"切换"选项卡的"切换到此幻灯片"组中，单击要应用于该幻灯片的幻灯片切换效果。

5.6.2　其他高级设置

1．设置切换效果选项

我们可以点击"切换到此幻灯片"组的"效果选项"，设置切换的效果选项（图 5.69）。比如在"推动"切换效果中，可以选择"自底部""自左侧""自右侧"和"自顶部"等选项。

需要说明的是，对于不同的动画效果，效果选项的内容是不一样的。

2. 设置切换方式和持续时间

我们可以在"计时"组中，设置幻灯片在演示时切换的方式、持续时间和是否播放声音（图 5.70）。

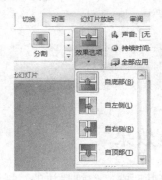

图 5.69　设置切换效果选项　　　　图 5.70　设置切换方式和持续时间

 微信视频资源 5-5——如何添加幻灯片切换效果

5.7　演示文稿的放映

演示文稿制作出来就是为了为观众演示和放映。这一节我们主要介绍放映方式和放映相关的设置。

我们选择"幻灯片放映"选项卡，在"开始放映幻灯片"组中，可以看到有 4 种放映方式：从头开始、从当前幻灯片开始、广播幻灯片、自定义幻灯片放映（图 5.71）。这里主要介绍前两种放映方式。

图 5.71　放映方式

1. 从头开始放映

从头开始放映即不管用户当前所选幻灯片所在的位置，都从演示文稿的第一张幻灯片开始依次播放。有下面三种方式启动"从头开始播放"。

（1）点击"从头开始"播放按钮。

（2）点击 PowerPoint 窗口右下角的"视图按钮"区的 的"幻灯片放映"按钮。

（3）使用快捷键 F5。

2. 从当前幻灯片开始放映

从当前幻灯片开始放映，即根据我们所选幻灯片所处位置开始依次播放幻灯片。我们可以点击"从当前幻灯片开始"按钮或者使用快捷键"Shift + F5"来从当前幻灯片开始放映。

在放映过程中，我们可以通过鼠标和键盘来控制幻灯片的放映，除非我们单独设定了自动播放。可以单击鼠标左键、点击键盘的空格键/向下键/向右键 来往后放映，可以通过点击键盘的向上键/向左键来向前放映。

微信视频资源 5-6——如何放映幻灯片

例题与解析

一、选择题

1. 我们主要使用 PowerPoint 2010 的（　　）来编辑幻灯片。

A. 幻灯片备注视图　　　　　　B. 幻灯片浏览视图

C. 普通视图　　　　　　　　　D. 幻灯片阅读视图

【答案与解析】答案：C。普通视图是最常用的编辑视图，备注视图用于编辑备注，浏览视图、阅读视图分别用于浏览和放映。

2. 使用 PowerPoint 2010 插入一个图片，可以使用（　　）选项卡中的命令。

A. 插入　　　　　　　　　　　B. 设计

C. 开始　　　　　　　　　　　D. 视图

【答案与解析】答案：A。在"插入"选项卡的"图像"组中使用相关命令可以插入图片。

3. 在 PowerPoint 2010 中新建一张幻灯片，下面哪种方式是错误的（　　）。

A. 在"插入"选项卡中使用新建幻灯片命令

B. 在"文件"菜单中使用"新建"命令

C. 在普通视图中使用快捷键 Ctrl + M

D. 在"开始"选项卡中使用"新建幻灯片"命令

【答案与解析】答案：B。B 选项是新建电子演示文稿而非幻灯片的命令，其他选项均为新建幻灯片的命令。

4. 选择 PowerPoint 幻灯片的版式，下列操作错误的是（　　）。

A. 新建一个任意版式的幻灯片后，选择"开始"选项卡下的"版式"命令下拉菜单中选择需要的版式

B. 选择"开始"选项卡下的"新建幻灯片"命令的下拉菜单，选择需要用的版式新建幻灯片

C. 新建一个幻灯片后，右键选择该幻灯片，在弹出的快捷菜单选择"版式"命令中选择相应的版式

D. 选择"设计"选项卡下选择相应的主题

【答案与解析】答案：D，D 选项是为幻灯片选择主题而不是版式，其他选项均为选择版式的正确操作。

5. 在使用 PowerPoint 来描述一个最近 3 年的营业额情况，最好采用哪种对象（　　　）。

A. 艺术字　　　　　　　　　　B. 表格

C. 超链接　　　　　　　　　　D. SmartArt 图形

【答案与解析】答案：B。艺术字主要用于展示字体的特殊效果，表格主要用对一组类似数据进行展示和对比，超链接用于链接到其他幻灯片、网址或者打开电子邮件，SmartArt 图形通常用于展现事物之间的各类关系（比如企业组织内部的层次关系、生产过程中的循环关系、会议报告的递进关系、各类活动事项的流程关系等）。

6. 在 PowerPoint 中，插入幻灯片编号的方法是（　　　）。

A. 使用"开始"选项卡中的"幻灯片编号"命令

B. 使用"插入"选项卡中的"幻灯片编号"命令

C. 使用"开始"选项卡中的"插入对象"命令

D. 使用"插入"选项卡中的"插入对象"命令

【答案与解析】答案：B。使用"插入"选项卡中"文本"组中的"幻灯片编号"命令来实现插入幻灯片的命令，在"文本"组中，还可以使用插入文本框、页眉和页脚、艺术字、日期和时间、对象等命令。

7. 在 PowerPoint "动画"选项卡中，以下功能哪些是错误的（　　　）。

A. 预览动画　　　　　　　　　B. 设置动画效果

C. 对动画排序　　　　　　　　D. 放映幻灯片

【答案与解析】答案：D，D 选项的功能在"幻灯片放映"选项卡中。

8. 在 PowerPoint 中，使用"切出"效果变换到下一页幻灯片，需要设置（　　　）。

A. 插入对象　　　　　　　　　B. 动画效果

C. 放映方式　　　　　　　　　D. 幻灯片切换

【答案与解析】答案：D。使用"切出"效果变换到下一页幻灯片，属于幻灯片切换设置，在选择需要切换的幻灯片之后，选择"切换"选项卡中"切换到此幻灯片"组中的"切出"命令，即可实现幻灯片切换的"切出"效果。

9. 在 PowerPoint 中，放映幻灯片的方式，下面的描述哪个是错误的（　　　）。

A. 从头开始放映　　　　　　　B. 从当前页开始放映

C. 从最后一张反向放映　　　　D. 自定义放映

【答案与解析】答案：C，PowerPoint 没有提供"从最后一张反向放映"的功能，其他选项提到的功能都提供了的。

10. 播放幻灯片的快捷键，下面哪些描述是正确的（　　　）。

A. F1　　　　　　　　　　　　B. Shift + F5

C. F5　　　　　　　　　　　　D. Alt + F5

【答案与解析】答案：B、C。F1 是帮助的快捷键，Shift + F5 是从当前幻灯片开始播放的快捷键，F5 是从头开始播放的快捷键，Alt + F5 是使用演示者视图的快捷键。在日常操作中，我们最常用的放映方式是从头开始播放和从当前页面开始播放。

二、操作题例题与解析

1. 使用"奥斯汀"主题制作一个个人简历，包括封面、目录、个人基本情况、特长，要求使用项目符号、表格、图片、SmartArt 进行制作。

【答案与解析】操作步骤如下：

（1）打开 PowerPoint，系统会自动新建一个空的演示文稿。

（2）点击"设计"选项卡，在"主题"组中选择"奥斯汀"主题。

图 5.72　选择"奥斯汀"主题

（3）在第一页的标题框中输入"张三个人简历"。

（4）在"开始"选项卡的"幻灯片"组中，点击"新建幻灯片"的下拉按钮，在打开的下拉框中选择"标题与内容"版式，新建一张版式为"标题与内容"的幻灯片。

（5）在新建的第 2 页幻灯片的内容占位符中，以列表形式输入个人简历的主要内容（即目录），如：个人基本情况、特长、求职意向，将字体设置为"幼圆"，字号为"24"号，在标题行占位符中输入"主要内容"。

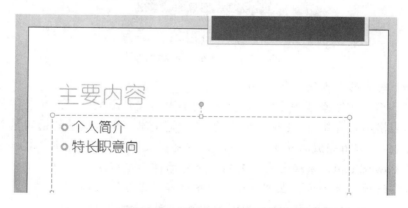

图 5.73　"目录"页的内容

（6）在"开始"选项卡的"幻灯片"组中，点击"新建幻灯片"的下拉按钮，在打开的下拉框中选择"标题与内容"版式，新建一张版式为"标题与内容"的幻灯片。

（7）在新建的第 3 页幻灯片的标题占位符中，输入"个人基本情况"，删除内容占位符，并新建一个 9 行 2 列的表格，分别输入姓名、性别等基本情况。

通过"插入"选项卡的"图片"命令，插入自己的大头照或者生活照。

图 5.74　"个人基本情况"页的内容

（8）在"开始"选项卡的"幻灯片"组中，点击"新建幻灯片"的下拉按钮，在打开的下拉框中选择"仅标题"版式，新建一张版式为"仅标题"的幻灯片。

（9）在新建的第 4 页幻灯片的标题占位符中，输入"特长"字样。在"插入"选项卡中，点击"SmartArt"按钮，插入一个"垂直曲型列表"的 SmartArt，依次各项特长的具体内容，并在"SmartArt 工具-设计"选项卡中，将颜色修改为"彩色-强调文字颜色"。

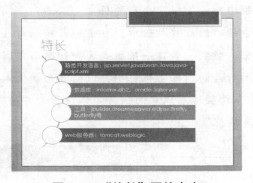

图 5.75　"特长"页的内容

这样，一个简单的个人简历就完成了。

2. 选择"聚合"主题新建一个演示文稿，用图表形式介绍某电子产品经销公司最近 3 年业务成绩、用表格形式介绍 2015 年每个月的 PC、笔记本、平板电脑的销售量等信息，页面切换采用"分割"，编辑完成后从头放映一次，并将讲义以"2 张幻灯片"的模式进行打印。

（1）打开 PowerPoint，系统会自动新建一个空的演示文稿。

（2）点击"设计"选项卡，在"主题"组中选择"聚合"主题。

图 5.76　选择"聚合"主题

（3）在第一页的标题框中输入"电子产品业务量介绍"。

（4）使用快捷键 Ctrl＋M 再新建一张"仅标题"的幻灯片，在标题占位符中输入"最近 3 年电子产品销售量"。点击"插入"选项卡中的"图表"按钮,插入一个簇状柱形图,选择该柱形图,在"图表工具-设计"选项卡中,点击编辑按钮,在打开的 Excel 表中,输入 2013—2015 年公司 PC、笔记本、平板电脑的销售量。

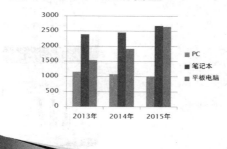

图 5.77　"最近 3 年电子产品销售量"页的内容

(5)使用快捷键 Ctrl + M 再新建一张"仅标题"的幻灯片,在标题占位符中输入"2015年电子产品销售量"。点击"插入"选项卡中的"表格"按钮,在打开的下拉框中选择"插入表格"命令,在打开的"插入表格"对话框中,在"列数"后面输入"4",在"行数"后面输入"4",点击"确定"按钮,插入一个 13 行 4 列的表格。

图 5.78　插入表格

(6)在表格中分别输入月份、PC、笔记本和平板电脑的销售量。

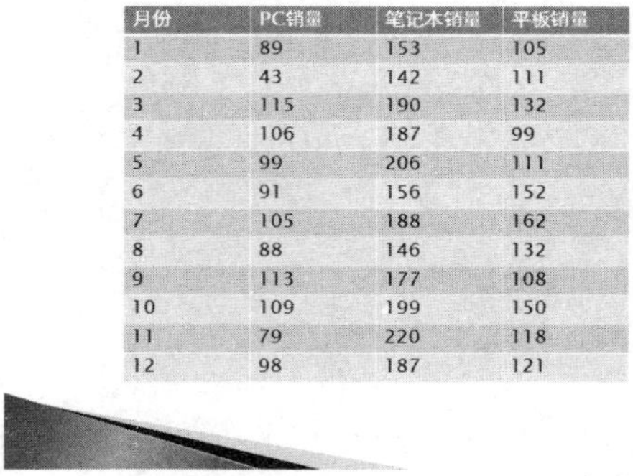

月份	PC销量	笔记本销量	平板销量
1	89	153	105
2	43	142	111
3	115	190	132
4	106	187	99
5	99	206	111
6	91	156	152
7	105	188	162
8	88	146	132
9	113	177	108
10	109	199	150
11	79	220	118
12	98	187	121

图 5.79　在表格中输入数据

(7)在"幻灯片"窗格中,使用 Ctrl + A 快捷键全选所有幻灯片,然后点击"切换"选项卡,选择"分割"切换效果。

（8）编辑完成，按 F5 播放幻灯片。

（9）点击"文件"选项卡的"打印"命令，在"设置"区域的"幻灯片"栏中，选择"2 张幻灯片"，即将 2 张幻灯片打印在一张纸上，然后点击"打印"按钮开始打印。

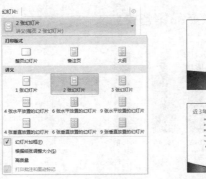 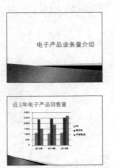

图 5.80　打印选项和打印效果

计算机网络及应用

计算机网络是计算机技术和通信技术相结合的产物。随着计算机技术和通信技术的发展，计算机网络已经成为信息存储、传播和共享的核心，是实现信息化、发展知识经济的重要基础。计算机网络对社会生活和经济的发展已经产生了巨大的影响，计算机网络的应用也越来越广泛，已经与各个传统行业和领域深度融合。从某种意义上讲，计算机网络的发展水平不仅反映了一个国家的计算机技术和通信技术水平，而且已经成为衡量其国力及现代化程度的重要标志之一。

6.1 计算机网络的基础知识

6.1.1 计算机网络的概念

计算机网络就是将地理位置不同、功能独立的多台计算机及其外部设备，通过通信设备和线路连接起来，以功能完善的网络管理软件在网络通信协议的管理和协调下，实现网络的硬件、软件及资源共享和信息传递的系统。

计算机网络建立的目的是实现资源共享和信息传递，其核心是共享资源；一个计算机网络必须包括多台计算机（包括外部设备）、通信子网（由通信设备和线路组成）和网络管理软件（包括网络操作系统）三个基本要素。

6.1.2 计算机网络的形成与发展

计算机早期主要用于科学计算。随着计算机应用发展，单机处理已经无法满足多台计算机互联实现资源共享的需求，于是便产生了计算机网络。

计算机网络经历了从简单应用到复杂应用、从单台计算机到多台计算机的发展过程，一般可以划分为四个阶段。但由于计算机网络的发展和演进是逐步的，因此计算机网络的四个阶段无法在时间上截然分开。

1. 第一阶段，以一台主机为中心的远程联机系统

这个阶段的计算机网络系统也称为"面向终端的计算机网络"，只有一台主机，其余终端都不具备自主处理功能，其结构如图 6.1 所示。其中，终端是指不同地理位置通过网络连接到主机的外部设备，包括显示器和键盘。由于终端不具有独立的处理能力，因此并不是真正意义上的计算机网络，只是计算机网络的萌芽阶段。

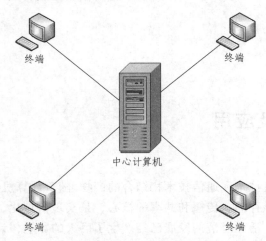

图 6.1　面向终端的计算机网络

美国军方于 20 世纪 50 年代初期建立了半自动地面防空系统（SAGE），SAGE 第一次实现了计算机远程集中控制和人机交互，这就是最早的计算机网络。

2. 第二阶段，多台主机互联的通信系统

这个阶段的计算机网络系统也称为"面向资源子网的计算机网络"，大多使用电话线（后期出现了使用卫星通信）连接，实现了计算机之间的远程数据传输和共享。网络将分散各地的主机经通信线路连接起来，形成了一个多主机组成的资源子网，网上用户可以共享资源子网内的所有软硬件资源，其结构如图 6.2 所示。

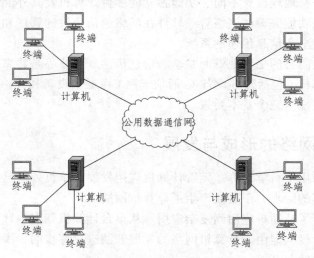

图 6.2　ARPANET 结构

1969 年，美国国防部高级研究计划局（DARPA）成功开发并建设了 ARPANET。ARPANET 最初只有 4 台节点主机，通过电话线路互连，构成了早期的计算机网络。ARPANET 的诞生使计算机网络的概念发生了根本性的变化，通常被认为是 Internet 的前身，其特点也成为了现代计算机网络的基本特点。

3. 第三阶段，国际标准化的计算机网络

这个阶段要求各个网络具有统一的网络体系结构并遵循国际开放式标准，实现了"网与网相连，异型网相连"，解决了计算机网络间互联标准化的问题。

国际标准化组织（ISO）于 1983 年正式颁布了"开放式系统互联参考模型（Open System Interconnection/Reference Model，简称 OSI/RM）"。OSI/RM 作为全球网络体系的工业标准，规定了网络体系结构的框架，保证了不同网络设备间的兼容性和互操作性，极大地促进了计算机网络技术的发展。OSI/RM 参考模型由七层协议组成，其示意图如图 6.3 所示。但是 OSI/RM 是一种概念上的网络模型，并未得到广泛应用，而后出现了 TCP/IP 协议支持的全球互联网（Internet），在世界范围内获得广泛应用，并朝着更高速、更智能的方向发展。

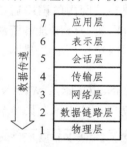

图 6.3　OSI/RM 参考模型

4. 第四阶段，以下一代互联网络为中心的新一代网络

规划中下一代网络是全球信息基础设施（GII）的具体实现。它规范了网络的部署，通过采用分层、分面和开放接口的方式，提供网络运营商和业务提供商一个平台。目前基于 IP 的 IPv6（Internet Protocol version 6）技术的发展，使人们坚信发展 IPv6 技术将成为构建高性能、可扩展、可运营、可管理、更安全的下一代网络的基础性工作。

6.1.3　计算机网络的分类

计算机网络的分类标准很多，通常我们按网络覆盖的范围，将计算机网络分为局域网 LAN（Local Area Network）、城域网 MAN（Metropolitan Area Network）、广域网 WAN（Wide Area Network）和互联网（internetwork）。

6.1.3.1　局域网

1. 局域网的概念

局域网（Local Area Network，LAN）是在一个局部的地理范围内（通常覆盖范围小于 20 km，如办公楼群或校园内），将各种计算机、外部设备及数据库等互相联接起来组成封闭型的计算机通信网。其结构如图 6.4 所示。

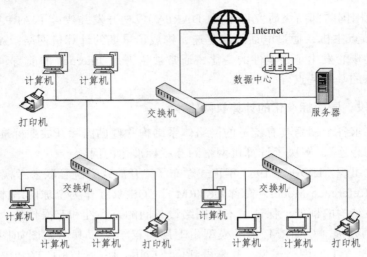

图 6.4 局域网结构

局域网的主要功能和作用是实现局域网内的网络通信和资源共享。计算机可以通过局域网实现文件管理、应用软件共享、打印机等外部设备资源共享功能，并且能够实现相应的数据通信功能。局域网一般为一个部门或单位所有，建网、维护以及扩展等都比较容易，系统灵活性高。

无线局域网（Wireless Local Area Networks，WLAN）是利用 WIFI 无线通信技术取代有线传输介质的局域网，传送距离一般只有几十米。图 6.5 是一个家庭无线局域网。

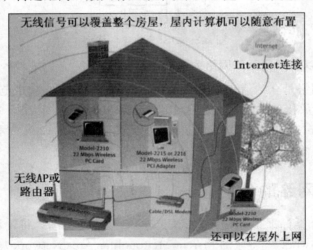

图 6.5 家庭无线局域网

2. 局域网的主要特点

任何两台及以上计算机都可以通过传输介质组建局域网，其主要特点是：

（1）覆盖的地理范围有限，适用于有限范围内的计算机及其他联网设备的联网需求。

（2）支持多种传输介质。

（3）数据传输速率高（10 Mb/s 以上），通信延迟时间短；误码率低，数据传输质量高。

（4）一般属于一个单位，组建、维护和扩展都比较容易，具有较高的可靠性和安全性。

（5）特性主要由拓扑结构、传输形式（基带、宽带）、介质访问控制方法等技术因素决定。

（6）类型较多。按传输介质分类，可分为有线局域网和无线局域网（Wireless LAN，WLAN）；按拓扑结构分类，可分为总线型、星型、环型、树型、混合型等；按访问控制方法分类，又可分为共享式局域网和交换式局域网两类。

3. 局域网的基本组成

局域网主要硬件和软件两大部分组成。其中，硬件包括服务器、工作站、传输介质、网卡和网络交换机或集线器五部分；软件包括网络操作系统、控制信息传输的网络协议及相应的协议软件和大量的网络应用软件。图 6.6 是一种常见的局域网组成。

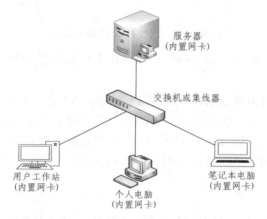

图 6.6 常见的局域网组成

（1）服务器：具有网络操作系统并且可以提供硬盘、文件数据及打印机共享等基础服务功能，是局域网的控制核心。

（2）工作站（Workstation）也称为客户机（Clients）：具有独立操作系统并且可以独立工作，通过网络软件访问服务器提供的共享资源。可以是个人电脑（PC 机、笔记本等），也可以是专用电脑（图形工作站等）。常见有 Windows 工作站、Linux 工作站。

（3）网卡：将服务器和工作站连接到网络的接口部件，负责局域网内的通信。主要实现网内数模转换、资源共享和相互通信、数据转换和电信号匹配。图 6.7 是常见的 PCI 插槽网卡。

图 6.7 网卡

（4）传输介质：目前常用的有双绞线、同轴电缆、光纤等有线传输介质和无线网络中使用的无线传输介质。图 6.8 是常见的双绞线和同轴电缆。

双绞线   同轴电缆

图 6.8　双绞线和同轴电缆

（5）网络交换机或集线器：通过传输介质和网卡将服务器和用户工作站连接成一体，形成局域网。

无线局域网由无线路由器或 AP 和无线网卡组成。AP 是（Wireless） Access Point 的缩写，即（无线）访问接入点，也称为网络桥接器。无线网卡就是有线网络中的以太网卡，AP 就是有线网络中的集线器（HUB）或路由器。AP 是连接有线网和无线网的桥梁，将各个无线网络客户端连接到一起，然后将无线网络接入以太网。

6.1.3.2　城域网

城域网（Metropolitan Area Network，MAN）是在一个城市或地区范围内所建立的计算机通信网。其覆盖范围介于局域网和广域网，从几十千米到上百千米，通常由若干个彼此互联的局域网组成。采用的技术基本上与局域网相类似，既可以是专用网，也可以是公用网。城域网既可以支持数据和话音传输，也可以与有线电视网相连。其结构如图 6.9 所示。

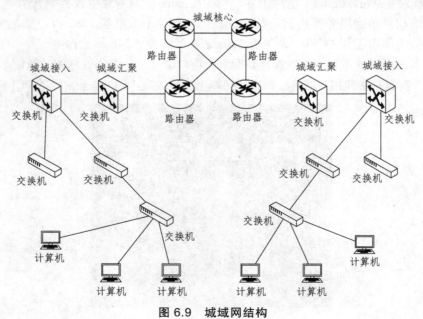

图 6.9　城域网结构

6.1.3.3　广域网

1．广域网的概念

广域网（WAN，Wide Area Network）也称远程网（long haul network）。通常跨接很大的物理范围，从几十千米到几千千米，能够连接多个城市或国家，提供远距离通信，形成国际性的远程网络。如世界范围内最大的广域网——因特网（Internet）。其结构如图 6.10 所示。

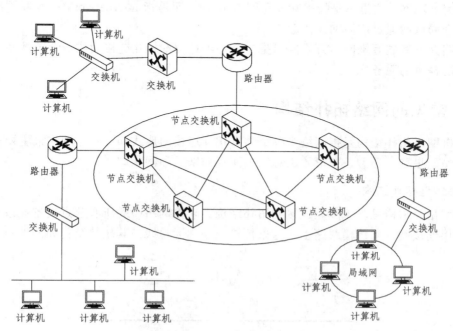

图 6.10　广域网结构

2．广域网的主要特点

（1）数据传输速率比局域网低，且信号传播延迟比局域网大得多。速率从 56 kb/s 到 155 Mb/s，不过目前已经出现高速率的广域网（622 Mb/s、2.4 Gb/s）；传播延迟可从几毫秒到几百毫秒（卫星信道）。

（2）能够适应大容量与突发性的通信需求。

（3）能够适应综合性业务的需求。

（4）具有开放的设备接口和规范化的协议标准。

（5）通信服务与网络管理相对完善。

3．广域网的组成

广域网是由两个及以上的局域网组成的，这些局域网可以是不同类型的、分布在不同地区或国家的。在实际生活中，广域网通常是由多个局域网按照规定的网络系统结构和网络协议连接，实现不同系统的互联和协同工作。

广域网也可以说是由交换机组成的，交换机之间可以采用任意的点到点线路连接方式，如光纤、微波、卫星信道等。交换机实际上就是一台具有处理器和各种接口能够对数据进行收发处理的专用计算机。

6.1.3.4 互联网

互联网（Internetwork），又称网际网路，是网络与网络相互联接形成的庞大网络。由于网络的物理结构、协议和所采用的标准不同，要实现网络相互通信就需要用一组通用的协议将这些网络相互联接，这种将计算机网络互相联接的方法叫作"网络互联"。

网络互联将网络通过网关连接，并由网关完成相应的转换功能。多个网络相互连接构成的集合称为互联网（这里不是指国际互联网 Internet，而是指 internetwork）。互联网的最常见形式是多个局域网通过广域网连接起来。

互联网并不等同万维网，万维网只是一个基于超文本相互链接而成的全球性系统，且是互联网所能提供的服务之一。

6.1.4　常见的网络拓扑结构

计算机网络拓扑结构是指网络中各个站点相互连接的形式和方法。现在最主要的拓扑结构有总线型、星型、环型、树形（由总线型演变而来）和网状型。

1. 总线型拓扑结构

总线型拓扑结构是基于多点连接的拓扑结构，它将网络中的所有节点设备通过相应的硬件接口直接连接到一条传输线路上，这条传输线路称为总线。其拓扑结构如图 6.11 所示。

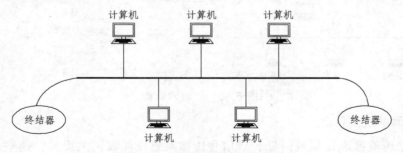

图 6.11　总线型网络拓扑结构

总线型拓扑结构的数据传输是广播式的，每个节点的信息都沿着总线的两个方向传输，任何一个节点都可以接收信息。因此，这种拓扑结构同一时刻只允许一对节点占用总线通信，通常采用分布式访问控制策略来协调网络上的节点发送数据。

总线两端连接的器件称为终结器（末端阻抗匹配器、或终止器），其作用是与总线进行阻抗匹配，吸收传送到末端的能量，避免信号反射回总线产生不必要的干扰。

总线型拓扑结构具有简单灵活，容易实现和维护，非常便于扩充，可靠性高，网络响应速度快，设备量少、价格低、安装使用方便，共享资源能力强等优点。但它的故障检测比较困难。

2. 星型拓扑结构

星型拓扑结构是以中央节点为中心，通过通信线路将外围节点连接起来，呈辐射状排列的互联结构。其拓扑结构如图 6.12 所示。

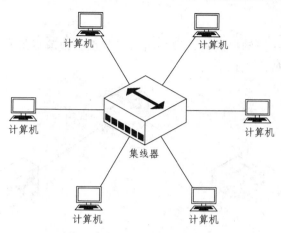

图 6.12　星型网络拓扑结构

　　星型拓扑结构中的中央节点通常是集线器或交换机等专用计算机设备，中央节点可以与其他节点直接通信，任意两个节点通信都需要通过中央节点。

　　星型拓扑具有结构简单、易于故障的诊断与隔离、易于网络的扩展、便于管理等优点，但由于它每个节点都需要跟中央节点连接，需要使用大量的线缆，此外对中央节点的依赖和要求也很高。

3.　环型拓扑结构

　　环型拓扑结构是由各节点通过通信线路首尾相连形成的一个闭合环状结构。其拓扑结构如图 6.13 所示。

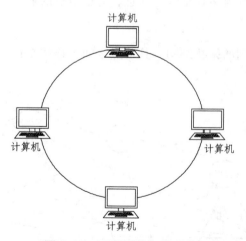

图 6.13　环型网络拓扑结构

　　环型拓扑结构中的信息流向是固定的，网络的传输延迟也是确定的，特别适合实时控制的局域网系统。

　　环型拓扑结构的信息传输路径选择和控制软件都很简单，但是由于环路中的信息是沿着一个方向绕环逐站传输，导致它不易扩充、节点越多响应时间也越长。此外环型拓扑的抗故障性能也较差，网络中的任意一个节点或一条传输介质出现故障都将导致整个网络的故障。

4. 树型拓扑结构

树型拓扑的结构像一棵倒挂的树，顶端叫做根节点，根节点带有分支，每个分支还可以再带分支。其拓扑结构如图 6.14 所示。

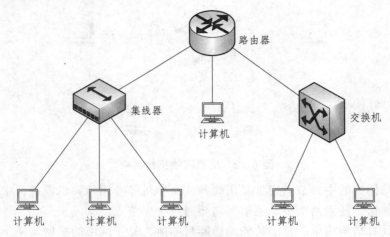

图 6.14 树型网络拓扑结构

树型拓扑的数据传输也是广播式的，数据主要在上下级节点之间进行交换，同层和相邻节点不进行数据交换，任何一个节点的信息都可以通过根节点向全树广播。它是一种分层网络结构，各节点之间按层级进行连接。

树型拓扑具有扩充方便灵活、成本低、易推广、易维护等优点，但它在资源共享能力、可靠性、传输时间上不如其他拓扑结构，并且它对根节点的依赖过大。

5. 网状型拓扑结构

网状拓扑结构是无规则的拓扑结构。其节点之间的连接是任意的，没有规律。其拓扑结构如图 6.15 所示。

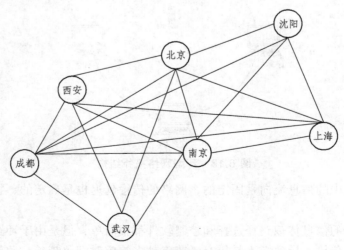

图 6.15 网状拓扑结构

网状拓扑的主要优点是系统可靠性高，但它的结构、控制、软件均很复杂，不易扩充且线路费用较高。目前实际存在和使用的广域网基本上都是采用网状拓扑结构，使用路由算法来计算发送数据的最佳路径。

6.1.5　网络协议的基本概念

网络协议是计算机网络中传递、管理信息的规范，是计算机网络为进行数据交换而建立的规则、标准或约定的集合。下面我们将介绍几种常用的协议。

1. TCP/IP（Transmission Control Protocol/Internet Protocol，传输控制协议/网际协议）协议

TCP/IP 协议是一个协议族，由不同层次的多个协议组成，通常认为是一个四层的协议系统，其结构如图 6.16 所示。TCP/IP 协议是两个协议，TCP 协议提供了可靠的数据传输称为传输控制协议，它保证在传输过程中不会丢失数据；IP 协议提供了无连接数据报服务称为网络协议，其核心功能是寻址和路由选择，它保证传输的数据能准确到达指定的地点。TCP/IP 协议确立了 Internet 的技术基础，是 Internet 的主要协议。

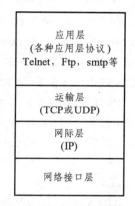

（1）链路层，也称网络接口层、数据链路层。包括操作系统的设备驱动和网络接口卡。负责在线路上传输和接收数据，处理与传输介质之间的物理接口细节。

（2）网络层，也称互联网层。包括 IP 协议（网际协议）、ICMP 协议（Internet 互联网控制报文协议）、以及 IGMP 协议（Internet 组管理协议）。负责处理分组在网络中的活动，例如通过路由算法选择传输路径。

图 6.16　TCP/IP 协议族的四个层次

（3）运输层，包括 TCP（传输控制协议）和 UDP（用户数据报协议）两个协议。负责为应用程序提供端到端的通信。

TCP 协议提供高可靠性的面向连接的数据通信。保证信息无差错的传输到目的主机。UDP 协议是为应用层提供的一种非常简单的不可靠的无连接的协议，只负责把数据报分组传输，并不保证该数据报能到达目的主机，任何必需的可靠性都是由应用层来完成的。

（4）应用层，负责处理特定的应用程序。

2. HTTP（Hypertext Transfer Protocol，超文本传输协议）协议

HTTP 协议是在 Internet 上，从 WWW 服务器传输超文本到本地浏览器的传送协议。它运行在 TCP/IP 协议族之上的 HTTP 应用协议，采用请求/响应模型，使得浏览器更加高效，网络传输减少。

3. SMTP（Simple Mail Transfer Protocol，简单邮件传输协议）协议

SMTP 协议是一组用于由源地址到目的地址传送邮件的规则，由它来控制电子邮件的中转方式，帮助每台计算机在发送或中转信件时找到下一个目的地，最终将邮件的传送到目的服务器。

4. POP3（Post Office Protocol Version 3，邮局协议的第三个版本）协议

POP3 协议是因特网电子邮件的第一个离线协议标准，是用来规定计算机如何连接邮件服务器进行收发邮件的协议。POP3 协议允许用户从服务器上把邮件存储到本地主机上，同时根据客户端的操作删除或保存在邮件服务器上的邮件。

6.2　Internet 基本概念

6.2.1　Internet 的发展

1. Internet 的诞生

在 20 世纪 60 年代,美国军方将美国洛杉矶的大学 UCLA(加利福尼亚大学洛杉矶分校)、Stanford Research Institute（斯坦福大学研究学院）、UCSB（加利福尼亚大学）和 University of Utah（犹他州大学）的四台主要的计算机连接起来，组建了一个实验性的网络，叫做 ARPANET。这个实验性的 ARPANET 就是 Internet 的雏形。

1974 年 ARPA 的罗伯特·卡恩（Robert Elliot Kahn）和斯坦福的温顿·瑟夫（Vinton G. Cerf）提出了 TCP/IP 协议（2004 年他们俩因此获得图灵奖），定义了电子设备如何连入因特网，以及数据在它们之间传输的标准。

1983 年 1 月 1 日,ARPANET 将其网络核心协议由 NCP 改变为 TCP/IP 协议,标志着 Internet 的正式诞生。

ARPANET 实际上是一个网际网,网际网的英文单词 internetwork 被当时的研究人员简称为 internet,同时,开发人员用 Internet 来特指为研究建立的网络原型,这一称呼被沿用至今。随着计算机网络技术的发展,ARPANET 于 1989 年关闭,1990 年正式退役,但是作为 Internet 的第一代主干网，它对网络技术的发展产生了重要的影响。

2. Internet 的发展

美国国家科学基金会（NSF）于 1986 年 7 月建立了一个基于 TCP/IP 协议的主干网络 NSFNET,通过 56 kb/s 的通信线路将美国的 6 个超级计算机中心连接起来,实现资源共享。1988 年 NSFNET 正式取代了 ARPNET，成为 Internet 的主干网。

MERIT、MCI 和 IBM 三家公司组建了一个非盈利性的先进网络科学公司 ANS(Advanced Network &Science Inc.)，ANS 的目的是在全美国建立一个以 45 Mb/s 的速率传送数据的 T3 级主干网。到 1991 年底，NSFNET 的全部主干网都与 ANS 提供的 T3 级主干网相联通。此后越来越多的商业机构建立了自己的商业网络，并接入了主干网。

Internet 的商业化使 Internet 得到了迅猛发展，商业机构进入 Internet 领域，很快发现了它在通信、资料检索、客户服务等方面的巨大潜力。于是世界各地的无数企业纷纷涌入 Internet，带来了 Internet 发展史上的一个新的飞跃，并使 Internet 走向全球。

3. 下一代互联网的研究与发展

随着互联网的发展，越来越多的国家开始投入到下一代互联网的研究中，虽然学术界对于下一代互联网还没有统一定义，但其主要特征已达成如下共识：

（1）更大的地址空间：采用 IPv6 协议，具有非常巨大地址空间，接入网络的终端种类和数量更多，网络规模将更大，网络应用更广泛。

（2）更快：100 MB/s 以上的端到端高性能通信。

（3）更安全：可进行网络对象识别、身份认证和访问授权，具有数据加密和完整性，实现一个可信任的网络。

（4）更及时：提供组播服务，进行服务质量控制，可开发大规模实时交互应用。

（5）更方便：无处不在的移动和无线通信应用。

（6）更可管理：有序的管理、有效的运营、及时的维护。

（7）更有效：有盈利模式，可创造重大社会效益和经济效益。

1996 年，美国政府建立了下一代互联网的主干网络 VBNS（very high Band width Network Service），即超宽带网络服务，并发起了下一代互联网 NGI 行动计划。1998 年，为满足高等教育与科研和开发下一代互联网高级网络应用项目的需要，美国成立了下一代互联网研究的大学联盟 UCAID，并启动了 Internet2 计划。

Internet2 主干网的主要目的是为高性能、先进的网络应用提供可靠的网络服务，同时也为创新型网络应用技术的研究提供有力的试验平台。但在某种程度上，Internet2 已经成为全球下一代互联网建设的代表名词。

除了美国以外，世界上许多国家和组织都加入了下一代互联网的建设。加拿大的 CANET 发展计划，欧盟横跨 31 个国家建立的 G6ANT 主干网，日本、韩国和新加坡发起的“亚太地区先进网络 APAN”等。

6.2.2 中国的 Internet

1. 中国 Internet 的发展历史

1986 年 8 月 25 日，瑞士日内瓦时间 4 点 11 分 24 秒（北京时间 11 点 11 分 24 秒），中国科学院高能物理研究所的吴为民在北京 710 所的一台 IBM-PC 机上，通过卫星链接，远程登录到日内瓦 CERN 一台机器 VXCRNA 王淑琴的账户上，向位于日内瓦的 Steinberger 发出了一封电子邮件。图 6.17 是此邮件的备份截图。（中国互联网络信息中心 2007 年 5 月修订的 1986—1993 年 互联网大事记）

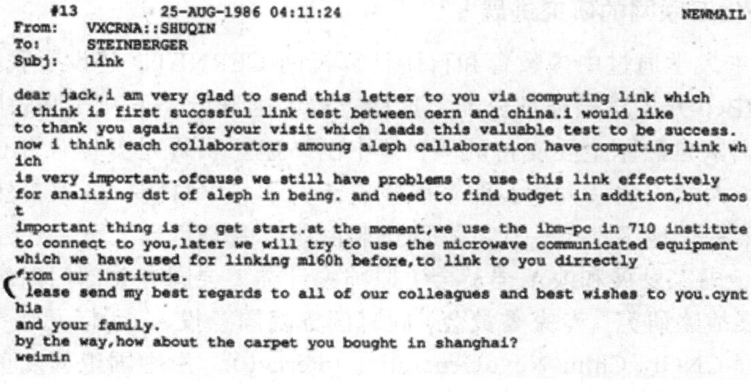
#13 25-AUG-1986 04:11:24 NEWMAIL
From: VXCRNA::SHUQIN
To: STEINBERGER
Subj: link

dear jack,i am very glad to send this letter to you via computing link which
i think is first successful link test between cern and china.i would like
to thank you again for your visit which leads this valuable test to be success.
now i think each collaborators amoung aleph callaboration have computing link wh
ich
is very important.ofcause we still have problems to use this link effectively
for analizing dst of aleph in being. and need to find budget in addition,but mos
t
important thing is to get start.at the moment,we use the ibm-pc in 710 institute
to connect to you,later we will try to use the microwave communicated equipment
which we have used for linking m160h before,to link to you dirrectly
from our institute.
lease send my best regards to all of our colleagues and best wishes to you.cynt
hia
and your family.
by the way,how about the carpet you bought in shanghai?
weimin

图 6.17 吴为民发出的电子邮件（图片来源：中国邮箱网）

1987 年 9 月，在德国卡尔斯鲁厄大学（Karlsruhe University）维纳·措恩（Werner Zorn）教授带领的科研小组的帮助下，王运丰教授和李澄炯博士等在北京计算机应用技术研究所（ICA）建成一个电子邮件节点，并于 9 月 20 日向德国成功发出了一封电子邮件，邮件内容为 "Across the Great Wall we can reach every corner in the world.（越过长城，走向世界）"。图 6.18 是此邮件的备份截图。

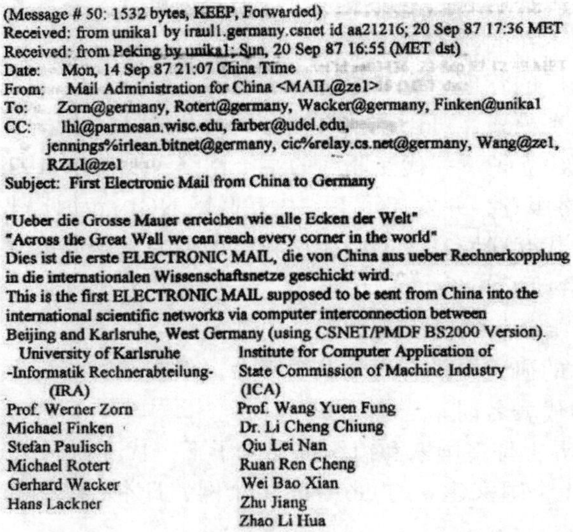

```
(Message # 50: 1532 bytes, KEEP, Forwarded)
Received: from unika1 by iraul1.germany.csnet id aa21216; 20 Sep 87 17:36 MET
Received: from Peking by unika1; Sun, 20 Sep 87 16:55 (MET dst)
Date:    Mon, 14 Sep 87 21:07 China Time
From:    Mail Administration for China <MAIL@ze1>
To:      Zorn@germany, Rotert@germany, Wacker@germany, Finken@unika1
CC:      lhl@parmesan.wisc.edu, farber@udel.edu,
         jennings%irlean.bitnet@germany, cic%relay.cs.net@germany, Wang@ze1,
         RZLI@ze1
Subject: First Electronic Mail from China to Germany

"Ueber die Grosse Mauer erreichen wie alle Ecken der Welt"
"Across the Great Wall we can reach every corner in the world"
Dies ist die erste ELECTRONIC MAIL, die von China aus ueber Rechnerkopplung
in die internationalen Wissenschaftsnetze geschickt wird.
This is the first ELECTRONIC MAIL supposed to be sent from China into the
international scientific networks via computer interconnection between
Beijing and Karlsruhe, West Germany (using CSNET/PMDF BS2000 Version).
   University of Karlsruhe          Institute for Computer Application of
   -Informatik Rechnerabteilung-    State Commission of Machine Industry
        (IRA)                           (ICA)
   Prof. Werner Zorn                Prof. Wang Yuen Fung
   Michael Finken                   Dr. Li Cheng Chiung
   Stefan Paulisch                  Qiu Lei Nan
   Michael Rotert                   Ruan Ren Cheng
   Gerhard Wacker                   Wei Bao Xian
   Hans Lackner                     Zhu Jiang
                                    Zhao Li Hua
```

图 6.18　王运丰等人发出的电子邮件（图片来源：中国邮箱网）

随着电子邮件的成功发送，揭开了中国人使用 Internet 的序幕。1990 年 11 月 28 日，在王运丰教授和维纳·措恩（Werner Zorn）教授的努力下，中国顶级域名.CN 完成注册，域名服务器暂时设在德国卡尔斯鲁厄大学。从此在国际互联网上中国有了自己的身份标识。

1994 年 4 月 20 日，NCFC 工程（1989 年 10 月，国家计委利用世界银行贷款重点学科项目——国内命名为：中关村地区教育与科研示范网络，世界银行命名为：National Computing and Networking Facility of China，简称 NCFC）通过美国 Sprint 公司连入 Internet 的 64 kb/s 国际专线开通，实现了与 Internet 的全功能连接。从此中国被国际上正式承认为真正拥有全功能 Internet 的国家。

2. 中国下一代互联网的研究进展

1998 年，清华大学通过中国教育和科研计算机网 CERNET，建设了我国第一个 IPv6 试验床，1999 年，IPv6 开始试验地址分配。这标志着中国开始了下一代互联网的研究。

2000 年底，国家自然基金委支持的项目 "中国高速互联研究实验网络（NSFCnet）" 正式启动，连接了清华大学、北京大学、北京航空航天大学、中科院、国家自然基金委等 6 个节点，建设了我国第一个地区性下一代互联网试验网络，并与世界上下一代互联网连接。

2003 年 8 月，国家发展和改革委员会（原国家计委）会同有关部门组织成立了由 "中国下一代互联网发展战略研究" 专家委员会，同时国务院同意投入 14 亿元经费建设 "中国下一代互联网示范工程 CNGI（China Next Generation Internet）"，由中国工程院负责项目的组织和协调，并作为 CNGI 项目专家委员会挂靠单位。

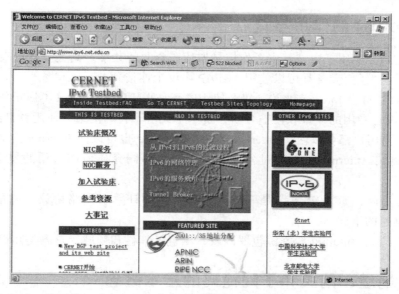

图 6.19 中国第一个 IPv6 试验床（图片来源：中国教育和科研计算机网）

CNGI 的启动是我国政府高度重视下一代互联网研究的标志性事件、标志性项目，对全面推动我国下一代互联网研究及建设有重要意义。

2004 年 12 月 25 日，CNGI 核心网 CERNET2 正式开通，这是目前世界上规模最大的纯 IPv6 互联网。CERNET2 主干网基于 CERNET 高速传输网，用 2.5 ~ 10 Gb/s 的传输速率，连接分布在北京、上海、广州、成都等 20 个城市的 25 个核心节点。CERNET2 的拓扑结构如图 6.20 所示。

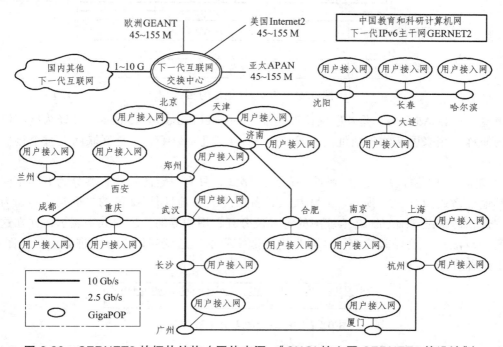

图 6.20 CERNET2 的拓扑结构（图片来源：《CNGI 核心网 CERNET2 的设计》）

6.2.3 Internet 的作用与特点

Internet 是一个应用平台，其主要作用是通信和资源的共享。其主要特点表现在：

（1）开放性：任何设备都可以使用 TCP/IP 协议来连接到 Internet。

（2）平等性：对于 Internet 来说，每个使用者都是平等的。Internet 不属于任何一个国家、企业和个人，没有专用的设备和传输介质，是一个无所不在的网络。使用者自由的接入或断开 Internet，任何用户都可以使用 Internet 上的全部资源，也可以向 Internet 共享自己的资源。

（3）通用性：Internet 可以通过各种介质连接，不同介质使用通用的技术方案实现与 Internet 的连接。

（4）专用协议：TCP/IP 协议是一种简单且实用的计算机网络协议，它的通用性使得 Internet 得到迅速的推广。

（5）内容丰富：Internet 的资源包罗万象，涵盖各学科和领域，是人类知识宝库。

6.2.4 IP 地址、网关和子网掩码的基本概念

1. IP 地址

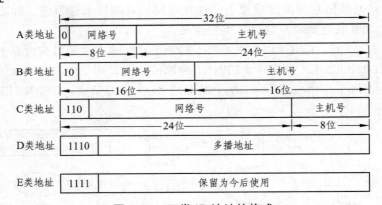

图 6.21 五类 IP 地址的格式

IP 地址（IP Address）是互联网协议地址（Internet Protocol Address，又译为网际协议地址）的简称，用来屏蔽物理地址的差异，由 32 位二进制数组成，是互联网上每个接口唯一的标识符。

IP 地址是 IP 协议提供的一种统一的地址格式，具有一定的结构，共分为五类不同的地址，其地址格式如图 6.21 所示。对于接入设备来说，IP 地址是 32 位的二进制代码，为了提高可读性，通常把 32 位的 IP 地址中的每 8 位分开，用相等的十进制数字表示，并在这些数字之间用点隔开，这样就构成了 4 段十进制数字表示，这就叫做点分十进制记法。图 6.22 表示了这种方法。

二进制	11001010	01110011	01000000	00100001
十进制	202 ·	115 ·	64 ·	33

图 6.22 IP 地址的点分十进制记法

上述的 IP 地址是 IPv4（IP 协议的第 4 个版本），32 位二进制最多只能提供 40 亿个 IP 地

址。随着下一代互联网的发展，IPv6（IP 协议的第 6 个版本）将逐渐取代 IPv4，IPv6 由 128 位二进制组成，能够提供足够的地址供全球使用。

任何一台计算机都可以有一个或多个 IP 地址，但是一个 IP 地址不能分配给多台计算机，否则使用相同 IP 地址的计算机全都无法与其他计算机进行通信。

2. 网关、网关地址和默认网关

网关（Gateway）又称网间连接器、协议转换器，是在网络连接中负责数据转换的计算机系统或设备。网关将收到的信息翻译成适应目的系统的信息，实现接入设备的数据通信。使用 TCP/IP 协议时需要设置好网关的 IP 地址，才能实现不同网络之间相互通信。

网关地址是网关设备的 IP 地址。网关一般是路由器、启用了路由协议的服务器或者代理服务器，它们负责不同网段之间的数据包路由和转发。

由于一台设备可以有多个网关，当设备找不到可用的网关时，就会把数据包发给默认指定的网关，由这个网关来处理数据包，我们称这样的网关为默认网关。

3. 子网掩码

子网掩码（subnet mask）又叫网络掩码、地址掩码、子网络遮罩，是用来指明一个 IP 地址的哪些位标识的是主机所在的子网，以及哪些位标识的是主机的位掩码。子网掩码必须和 IP 地址一起使用，不能单独存在。它的唯一作用就是将 IP 地址划分成网络地址和主机地址两部分。

4. 网络参数的设置

计算机要连接 Internet 需要进行网络的相关设置，一般可以分为自动获取和手动设置两种方式。它们都要完成 IP 地址、子网掩码、网关地址和 DNS 服务器地址的设置。

自动获取 IP 地址是利用 DHCP 服务器或者代理服务器软件自动对接入网络的计算机分配 IP 地址、子网掩码和默认网关。计算机的 IP 地址由 DHCP 服务器（或代理服务器）动态分配，可以快速完成计算机网络的设置，计算机所获得的 IP 地址是动态变化的。

手动设置需要人为分配 IP 地址、子网掩码和默认网关，并对计算机进行操作和配置。计算机的 IP 地址由人为指定，可以对计算机进行固定管理。

6.2.5 域名系统的基本概念

域名系统（Domain Name System 缩写 DNS，Domain Name 被译为域名）是用于 TCP/IP 应用程序的分布式数据库，用于提供主机名和 IP 地址之间的相互转换以及有关 Email 的选路信息，是因特网的一项核心服务。

域名系统可以将 IP 地址映射为有实际意义的域名。例如：西南交通大学远程与继续教育学院门户 IP 地址是 118.122.124.178，域名是 www.xnjd.cn，通过 IP 地址我们并不知道这是谁的网站，而域名可以很容易的让我们知道这是西南交通大学远程与继续教育学院的门户。

域名具有层次结构，如西南交通大学远程与继续教育学院门户的域名 www.xnjd.cn，其中 cn 代表中国（China），xnjd 代表西南交通大学远程与继续教育学院，www 代表提供 www 服务的主机名。域名系统的这种层次结构，是按照地理区域或者机构区域进行分层的，各层次之间使用"·"分开。域名从右至左域名段层次逐渐降低，最左的一个字段是主机名。例

如，锦城驿站 bbs.swjtu.edu.cn 中，最高域名是 cn，次高域名是 edu，域名是 swjtu，主机名
为 bbs。域名层次结构如图 6.23 所示。

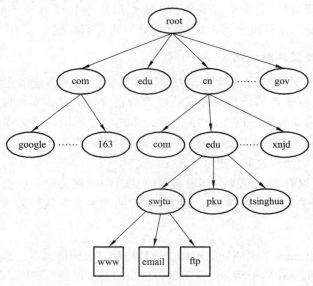

图 6.23　域名层次结构

域名可分为不同级别，包括顶级域名、二级域名、三级域名、注册域名。顶级域名又分
为国家顶级域名（200 多个国家都按照 ISO3166 国家代码分配了顶级域名，例如中国是 cn，
美国是 us，日本是 jp 等）和国际顶级域名（商业机构 com，教育机构 edu，网络服务提供者
net，政府机构 gov，非盈利组织 org，军事机构 mil，国际机构 int）。

6.2.6　Internet 常见服务

1．WWW（World Wide Web，万维网）

基于超文本标记语言（Hyper Text Markup language，HTML）将文字、图像、音视频等
数据资源组织成一群网页，又叫网站。Web 客户端（通常是浏览器）可以通过 HTTP 协议浏
览这些页面。

2．Email（Electronic MAIL，电子邮件）

用电子手段提供信息交换的通信方式，是互联网应用最广的服务。可将文字、图像、音
视频等信息低成本且非常快速的发往世界上任何一个用户。

3．FTP（File Transfer Protocol，文件传输协议）

FTP 使用 TCP 协议实现匿名或实名的多个主机间的文件共享。FTP 客户端给服务器发出
指令来实现文件目录查询，文件上传、下载，创建或者改变服务器上的目录。

4．搜索引擎（Search Engines）

搜索引擎是为用户提供检索并展示的服务系统。它从互联网上搜集信息，并对信息进行
组织和处理。

5. IM（Instant Messenger，即时通讯）

即时通讯是一个终端服务，允许两人或多人使用网路即时的传递文字、图像、语音或视频等信息。

6. BBS（Bulletin Board System，电子公告板）

Internet 上的一种电子信息服务系统。允许用户使用终端程序与 Internet 进行连接，执行数据或程序的上传下载、阅读新闻、并与其他用户交换消息等功能。有的时候 BBS 也泛指网络论坛或网络社群。

7. Blog（web log，缩写为 blog，博客）

个人在网络上的日志，简易迅速便捷地发布自己的所见所得，及时有效轻松地与他人进行交流，具有丰富多彩的个性化展示。

微博（Micro Blog，微型博客）是一种新形式的博客，以 140 字（包括标点符号）的文字更新信息，并实现即时分享，是一种通过关注机制分享简短实时信息的广播式的社交网络平台。

6.3　网络接入

6.3.1　Internet 的常见接入方式

互联网服务提供商（Internet Service Provider，ISP）是向用户提供互联网接入业务的电信运营商，用户通过底层的 ISP 就可以接入 Internet。

互联网内容提供商（Internet Content Provider，ICP）是提供互联网信息业务和增值业务的电信运营商，他们也需要接入 ISP 才能提供这些服务。

我国常用的接入方式的特点比较见表 6.1。

表 6.1　常见接入 Internet 方式特点

接入方式	速度/（b/s）	特点	成本	适用对象
电话拨号	56 k	方便、速度慢	低	个人用户、临时用户上网
ISDN	128 k	较方便、速度慢	低	个人用户
ADSL	512 k～8 M	速度较快	较低	个人用户、小企业
Cable modem	8 M～48 M	利用同轴电缆传输、速度快	较低	个人用户、小企业
LAN 接入	10 M～100 M	附近有 ISP、速度快	较低	个人用户、小企业
光纤	≥100 M	速度快、稳定	高	大中型企业
WIFI	11 M～108 M	方便、速度快	较高	移动终端
无线 GPRS	53.6 k～171.2 k	速度较慢	低	智能手机和上网卡
3G	3.6 M	方便、速度快	不低	智能手机和上网卡
4G	≥100 M	方便、速度快	较高	智能手机和上网卡

目前，个人接入 Internet 的主要方式有电话拨号、ADSL、LAN 和无线接入四种方式。

1. 电话拨号

电话拨号上网是 Internet 最早使用的上网方式，计算机使用有效的拨号账号和密码，通过电话线（能打通 ISP 特服的电话）和调制解调器（Modem）接入 Internet。

2. ADSL

ADSL 采用频分复用技术把电话线分成了电话、上行和下行三个相对独立的信道，避免了相互之间的干扰。因上行和下行带宽不对称，也称为非对称数字用户线环路。ADSL 有虚拟拨号和专线接入两种方式接入方式，虚拟拨号和电话拨号使用方法基本一致，专线接入可以不进行拨号直接上网。ADSL 比电话拨号具有较高的带宽及安全性，因此电信供应商称它为宽带，但实际上和 LAN 还有很大差距。

3. LAN

局域网出口与 ISP 相连接，就可以实现局域网内的计算机上网，即使用 LAN 方式接入 Internet。

4. 无线接入

无线接入 Internet 可分为 WIFI 和移动接入两种方式。

WIFI（Wireless-Fidelity，无线保真），是将个人电脑、手持设备等终端以无线方式互相连接的技术，事实上它是一个高频无线电信号。它通过无线路由器或无线访问接入点（AP）将计算机等设备连接有线网络，再通过有线网络接入 Internet。WIFI 的最主要优势是无需布线。

移动接入是指采用无线上网卡接入 Internet。无线上网卡相当于调制解调器，可以在有无线手机信号的任何地方，利用 USIM 或 SIM 卡来连接 Internet。

6.3.2 通过局域网的接入

计算机通过局域网方式接入 Internet 的硬件需要有网卡和网线（双绞线）。

将双绞线的一端（双绞线两端都是 RJ-45 水晶头）接入网卡的 RJ-45 接口上，另一端接入预留的网络接口或交换机的 RJ-45 接口上，这就完成了局域网接入的硬件连接。下面我们以 Windows 7 为例讲解软件的安装和设置方法。

1. 网卡驱动程序的安装

网卡驱动程序一般可以通过附送的驱动光盘或硬件生产商网站得到，或者使用万能网卡驱动程序。在 Windows 7 系统安装时，大部分网卡都能被自动检测并完成网卡驱动的安装。

成功安装网卡驱动后，在"控制面板"的"网络与共享中心"窗口中的"查看活动网络"栏中能看见"本地连接"。如图 6.24 所示。

2. 网络协议的安装

成功驱动网卡后，在活动网络栏中鼠标左键单击"本地连接"（图 6.24），在弹出的"本地连接状态"对话框中点击"属性"，将弹出本地网络的属性窗口，如图 6.25 所示。

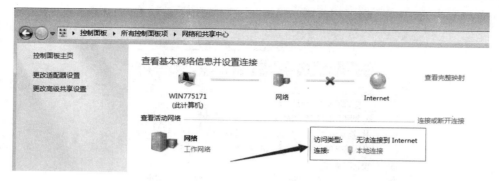

图 6.24　成功驱动并启动的网卡

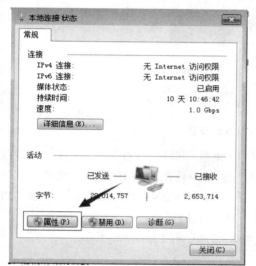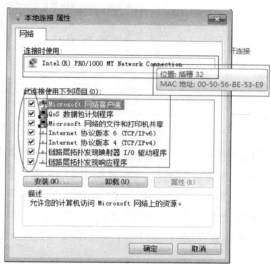

图 6.25　本地连接状态和本地连接属性

在"本地连接属性"窗口中，显示了当前连接使用的网卡型号。鼠标悬停在这里几秒，还会显示当前使用网卡的插槽位置和 MAC 地址。下面是网卡加载的各种服务和协议，默认情况下系统自动加载"Microsoft 网络客户端""QoS 数据包计划程序""Microsoft 网络的文件和打印机共享""Internet 协议版本 4（TCP/IPv4）""Internet 协议版本 6（TCP/IPv6）"等。

网卡所使用的服务或协议都可以通过名称前的复选框来选择是否加载，复选框选中（标有"√"）则表示加载该服务或协议。"Microsoft 网络客户端"和"Microsoft 网络的文件和打印机共享"的是访问网络上的其他计算机和共享本地的文件和打印机所必需的，通常都需要加载。"Internet 协议版本 4（TCP/IPv4）"是接入 Internet 所必需的，也需要加载。如果需要安装或卸载服务或协议，可以通过下发的安装和卸载按钮实现。

3. TCP/IP 协议的设置

在"本地连接属性"窗口中选择"Internet 协议版本 4（TCP/IPv4）"，点击"属性"按钮，在弹出的"Internet 协议 4（TCP/IPv4）属性"窗口中可以对 IP 进行相关设置，如图 6.26 所示。

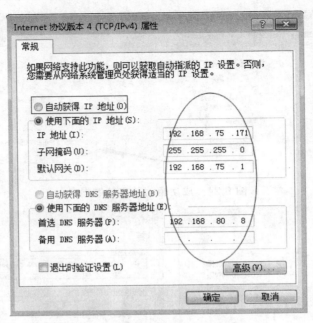

图 6.26　TCP/IPv4 协议设置

　　如果使用动态 IP 地址，直接选中"自动获得 IP 地址"即可，此时可以选择"自动获得 DNS 服务器地址"也可以手动指定 DNS 服务器地址；如果使用静态 IP 地址，则选中"使用下面的 IP 地址"，分别配置 IP 地址、子网掩码、默认网关和 DNS 服务器地址，参数均由网络管理员分配。设置成功后，点击"确定"按钮，TCP/IP 协议就设置完成。

　　成功配置 TCP/IP 协议后，就可以通过局域网接入方式访问 Internet 了。

 微信视频资源 6-1——如何设置局域网 IP、DNS 服务器地址

6.3.3　通过无线的接入

　　无线接入分为 WIFI 接入和移动接入两种。

1. WIFI 接入

　　带有无线网卡的设备成功安装网卡驱动后，能够搜索到附近的 WIFI 信号，选择需要连接的网络（或输入隐藏的 SSID 网络名称），成功获得或设置 IP 等网络参数后（TCP/IP 协议设置与有线方式相同），就可以通过无线 WIFI 接入并访问 Internet。

2. 移动接入

　　智能手机访问 Internet，只需打开手机上的移动网络，几乎不用设置就可以通过移动运营商接入 Internet。

　　使用移动上网卡接入的设备，需要购买移动运营商的无线上网卡，安装好上网卡硬件和驱动后，即可通过移动网络访问 Internet。

6.3.4 通过 ADSL 的接入

ADSL 接入方式必需的硬件设备有一块自适应网卡、一个 ADSL 调制解调器、一个信号分离器、两根两端做好 RJ-11 头的电话线和一根两端做好 RJ-45 头的双绞线。网卡通过双绞线与 ADSL 调制解调器连接，ADSL 通过双绞线连接信号分离器，信号分离器通过电话线与电话和 Internet 连接。ADSL 的连接示意图如图 6.27 所示。

使用 ADSL 连接 Internet 时，需要安装网卡驱动，安装 TCP/IP 协议并使用默认配置，不要配置静态 IP 地址。网卡成功驱动后，需要安装 PPPoE 虚拟拨号软件，Windows 默认集成了 PPPoE 协议，只需要对系统进行相关设置即可。下面以 Windows 7 为例说明 PPPoE 拨号配置的操作步骤。

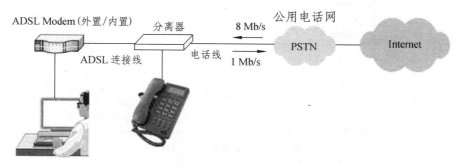

图 6.27 ADSL 连接示意图

（1）打开"控制面板"，选择"网络与共享中心"，在该窗口上点击"设置新的连接和网络"，如图 6.28 所示。

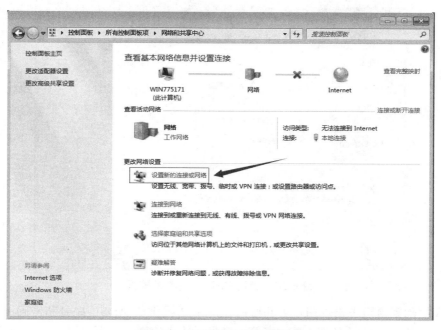

图 6.28 设置新的连接和网络

（2）在弹出的"设置连接和网络"窗口中，选择"连接到 Internet"并单击"下一步"按钮，如图 6.29 所示。

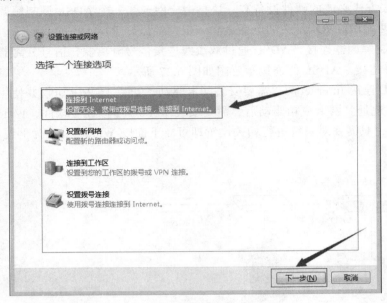

图 6.29　连接到 Internet

（3）在"连接到 Internet"窗口的"你想如何连接"下点击"宽带（PPPoE）（R）"，系统会显示连接 Internet 需要配置信息，如图 6.30 所示。

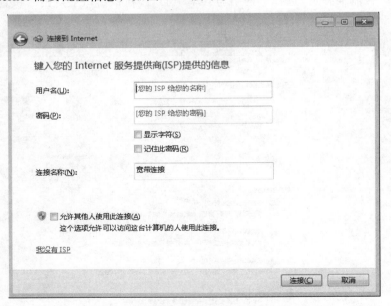

图 6.30　使用 PPPoE 需要的配置

（4）在该配置窗口中输入用户名和密码（即 ISP 提供的 ADSL 账号和密码）。密码默认是以"●"代替的，可以勾选"显示字符"来显示输入的密码；还可以勾选"记住此密码"，使配置的连接记住密码，避免下次连接提示输入密码。"连接名称"可以自行设定，系统默认名称是"宽带连接"。默认情况下，该连接只允许创建用户使用，如允许使用该计算机的所有用户使用，需要将"允许其他人使用此连接"前的复选框置为选中状态（标有"√"）。

（5）配置好 PPPoE 后，点击"连接"按钮，系统会自动尝试使用刚才的配置进行连接 Internet，此时也可以通过选择"跳过"按钮，不直接连接 Internet，完成配置。

（6）成功配置 PPPoE 拨号连接后，通过点击任务栏右下方的网络图标，可以弹出"当前连接到"窗口，点击此窗口刚才配置的连接名称"宽带连接"，会在此名称下出现"连接"按钮，点击此按钮在弹出的"连接宽带连接"窗口中确认用户名和密码（这里可以修改）后，直接点击"连接"按钮，即可通过 ADSL 连接 Internet。如图 6.31 所示。

图 6.31　通过 PPPoE 配置连接 Internet

6.3.5　通过代理服务器访问 Internet

1. 代理服务器的概念

代理服务器（Proxy Server）是介于计算机和 ISP 之间的一台服务器，负责代理用户访问 Internet 和信息转发，并对用户的操作进行控制和记录。当通过代理服务器上网浏览时，浏览器不是直接到 Web 服务器去取回网页而是向代理服务器发出请求，由代理服务器来取回浏览器所需要的信息并传送给你的浏览器。

代理服务器同样是一种重要的服务器安全功能，它主要在 OSI 模型的会话层工作，可以起到防火墙的作用，可以使用户获得安全的 Internet 连接。

2. 代理服务器客户端的配置

代理服务器客户端的配置主要有浏览器使用 HTTP 代理和使用 SOCKS 代理。一般我们使用浏览器配置代理服务器，我们以 Internet Explorer 为例说明浏览器配置代理服务器的方法。

在 Internet Explorer 5.0 以上版本中设置代理服务器的步骤如下：

（1）在浏览器菜单栏中点击"工具"菜单。

（2）在出现的下拉菜单中选择"Internet 选项"。

（3）在弹出的"Internet 选项"窗口上选择"连接"选项卡并点击下方的"局域网设置"按钮。

（4）在弹出的"局域网（LAN）设置"对话框下边的"代理服务器"栏选中"为 LAN 使用代理服务器（这些设置不用于拨号或 VPN 连接）"，在"地址"和"端口"栏输入已经获得的 HTTP 代理服务器 IP 地址和端口。

（5）如果使用的代理服务器允许匿名使用，以上设置就可以直接使用 Internet 了；如果代理服务器需要使用账号和密码，在浏览网页时候，浏览器会弹出 Windows 安全对话框，要求输入代理服务器提供的用户名和密码。

 微信视频资源 6-2——如何使用配置代理服务器

6.4　计算机网络的应用

6.4.1　设置共享资源的基本操作

网内的其他用户可以查看自己共享的文件和文件夹，并在一定程度上能操作共享的文件或文件夹。因此共享的文件或文件夹的安全性是有所降低的。

下面以 Windows 7 系统为例，介绍共享资源的基本操作。

6.4.1.1　共享文件夹

（1）定位到要共享的文件夹。

（2）右键单击该文件夹，在弹出的菜单中选择"共享"，之后点击"特定用户"，如图 6.32 所示。

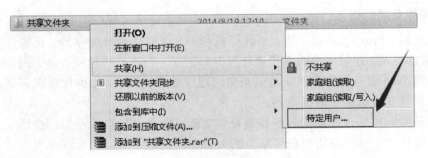

图 6.32　选择特定用户共享

（3）在弹出的"文件共享"窗口中单击下拉菜单，选择指定的共享用户，之后再单击"添加"按钮。如图 6.33，6.34 所示。

（4）在共享用户列表中点击指定的用户名，会弹出"权限级别"下拉菜单，根据需要选择相应的访问权限后，也可以在这里删除某些用户的访问权限，单击"共享"按钮。如图 6.35 所示。

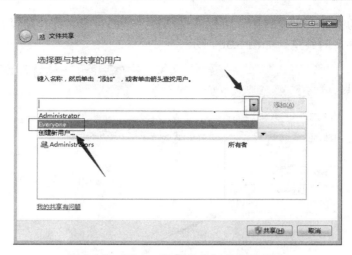

图 6.33　通过下拉菜单选择共享的用户

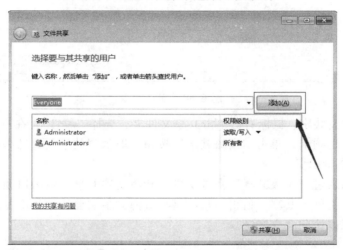

图 6.34　添加共享用户

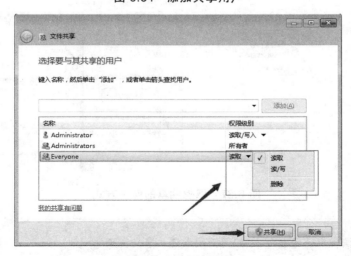

图 6.35　选择权限并共享

（5）在弹出的文件共享窗口中，可以看见已经共享的目录名称及路径，点击"完成"按钮，即实现该文件夹的共享。如图 6.36 所示。

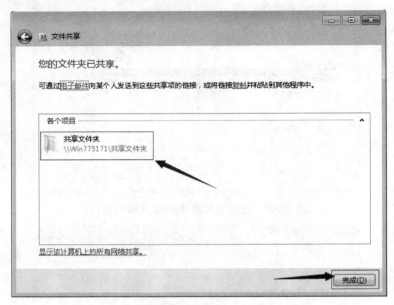

图 6.36　完成共享

（6）取消文件夹共享，鼠标右键单击共享文件夹，选择"属性"，在打开的"属性"对话框中选择"共享"选项卡，单击"高级共享"按钮，取消"共享此文件夹"复选框的选中状态即可。如图 6.37 所示。

此外，也可以通过"高级共享"实现文件夹和驱动器共享，也可以通过右键共享菜单中的"不共享"取消文件夹共享。值得注意的是，资源共享需要调整相应的防火墙策略，允许指定网络的用户可以访问共享资源。

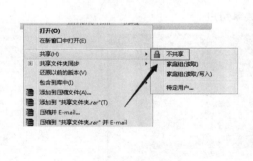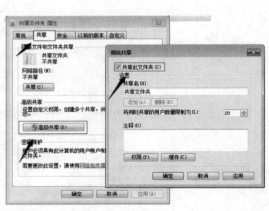

图 6.37　取消共享的两种方式

 微信视频资源 6-3——如何使用设置共享文件夹

6.4.1.2　共享打印机

（1）打开控制面板中的"设备和打印机"窗口，或者通过开始菜单打开该窗口。

（2）鼠标右键单击要共享的打印机，打开"打印机属性"对话框。如图6.38所示。

（3）在弹出的打印机属性对话框中，选择"共享"选项卡，选中复选框"共享这台打印机"，之后在"共享名"栏内输入共享的打印机名称，单击"确定"按钮，即可完成打印机共享设置。如图6.39所示。

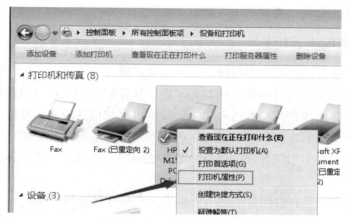

图 6.38　打开打印机属性

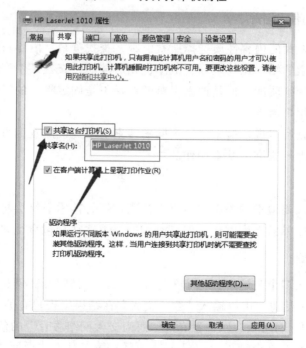

图 6.39　共享打印机

 微信视频资源 6-4——如何设置共享打印机

6.4.2　搜索引擎的使用

6.4.2.1　什么是搜索引擎

搜索引擎是指根据一定的策略、运用特定的计算机程序从互联网上搜集信息，在对信息进行组织和处理后，为用户提供检索服务，将用户检索相关的信息展示给用户的系统。这些特定程序通常被称为蜘蛛（spider）或者机器人（robot）程序，他们将搜集所得的网页内容交给索引和检索系统处理，就形成了搜索引擎系统。

6.4.2.2　搜索引擎的主要任务

搜索引擎主要任务是对信息进行搜集、处理和查询。

信息搜集：搜索引擎通过蜘蛛（机器人）程序从数据库中已知的网页开始出发，像普通用户的浏览器一样访问这些网页并抓取文件，最终将这些信息带回给搜索引擎。

信息处理：搜索引擎将蜘蛛（机器人）程序带回的信息进行分类整理、排序并建立搜索引擎数据库。由于各搜索引擎使用的信息处理算法不同，所以才会出现各搜索引擎对同一关键词的搜索结果不同。

信息查询：搜索引擎在处理好信息后，提供一个具有良好用户体验的 Web 页面，供用户查询使用。

6.4.2.3　搜索引擎的使用方法

首先要根据需要查找的内容性质选择搜索引擎，查找资料、内容目标具体的可以选择全文搜索引擎，这样搜索的结果比较全面、范围也相对较广；查找某个产品、服务，使用分类目录搜索引擎就比较清晰明朗。但是搜索引擎的选择不是固定唯一的，合适的搜索引擎可以使搜索结果更加接近用户需求。

选择好搜索引擎就可以进行检索了，不同的搜索引擎提供的查询方法不完全相同，这里主要介绍使用关键词进行查询的基本操作。

1．简单查询

在搜索引擎中输入要检索的关键字，点击搜索按钮，搜索引擎会将查询结果以页面形式返回给用户。这是最简单的查询方法，但是查询的结果往往会包含很多其他的信息。

2．查询条件具体化

在搜索引擎中输入多个关键字，每个关键字之间用空格隔开。例如：要检索"西南交大关于网络教育"的相关信息，可以输入"西南交大"在结果中查找有关"网络教育"的信息，还可以输入"西南交大　网络教育"查看有关"西南交大网络教育"的信息。以百度为例，第一种方式返回了 40 500 000 个结果，如图 6.41 所示；第二种方式返回了 160 000 个结果，如图 6.40 所示。显然输入具体的多个关键字可以过滤掉大量的其他无用信息，从而减少搜索的工作量。

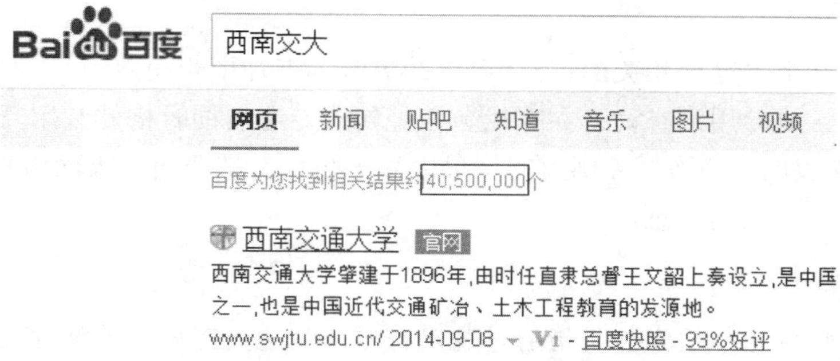

图 6.40 输入"西南交大"结果项

图 6.41 输入"西南交大 网络教育"结果项

3. 使用加号"+"

多个关键字之间可以使用"+"号连接，大部分搜索引擎"+"号的作用和空格的作用一样，因此使用"+"号和空格搜索的结果大部是相同的。例如上面的关键字"西南交大 网络教育"可以改为"西南交大＋网络教育"。

4. 使用减号"-"

在多个关键字中使用"-"号，查询结果会排除"-"号之后的关键字。查询一个内容时并不出现另外一个内容在其中时，可以使用"-"号。例如想查找"西南交大"中除了"网络教育"的信息，可以输入关键字"西南交大-网络教育"，如图 6.42 所示。值得注意的是，使用减号排除后面的关键字时，减号"-"与前一关键字之间需要有空格。

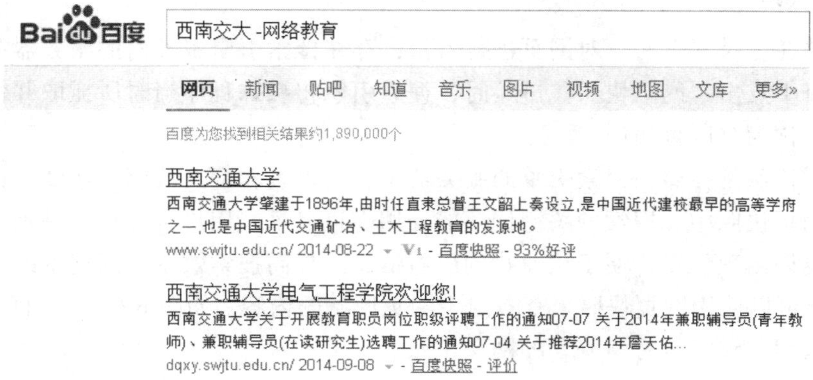

图 6.42 输入"西南交大-网络教育"的结果

5. 精确检索

要精确查找某个关键词相关的信息,可以在关键词上加上半角双引号(注意为英文字符),也称为短语查询,或专用词查询,在查找名言警句或专有名词时格外有用。例如在搜索引擎中输入""西南交大网络教育"",则返回结果中只会包含有"西南交大网络教育"8个字的内容,而不会出现其他无用信息。

6. 逻辑检索

逻辑检索也称为布尔检索,是指通过逻辑符号来表达关键词与关键词之间的逻辑关系的一种查询方法。

AND,即"逻辑与",用 AND 进行连接的关键词必须同时出现在查询结果中,例如,输入"西南交大 AND 网络教育",查询结果中则同时包含"西南交大"和"网络教育"。

OR,即"逻辑或",用 OR 连接的关键词中任意一个出现在查询结果中就可以,例如,输入"西南交大 OR 网络教育",查询结果中可以只有"西南交大"或者只有"网络教育",当然也可以同时包含"西南交大"和"网络教育"。

NOT,即"逻辑非",用 NOT 所连接的关键词中应从前一个关键词概念中排除后一个关键词,相当于减号的作用。

大多数的搜索引擎在搜索时,都会用到这些查询规则,但是不同的搜索引擎会稍有不同,可以查看具体的搜索引擎的使用帮助。

7. 特殊搜索命令

(1)标题搜索。多数搜索引擎都支持针对网页标题的搜索,命令是"title:",在进行标题搜索时,前面提到的检索方法同样适用。

(2)网站搜索。此外我们还可以针对网站进行搜索,命令是"site:"(Google)、"host:"(AltaVista)、"url:"(Infoseek)或"domain:"(HotBot),(soubaike).org

(3)链接搜索。在 Google 和 AltaVista 中,用户均可通过"link:"命令来查找某网站的外部导入链接(inbound links)。其他一些引擎也有同样的功能,只不过命令格式稍有区别。可以用这个命令来查看是谁以及有多少网站与你做了链接。

8. 网页快照

搜索引擎在收录网页时,对网页进行备份,存在搜索引擎服务商的服务器缓存里,当用户在搜索引擎中点击"网页快照"链接时,搜索引擎将蜘蛛程序当时所抓取并保存的网页内容展现出来,称为"网页快照"。

由于网页快照是存储在搜索引擎的服务器中,所以查看网页快照的速度往往比直接访问网页要快。网页快照中,搜索的关键词一般会用亮色显示,用户可以点击呈现亮色的关键词直接找到关键词出现位置,便于快速找到所需信息,提高搜索效率。当搜索的网页被删除或连接失效时,可以使用网页快照来查看这个网页原始的内容。如图 6.43 是在百度中输入"西南交通大学远程与继续教育学院"的网页快照。

图 6.43 百度对西南交通大学远程与继续教育学院的网页快照

 微信视频资源 6-5——如何使用搜索引擎

6.4.3 电子邮件的使用

通过浏览器进入邮箱后,单击相应的菜单链接就可以进行邮件的收发操作。此外,电子邮件的收发还可以通过邮件管理软件来实现。目前常用的邮件管理软件有 Outlook 和 Foxmail 两种,二者的使用方法类似。本书将以 Outlook 为例介绍邮件管理软件的使用方法。

6.4.3.1 添加邮件账户或新闻组账户

首次启动 Outlook 2010,启动向导将引导用户完成 Outlook 的配置。Outlook 支持 Internet 电子邮件、Microsoft Exchange 或者其他电子邮件服务器(如 POP3、IMAP)。可以通过向导配置完成首个电子邮件的配置,也可以跳过电子邮件配置,直接进入 Outlook。

(1)启动 Outlook 后,依次选择"文件""信息""添加账户"或者"文件""信息""账户设置"在账户设置对话框的"电子邮件"选项卡上点击"新建",在弹出的"添加账户"对话框中选择"电子邮件账户",单击"下一步"按钮,如图 6.44,6.45 所示。

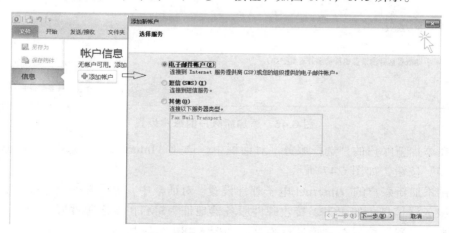

图 6.44 从添加账户进入添加账户功能

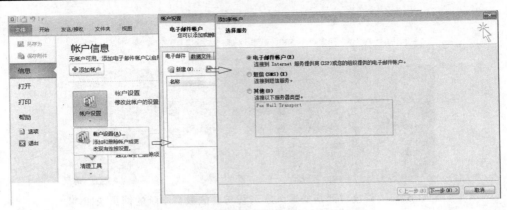

图 6.45　从账户设置进入添加账户功能

（2）Outlook 2010 已经可以自动完成电子邮件账户的设置，但不是所有的邮件服务器都能使用自动配置，这里我们选择"手动配置服务器设置或其他服务器类型（M）"选项，点击"下一步"，手动完成电子邮件账户的设置，如图 6.46 所示。选中"电子邮件账户（A）"，输入电子邮件地址和密码以及姓名，Outlook 会自动查找对应的服务器并完成配置，这种方式对大部分常用邮件服务提供商有效，部分邮件只能通过手动设置。

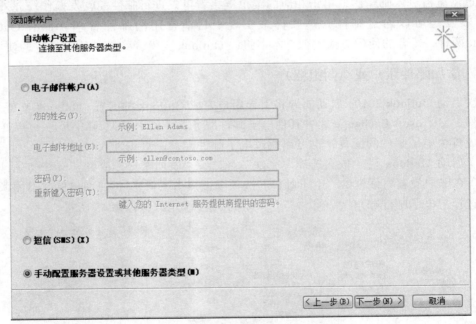

图 6.46　添加新账户的账户设置

（3）在添加新账户的"选择服务"对话框中，选择"Internet 电子邮件（I）"选项，再点击"下一步"按钮，如图 6.47 所示。

（4）在添加新账户的"Internet 电子邮件设置"对话框中，填写邮件服务提供商提供的账号密码和服务器信息（如 POP3 接收邮件服务器地址、SMTP 发送邮件服务器地址）后，点击"测试账户设置"可以对设置进行测试，如图 6.48，6.49 所示。

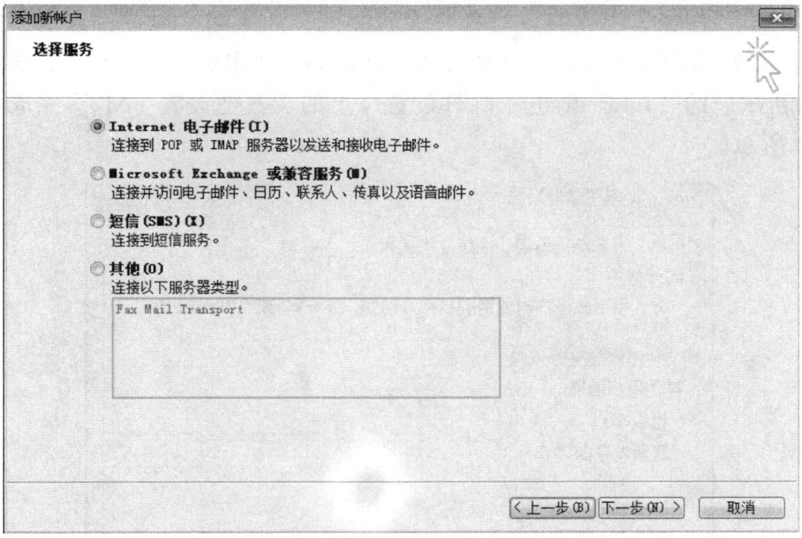

图 6.47 添加新账户的选择服务

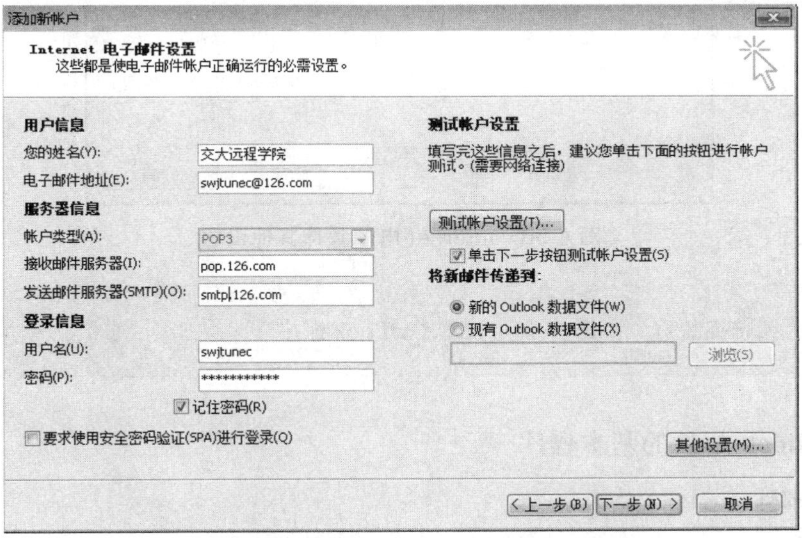

图 6.48 添加新账户的 Internet 电子邮件设置

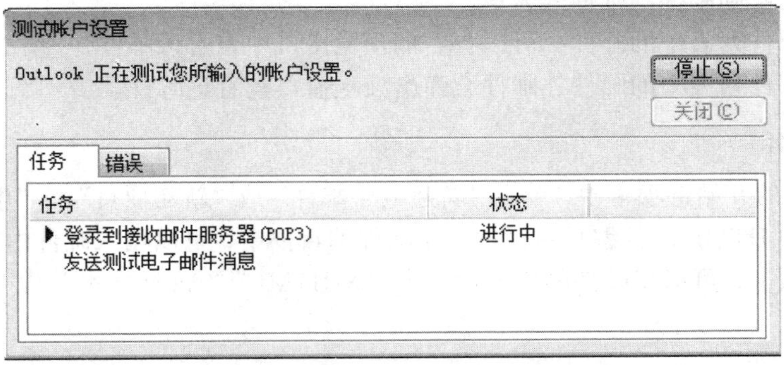

图 6.49 测试账户设置

点击"下一步"按钮，会直接进行账户设置测试，如果测试通过，点击"完成"按钮，完成账户设置。如果邮件服务器需要其他设置（如 SMTP 要求验证，服务器需要加密连接等），可以点击添加新账户的"Internet 电子邮件设置"上的"其他设置（M）"完成邮件的其他设置，如图 6.50 所示。

图 6.50　Internet 电子邮件其他设置

 微信视频资源 6-6——如何设置 OutLook 账户

6.4.3.2　Outlook 邮件的基本操作

1. 阅读邮件

（1）打开 Outlook，单击左侧文件夹列表中的"收件箱"图标，Outlook 窗口中间部分会显示收件箱中已收到邮件的邮件列表；

（2）单击邮件列表中的邮件，可以在右侧预览窗口中查看该邮件；

（3）双击邮件列表中的邮件，邮件会弹出独立窗口查看该邮件。

2. 编辑邮件

在 Outlook 的开始选项卡中，单击"新建电子邮件"或"新建项目"→"电子邮件（M）"，将弹出未命名的 HTML 邮件编写对话框。在邮件编辑框中，可以输入邮件内容。点击"设置文本格式"选项卡，可以将邮件的格式设置为"AaHTML""Aa 纯文本"或"AaRTF"。如图 6.51 所示。

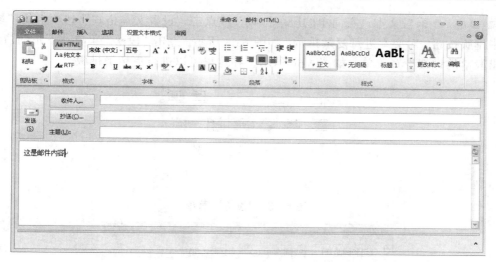

图 6.51 新建电子邮件

3. 更改字体，样式和大小

修改发送邮件的字体、样式和大小，与在 Word 中修改文本字体、样式和大小操作一样。

4. 修改所有新发邮件的文本样式

在"设置文本格式"选项卡的"样式"菜单中右键修改"正文"样式的格式后，点击"样式"选项卡右边的"更改样式"按钮，选择"设为默认值"，如图 6.52 所示。完成这些步骤后，新发送的邮件都会默认以新设定的样式呈现。

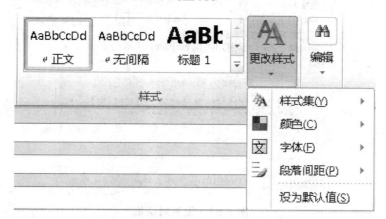

图 6.52 样式选项卡和更改样式菜单

5. 修改指定邮件文本样式

修改指定邮件的文本样式，可以在"邮件"选项卡的"普通文本"菜单或"设置文本格式"选项卡的"字体"菜单中，根据实际需要设定文本的字体、样式和大小。这样的修改，不会影响新邮件的样式呈现。

6. 编排段落格式

选择要排版的文本，点击"邮件"选项卡的"普通文本"菜单中的文本对齐或缩进量按

钮 ☰ ☰ ☰ ▤ | 遷 遷 对文本进行简单的段落排版，或点击"设置文本格式"选项卡的"段落"菜单中排版按钮，对文本进行复杂排版，如图 6.53 所示。点击"段落"菜单右下角的箭头 ▫，会弹出段落的详细设置菜单，如图 6.54 所示，在这里可以进行更精确排版。

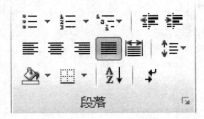

图 6.53　"段落"菜单

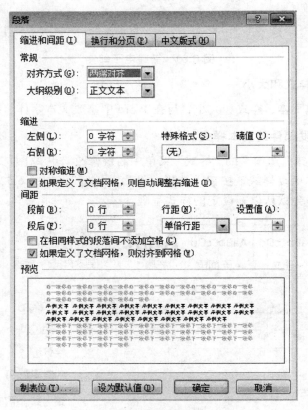

图 6.54　段落对话框

 微信视频资源 6-7——如何阅读、编辑、排版邮件

7．编号或项目符号的列表

（1）在需要使用编号或项目符号的地方选择"邮件"选项卡"普通文本"菜单中或"设置文本格式"选项卡"段落"菜单中的"项目符号" ☰▾ 按钮、"编号" ☷▾ 或"多级列表" ⁚▾ 按钮。

（2）在邮件编写框内，输入第一个项目，然后回车，下一行会自动编号或显示项目符号，如图 6.55 所示。

（3）要结束编号或项目符号列表，需要两次回车。

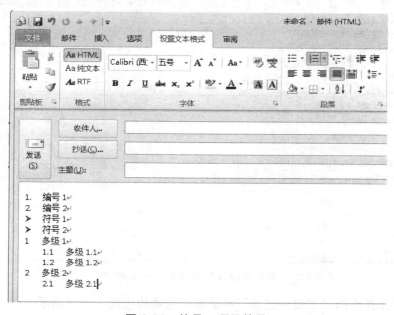

图 6.55 编号、项目符号

8. 在邮件中使用主题或信纸

（1）在"文件"菜单中选择"选项"菜单，在弹出的"Outlook 选项"对话框中左侧选择"邮件"，在右侧"撰写邮件"功能中选择"信纸和字体"，如图 6.56 所示。

图 6.56 "Outlook 选项"对话框

（2）在弹出的"签名和信纸"对话框中选择"个人信纸"选项卡中的"主题"按钮，如图 6.57 所示。

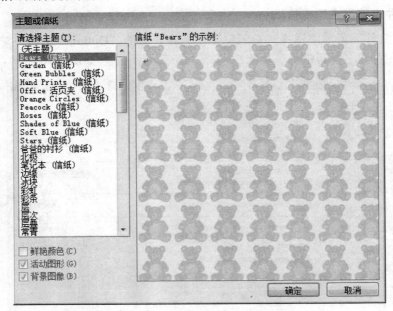

图 6.57　"签名和信纸"对话框"个人信纸"选项卡

（3）最后在弹出的"主题和信纸"对话框中选择相应的主题或信纸（图 6.58），确定即可使用选择的信纸编辑新邮件。

图 6.58　"主题和信纸"对话框

　微信视频资源 6-8——如何使用编号、项目符号和邮件主题或信纸

9. 在邮件中加入签名

（1）在"文件"菜单中选择"选项"菜单，在弹出的"Outlook 选项"对话框中左侧选择"邮件"，在右侧"撰写邮件"功能中选择"签名"。

（2）在弹出的"签名和信纸"对话框中选择"电子邮件签名"选项卡，如图 6.59 所示。

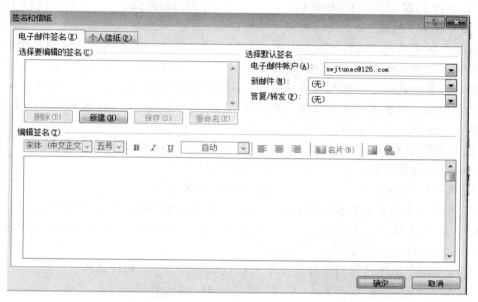

图 6.59 "签名和信纸"对话框"电子邮件签名"选项卡

（3）点击"新建"按钮，输入签名名称，在"编辑签名"对话框中输入签名，点击"确定"按钮，就能在编辑邮件中使用签名了。

10. 在邮件中插入文件

在"插入"选项卡中点击"附加文件"按钮，在弹出的"插入文件"对话框中选择需要插入的文件，然后点击"插入"按钮，这样就将文件成功添加到邮件中了。

11. 在邮件中插入名片

在"插入"选项卡中点击"名片"按钮，在弹出的"插入名片"对话框中选择要插入的名片，然后点击"确定"按钮，这样就将名片成功添加到邮件中了。

 微信视频资源 6-9——如何在邮件中加入签名、插入文件或名片

例题与解析

1. 世界上第一个计算机网络是（　　　）。

A. Internet　　　　B. 互联网　　　　C. SAGE　　　　D. ARPANET

【答案与解析】美国军方于 20 世纪 50 年代初期建立了半自动地面防空系统（SAGE），SAGE 系统第一次实现了计算机远程集中控制和人机交互，这就是最早的计算机网络。ARPANET 是早期的计算机网络，是 Internet 的前身。因此，本题选 C。

2. Internet 的核心协议是（　　）。

A. TCP/IP 协议　　　　B. POP3 协议　　　　C. SMTP 协议　　　　D. HTTP 协议

【答案与解析】POP3 协议是因特网电子邮件的第一个离线协议标准，是用来规定计算机如何连接邮件服务器进行收发邮件的协议。SMTP 协议是一组用于由源地址到目的地址传送邮件的规则，由它来控制电子邮件的中转方式，帮助每台计算机在发送或中转信件时找到下一个目的地，最终将邮件传送到目的服务器。HTTP 协议是在 Internet 上，从 WWW 服务器传输超文本到本地浏览器的传送协议。TCP/IP 协议确立了 Internet 的技术基础，是 Internet 的主要协议。因此，本题选 A。

3. 通常我们按（　　）将计算机网络分为局域网、城域网、广域网和互联网。

A. 传输介质的不同　　　　　　B. 网络接入方式
C. 计算机所处的地位　　　　　　D. 网络覆盖的范围

【答案与解析】通常我们按网络覆盖的范围，将计算机网络分为局域网 LAN（Local Area Network）、城域网 MAN（Metropolitan Area Network）、广域网 WAN（Wide Area Network）和互联网（internetwork）。因此，本题选 D。

4. 目前实际存在和使用的广域网基本上都是采用（　　）拓扑结构。

A. 总线型　　　　B. 星型　　　　C. 环型　　　　D. 网状型

【答案与解析】网状拓扑的主要优点是系统可靠性高，但它的结构、控制、软件均很复杂，不易扩充且线路费用较高。目前实际存在和使用的广域网基本上都是采用网状拓扑结构，使用路由算法来计算发送数据的最佳路径。因此，本题选 D。

5. 1983 年 1 月 1 日，ARPANET 将其网络核心协议由（　　）改变为（　　）协议，标志着 Internet 的正式诞生。

A. TCP/IP，NCP　　　　　　B. NCP，TCP/IP
C. NCP，HTTP　　　　　　D. HTTP，TCP/IP

【答案与解析】1983 年 1 月 1 日，ARPANET 将其网络核心协议由 NCP 改变为 TCP/IP 协议，标志着 Internet 的正式诞生。因此，本题选 B。

6. 下列关于 Internet 的说法错误的是（　　）。

A. 属于个人　　　B. 具有平等性　　　C. 具有通用性　　　D. 具有专用协议

【答案与解析】Internet 不属于任何一个国家、企业和个人，具有平等性。因此，本题选 A。

7. 下列 URL 中，不正确的是（　　）。

A. http://www.xnjd.cn　　　　　　B. http://www.xnjd.com
C. http://www.xnjdcn.com　　　　　　D. http://www.xnjdcncom.

【答案与解析】URL 的语法格式为：<服务类型>://<主机 IP 地址或域名>/<资源在主机上的路径>。因此，本题选 D。

8. 关于无线上网，下列说法正确的是（　　）。

A. 只能使用无线 WIFI 上网　　　　　　B. 无线 WIFI 接入不需要传输介质
C. 无线上网分为 WIFI 接入和移动接入　　D. 智能手机上网不是无线上网

【答案与解析】无线接入分为 WIFI 接入和移动接入两种，无线接入也需要传输介质。因此，本题选 C。

9. 搜索引擎是一个（　　　）。

A. 软件　　　　B. 服务器　　　　　C. 机器人　　　　　D. 网站

【答案与解析】搜索引擎是指根据一定的策略、运用特定的计算机程序从互联网上搜集信息，在对信息进行组织和处理后，为用户提供检索服务，将用户检索相关的信息展示给用户的网站系统。因此本题选 D。

10. 如何在局域网范围内设置资源共享。

【答案与解析】操作参见 6.4 节。

常用应用软件的使用

在日常工作、学习中，除了前面介绍到办公软件，同学们还会用到许许多多不同类型和功能的软件。如浏览器、图像展示制作、音视频播放、输入法、即时聊天、压缩、解压缩、杀毒、下载等软件，都是比较常见、基础的应用软件。我们将在这一章里向同学们就这些软件的使用做一个介绍。

7.1　浏览器

7.1.1　浏览器的基础知识

1. 浏览器的作用

现在对浏览器比较通用的一个定义是：浏览器是指可以显示网页服务器或者文件系统的HTML 文件内容，并让用户与这些文件交互的一种软件。简而言之，浏览器就是用户查阅网络资源的一个工具。如今，大部分的网络信息资源都支持以浏览器为工具的展示。

具体来说，浏览器用来显示在万维网或局域网等内的文字、图像及其他信息。这些文字或图像，可以是连接其他网址的超链接，用户可迅速及轻易地浏览各种信息。大部分网页为HTML 格式。

一个网页中可以包括多个文档，每个文档都是分别从服务器获取的。大部分的浏览器本身支持除了 HTML 之外的广泛的格式，例如 JPEG、PNG、GIF 等图像格式，并且能够扩展支持众多的插件。另外，许多浏览器还支持其他的 URL 类型及其相应的协议，如 FTP、Gopher、HTTPS。HTTP 内容类型和 URL 协议规范允许网页设计者在网页中嵌入图像、动画、视频、音频、流媒体等。

2. 浏览器的种类和历史

就像所有其他应用软件一样，浏览器是这类软件的统称。它也有不同厂家开发出来的产品，以及同一款产品的不同版本。

图 7.1 浏览器窗口

蒂姆·伯纳斯·李是第一个使用超文本来分享资讯的人。他于 1990 年发明了第一个网页浏览器 WorldWideWeb，后来改名为 Nexus。

NCSA Mosaic 使互联网得以迅速发展。它最初是一个只在 Unix 运行的图像浏览器；很快便发展到在 Apple Macintosh 和 Microsoft Windows 亦能运行。

Opera 是一个灵巧的浏览器。它发布于 1996 年。2013 年它在手持电脑上十分流行。它在个人电脑网络浏览器市场上的占有率则稍微较小。

Safari 是基于 Konqueror 这个开放源代码浏览器的 KHTML 排版引擎而制成的。Safari 是 Mac OS X 的默认浏览器。

网民大多数人都在使用 IE，这要感谢它对 Web 站点强大的兼容性。最新的 Internet Explorer 10 包括 Metro 界面、HTML5、CSS3 以及大量的安全更新。

2003 年，微软宣布不会再推出的独立的 Internet Explorer，但会变成视窗平台的一部分；同时也不会再推出任何 Macintosh 版本的 Internet Explorer。不过，于 2005 年初，微软却改变了计划，并宣布将会为 Windows XP、Windows Server 2003 和 Windows Vista 操作系统推出 Internet Explorer 7。

2011 年 3 月 15 日，微软推出了 Internet Explorer 9 的正式版，值得一提的是，Internet Explorer 9 不再支持 Windows XP。2011 年 4 月 11 日，Internet Explorer 9 才推出 1 个月，微软又推出了 Internet Explorer 10 的首个预览版本。

图 7.2　各种浏览器

3. 浏览器的插件

插件的种类非常多，我们这里只简单介绍下浏览器的插件。它的出现极大地丰富了浏览器的功能，也显著地提高了处理信息的种类和方式。

插件是一种遵循一定规范的应用程序接口编写出来的程序。其只能运行在程序规定的系统平台下，而不能脱离指定的平台单独运行，浏览器插件会随着浏览器的启动自动执行。

常用的浏览器插件有：

（1）ActiveX。插件也叫做 OLE 控件或 OCX 控件，它是一些软件组件或对象，可以将其插入到 Web 网页或其他应用程序中。在因特网上，ActiveX 插件软件的特点是：一般软件需要用户单独下载然后执行安装，而 ActiveX 插件是当用户浏览到特定的网页时，IE 浏览器即可自动下载并提示用户安装。

（2）浏览器辅助 Browser Helper Object。是一种随浏览器每次启动而自动执行的小程序。通常情况下，一个 BHO 文件是由其他软件安装到用户的系统中的。

（3）搜索挂接 URL Searchhook。用户在地址栏中输入非标准的网址，如英文字符或者中文的时候，当地址栏无法对输入字符串解释成功时，浏览器会自动打开一个以用户输入的字符串为搜索词的结果页面，帮助用户找到需要的内容。

（4）工具条 Toolbar。通常指加载在浏览器的辅助工具。它位于浏览器标准工具条的下方，在 IE 工具栏空白处点击右键，可以查看所有已经安装的工具条。

图 7.3 ActiveX 控制选项

7.1.2 IE 浏览器的使用

1. 获得 IE 浏览器

双击你所拥有的 IE 浏览器安装包（官网可以免费下载 http://windows.microsoft.com/zh-cn/internet-explorer/download-ie），显示如图 7.4 所示对话框。

图 7.4 IE 安装提示框

安装进度条运行完成后，会弹出对话框，如图 7.5 所示。

图 7.5 安装完成对话框

点击立即重新启动，安装完成。

2. 使用 IE 浏览器

图 7.6 IE11 浏览器

Internet Explorer 11 的界面设计得非常简洁。

图 7.7 IE11 功能区

←：后退按钮，单击回到上一页浏览的页面。鼠标悬停在按钮上会显示上一页的名称。

图 7.8

→：前进按钮，单击显示回退前的页面。鼠标悬停有同会退一样的效果。

紧接着是地址栏，在地址栏里输入网址就可以进行访问。

图 7.9 IE 地址栏

在地址栏内，右侧有三个按钮：

🔍：搜索，输入地址栏的内容也许不是标准网址，你可以任意输入你感兴趣的内容，IE 会自动搜索匹配相关网页。搜索引擎默认是用 bing，也可以自行添加。

▼：历史，单击显示 IE 浏览器最近浏览过的网页，方便快速进入。

→：前往，单击此按钮前往你所输入的网址，当然，回车也可执行此操作。

紧接着地址栏，是窗口选项卡。这里展示你所打开的页面窗口，正在显示的页面此选项卡会高亮显示。

图 7.10　IE 窗口选项卡

窗口选项卡右侧分别还有主页、收藏、设置三个按钮。

⌂：主页，单击进入预先设置的主页页面，一般是用户最常使用的网页。

★：收藏夹，单击弹出收藏夹管理界面。可在此整理收藏夹里的内容及历史浏览信息。

图 7.11　IE 收藏夹

⚙：设置，单击弹出设置选项，IE 浏览器的所有设置都可以在此操作，一般用户使用默认设置即可正常浏览。

为了界面的简洁，IE 浏览器把工具栏也给隐藏起来了，敲击"Alt 键"即可恢复工具栏。

| 文件(F)　　编辑(E)　　查看(V)　　收藏夹(A)　　工具(T)　　帮助(H) |

图 7.12　IE 工具栏

7.1.3　QQ 浏览器的使用

前面介绍的 IE 浏览器是世界范围内比较主流的一款浏览器，下面我们介绍一款在国内拥有一定用户群的浏览器：QQ 浏览器。

1. 获得 QQ 浏览器

同样，QQ 浏览器安装包可在其官网免费获取。所有浏览器安装过程都大同小异，在此不再赘述。

2. QQ 浏览器常用功能按钮

双击 QQ 浏览器程序图标 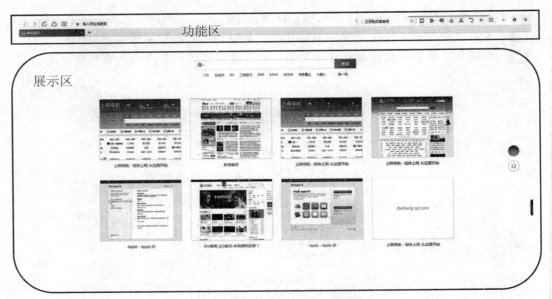，打开 QQ 浏览器。

图 7.13　QQ 浏览器界面

在功能区左上角有常用功能按钮（当鼠标悬停在按钮上会显示按钮名称），包括：

〈：后退按钮，回到上一页浏览页面。

〉：前进按钮，前进到回退前的页面。

↻：刷新按钮，重新载入当前的页面。

⌂：主页按钮，点击进入预设的主页。

▯：书签按钮，点击后左侧弹出书签栏。

图 7.14　书签栏

在书签栏里可以添加、整理、搜索书签。值得一提的是 QQ 浏览器的找回书签功能。在"整理书签"选项中，点击"找回书签"按钮。

图 7.15 整理书签页面

出现登录提示框，并用 QQ 账号登陆。

图 7.16 登录提示框

QQ 浏览器会询问你是否恢复以前删除的书签。

图 7.17 书签恢复选项卡

3. QQ 浏览器地址栏的使用

在常用按钮右侧，即是 QQ 浏览器的地址栏。在地址栏输入网址并回车或者点击地址栏右侧的"访问网页"按钮即可进行浏览。

同时，地址栏最左侧的"五角星"按钮，可以轻松地将你输入的网址加入书签。

图 7.18 添加书签操作

"访问网页"右侧紧接着是搜索栏：

★ www.xnjd.cn   › | 在此搜索　　🔍 |

在搜索栏里有个下拉菜单选项，点击下拉菜单。

得到搜索引擎的选择页面，也可点击"齿轮"，进入详细设置页面。

图 7.19　搜索引擎管理界面

4. QQ 浏览器设置及辅助功能按钮

搜索栏的右侧依次是扩展程序、辅助功能、菜单和界面控制按钮。

以上三项分别是手机助手、视频盒子、微信。一般根据用户安装的扩展程序来显示，也可以右键来决定它们的设置。

辅助功能有：

↓：下载，单击弹出下载管理器，管理由此浏览器下载的文件。

✂：截屏，右键可打开截屏高级选项。

↩：恢复最近浏览过的网页，右键可查看具体页面。

＋：添加应用，单击进入腾讯应用中心。

≡：菜单，浏览器的所有设置都可以从此进入。

图 7.20　QQ 浏览器菜单页面

　　设置里面的选项非常丰富，在此不一一做介绍，一般上网冲浪用默认设置就完全可以满足需求。QQ 浏览器由于是由腾讯公司开发，所以结合 QQ 账号有一些个性化的功能。

　　在设置里，点击"个人中心"会弹出登录界面，输入 QQ 账号密码后，进入个人中心，有一些腾讯定制的个性化服务。

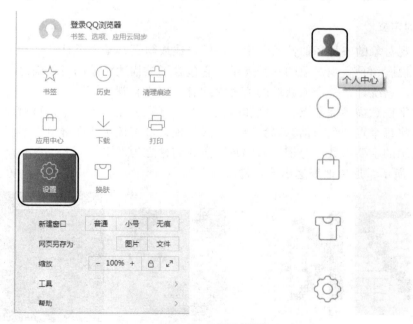

图 7.21　登录界面

图 7.22　个人中心页面

最后，浏览器右上角，是默认三件套。—　□　×：最小化、恢复、关闭浏览器。

7.2　图像查看及处理软件

7.2.1　关于图像的基础知识

1. 图像的定义

图像是客观对象的一种相似性的、生动性的描述或写真，是人类社会活动中最常用的信息载体。或者说图像是客观对象的一种表示，它包含了被描述对象的有关信息。它是人们最主要的信息源。据统计，一个人获取的信息大约有 75%来自视觉。

图像用数字任意描述像素点、强度和颜色。在计算机中显示图片，是将对象以一定的分辨率分辨以后将每个点的色彩信息以数字化方式呈现，可直接快速在屏幕上显示。分辨率和灰度是影响显示的主要参数。分辨以后的每个点我们称之为像素。

如图 7.23 所示，形象地表达出像素构成的图像。

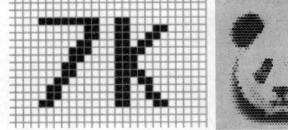

图 7.23　像素

2. 常见图像文件格式

BMP（全称 Bitmap）是 Windows 操作系统中的标准图像文件格式。由于压缩比很小，图像质量比较高，但是占用较大空间，所以多用于存储或单机使用，少见于平常的网络传输。

GIF（Graphics Interchange Format）的原义是"图像互换格式"，GIF 文件的数据，是一种基于 LZW 算法的连续色调的无损压缩格式，其压缩率一般在 50%左右。目前几乎所有相关软件都支持它，公共领域有大量的软件在使用 GIF 图像文件。

JPEG 是常见的一种图像格式，它由联合照片专家组（Joint Photographic Experts Group）开发并命名。其压缩技术十分先进，它用有损压缩方式去除冗余的图像和彩色数据，获得极高的压缩率（压缩率高达 50%）的同时能展现十分丰富生动的图像，换句话说，就是可以用最少的磁盘空间得到较好的图像质量。

其他常见图像文件格式还有 TIFF、PNG、WDP 等。

7.2.2 Windows "画图"

1. 程序界面

在 Windows 桌面上选择"开始"→"所有程序"→"附件"→"画图"菜单命令可以启动"画图"程序，如图 7.24 所示。

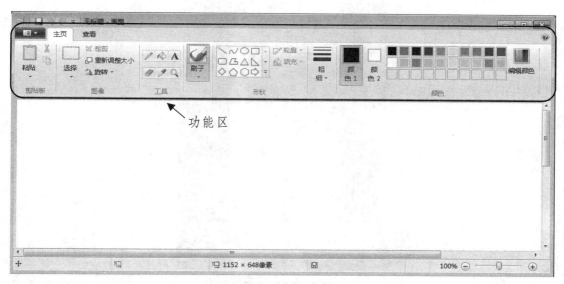

图 7.24 "画图"窗口

该窗口的主体部分是绘图区，用于显示和编辑图画。上方的主页选项卡中包括各种绘画工具，用于完成一系列的绘画功能，例如填充、喷涂、剪切、输入文字等。当处理不同素材时，上方的选项卡可能会出现不同选项，例如文本等。

2. 基本操作

（1）在程序窗体左上角是程序主控■按钮，可以还原、移动、调整程序窗体的大小及退出程序。

（2）主控按钮的右边是自定义快速访问工具栏 ，默认存档、撤销、重复 3 个功能，也可通过其右的下拉菜单自行设置。

（3）在功能区的下拉菜单中，有新建、打开、保存、另存为、打印、从扫描仪或打印机（接受扫描仪或打印机的数据）、在电子邮件中发送、设置为桌面背景、属性、关于画图和退出的选项。

如果要编辑一个已经存在的图像文件，应选择画图程序窗口功能区中 →"打开"命令，然后在"打开"对话框中设置要打开文件所在的驱动器、目录、文件类型及文件名。

如果要绘制一个新的图画，应选择功能区中 →"新建"命令，然后在空白的绘图区绘制。

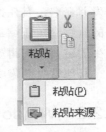

功能区中的主页又分为多个功能模块。

剪贴板模块里的粘贴有两种方式，分别是粘贴和粘贴来源，其右是剪切和复制两个快捷功能键，如图 7.25 所示。

图像模块中的选择方式可以有多种，用鼠标拖拽可在图片上框出特定区域，并对选定区域裁剪、重新调整大小、旋转等操作，如图 7.26 所示。

图 7.25　剪贴板

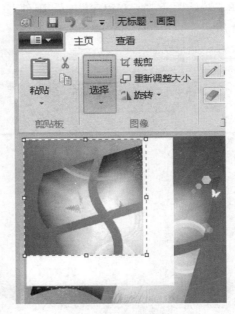

图 7.26　图像模块

工具模块中有铅笔 、用颜色填充 、文本 **A**、橡皮擦 、吸管 （吸取图片上任意位置的颜色以供其他地方使用）和放大器的功能 。

刷子的功能类似于铅笔，不同之处在于有多种效果可选，颜色和粗细也可在功能区右边的粗细和颜色模块功能里做调整，如图 7.27 所示。

形状模块中有各种预置图像，用鼠标点选后拖拽到画布后，还可改变图像的轮廓样式或在图像里填充不同的样式，其粗细和颜色也可在功能区右边的粗细和颜色模块功能里做调整，如图 7.28 所示。

图 7.27   刷子功能

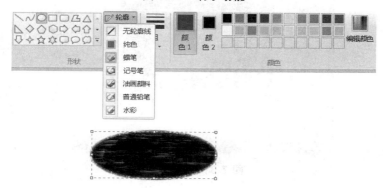

图 7.28   形状功能

功能区里的查看选项卡中有缩放、显示或隐藏、显示三个功能模块。可以放大、缩小画布,在画布上显示或隐藏标尺、网格线、状态栏,还可选择是否全屏显示或是否有缩略图,如图 7.29 所示。

功能区里还有一个文本选项卡,只在画布上框出文本框后才会出现,可改变字体大小、颜色及是否透明,如图 7.30 所示。

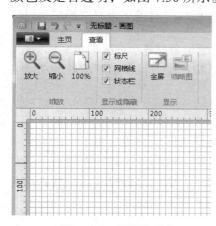

图 7.29   查看选项卡

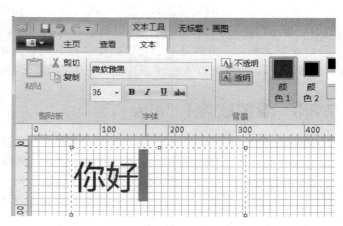

图 7.30   文本选项卡

3. Windows 截图工具

如今能实现截屏功能的第三方软件有很多,但 Windows 7 系统自带了一款小巧实用的截图工具，不需要借助第三方软件也可以实现屏幕截取。

在 Windows 桌面上选择"开始"→"所有程序"→"附件"→"截图工具"菜单命令可以启动"截图工具"程序，如图 7.31 所示。

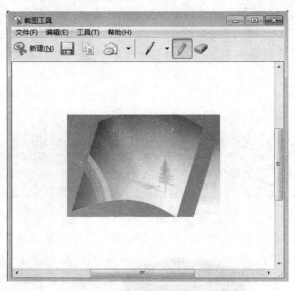

图 7.31　截图工具

在截图工具的界面上单击新建按钮右边的小三角按钮，在弹出的下拉菜单中选择截图模式，有四种选择：任意格式图标、矩形截图、窗口截图和全屏幕截图。

"任意格式截图"截取的图形是不规则的形状。单击按钮选择"任意格式截图"后，屏幕微微变白，当光标变为剪刀状时拖动鼠标即可截取需要的图形。

"矩形截图"只能以矩形的形状截取屏幕。单击按钮选择"矩形截图"后，当光标变为十字形时拖动鼠标即可截取需要的图形。

"窗口截图"截取完整窗口。单击按钮选择"窗口截图"后，移动鼠标至所需窗口，窗口边缘会显示红色边框，单击鼠标即可截取需要的图形。

"全屏幕截图"指的是截取当前整个屏幕的内容。单击"全屏幕截图"选项即可完成截图。

Windows 7 系统自带截屏工具还集成了用笔、荧光笔、橡皮擦对截图素材涂鸦的功能。

7.2.3　看图软件 Picasa

Picasa 原为独立收费的图像管理、处理软件，其界面美观华丽，功能实用丰富。后来被 Google 收购并改为免费软件，成为了 Google 的一部分，它最突出的优点是搜索硬盘中的相片图片的速度很快，当你输入一个字后，准备输入第二个字时，它已经即时显示出搜索出的图片。不管照片有多少，空间有多大，几秒内就可以查找到所需要的图片。

1. 获得 Picasa 软件

双击安装程序，点击我同意，开始安装。

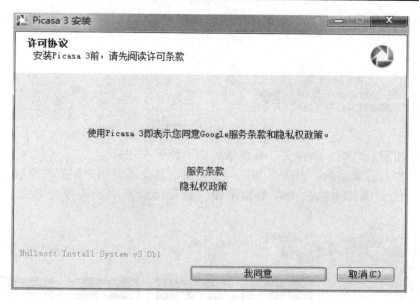

图 7.32 安装界面

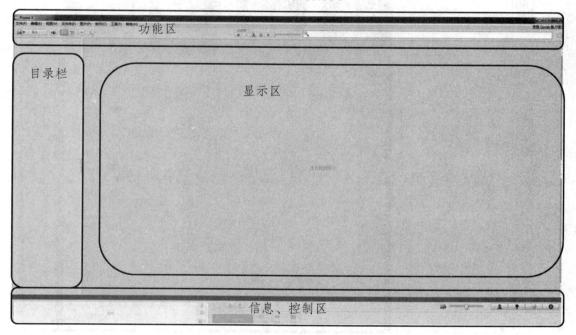

图 7.33 程序界面

2. 使用 Picasa 软件

图 7.34 功能区

在软件界面上方的功能区，依次有：文件、编辑、视图、相册、图片、制作、工具和帮助这八个选项卡。Picasa 的所有功能几乎都都可以在这里面找到对应的操作。

选项卡下面是对相册选择、操作的一些功能。当鼠标悬停在各按钮上时都会有相应的提示。

图 7.35 相册控制按钮

目录栏按相册、人物、文件夹、其他素材四个种类来划分。

相册：其中只有默认的"最近更新"一个相册，其余需要用户根据需要自行添加。

人物：自动识别你电脑的上带头像图像，你可以给其中的头像命名后，让软件自动分类。

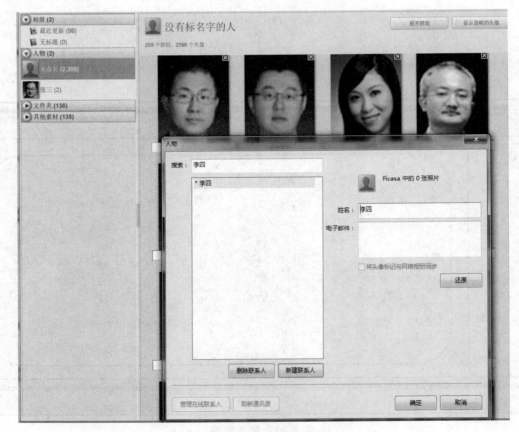

图 7.36 人物分类功能

文件夹：按电脑里用户自建的图片文件夹建立时间从前往后排列。

其他素材：电脑中其他软件缓存的图像素材同样按建立时间从前往后排列。

双击相册中的图片，进入图像编辑模式，左边的目录栏变成相应的一些简单处理工具。下方信息区也会显示图片详细内容。这是，用户可按自己喜好对图像进行处理，如裁剪、拼接、效果处理等。当然，功能比不上其他专业图像处理图软件那么丰富。

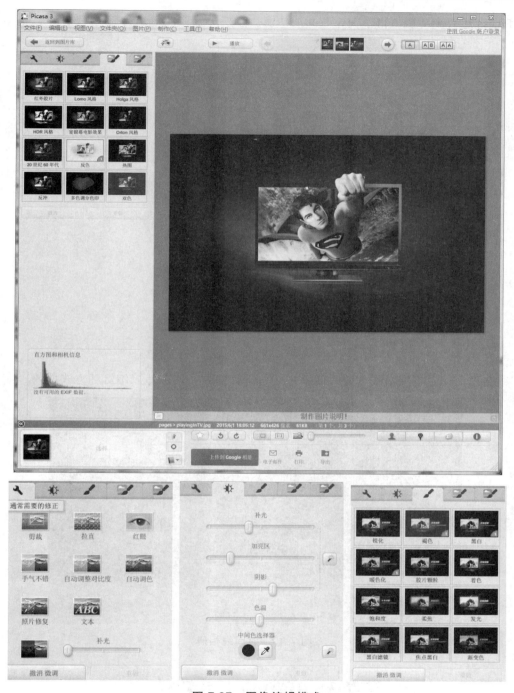

图 7.37 图像编辑模式

处理完，用户还可以便捷的选择上传 Google 相册、电子邮件、打印、导出等分发方案。

图 7.38

Picasa 还有个功能值得一提，时间线功能。在视图选项卡中，选择"时间线"。

	图片库视图(L)	
	小缩略图(M)	Ctrl+1
✓	正常缩略图(N)	Ctrl+2
	修改视图(E)	Ctrl+3
	属性	
	标签(T)	Ctrl+T
	人物(P)	
	位置(P)	
✓	显示编辑控件	
	幻灯片演示(S)	Ctrl+4
	时间线(M)	Ctrl+5
	搜索选项(O)	
	显示小图片(P)	
	显示隐藏图片(H)	
	使用颜色管理	
	显示模式(D)	▶
	缩略图的图片说明(C)	▶
	文件夹视图(F)	▶

图 7.39　时间线

顾名思义，它将图片按创建时间排列，可选择播放，使图片以幻灯片方式放映。

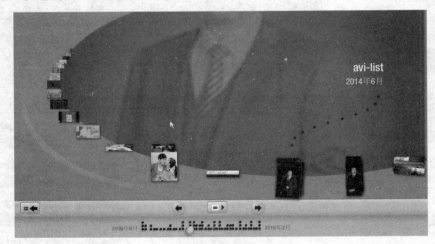

图 7.40　时间线相册

7.3　音视频工具软件

7.3.1　关于音视频的基础知识

1. 常见音频文件格式

MIDI 是乐器数字接口的英文缩写，是数字音乐/电子合成乐器国际标准。MIDI 文件有几个变通的格式，其中 CMF 文件是随声卡一起使用的音乐文件，与 MIDI 文件非常相似，只是文件头略有差别；另一种 MIDI 文件是 Windows 使用的 RIFF 文件的一种子格式，称为 RMID，扩展名为.RMI。MIDI 传输的不是声音信号，而是音符、控制参数等指令，它指示 MIDI 设备要做什么，怎么做；如演奏哪个音符、多大音量等。

WAV 为微软公司（Microsoft）开发的一种声音文件格式，它符合 RIFF（Resource Interchange File Format）文件规范，用于保存 Windows 平台的音频信息资源，被 Windows 平台及其应用程序所广泛支持，该格式也支持多种压缩运算法，支持多种音频数字，取样频率和声道，标准格式化的 WAV 文件和 CD 格式一样，也是 44.1K 的取样频率，16 位量化数字，因此在声音文件质量和 CD 相差无几！WAV 打开工具是 Windows 的媒体播放器。

MP3 是一种音频压缩技术，其全称是动态影像专家压缩标准音频层面 3（Moving Picture Experts Group Audio Layer III），简称为 MP3。它被设计用来大幅度地降低音频数据量。利用 MPEG Audio Layer 3 的技术，将音乐以 1∶10 甚至 1∶12 的压缩率，压缩成容量较小的文件，而对于大多数用户来说重放的音质与最初的不压缩音频相比没有明显的下降。

RealAudio（即时播音系统）是 Progressive Networks 公司所开发的软件系统。是一种新型流式音频 Streaming Audio 文件格式。它包含在 RealMedia 中，主要用于在低速的广域网上实时传输音频信息。主要适用于网络上的在线播放。

其他音频文件格式还有 AIFF、AU、WMA 等。

2. 常见视频文件格式

AVI（Audio Video Interleaved），即音频视频交错格式。是将音频和视频同步组合在一起可以同步播放的文件格式。它对视频文件采用了一种有损压缩方式，可跨多平台使用。

mpeg、mpg、dat 等格式同属 MPEG。全名为 Moving Pictures Experts Group/Motion Pictures Experts Group，中文译名是动态图像专家组。是国际通用的运动图像压缩算法标准。MP4，全称 MPEG-4 Part 14，是一种使用 MPEG-4 的多媒体电脑档案格式，扩展名为 mp4，以储存数字音频及数字视频为主，是现今运用非常广泛的一种视频格式。

RealVideo 格式文件包括后缀名为 RA、RM、RAM、RMVB 的四种视频格式，是一种高压缩比的视频格式，可以使用任何一种常用于多媒体及 Web 上制作视频的方法来创建 RealVideo 文件。一开始就定位在视频流应用方面的，也可以说是视频流技术的始创者。它牺牲一定的画面质量，以达到稳定流畅的观感体验。随着网络技术的发展、带宽的不断提高使得此种策略的文件格式会慢慢被更清晰的文件格式代替。

mov 即 QuickTime 影片格式，用于存储常用数字媒体类型，它是 Apple 公司开发完成的。

3GP 是一种 3G 流媒体的视频编码格式，多用于移动通讯领域。3GP 是 MP4 格式的一种简化版本，减少了储存空间和降低了带宽要求，适合在储存空间有限的手机上使用。

MKV 不是一种压缩格式，而是 Matroska 的一种媒体文件，Matroska 是一种新的多媒体封装格式，也称多媒体容器（Multimedia Container）。它可将多种不同编码的视频及 16 条以上不同格式的音频和不同语言的字幕流封装到一个 Matroska Media 文件当中。MKV 最大的特点就是能容纳多种不同类型编码的视频、音频及字幕流。

常见的视频格式还有 ASF、Divx、WMV 等。

7.3.2 Windows 音频工具

1. 录音机

使用 Windows 自带的一个附件"录音机"可以录制、混合、播放和编辑音频，也可以将音频链接或插入另一个文档中。需要注意的是，如果要录音，计算机必须安装麦克风。录下的声音被保存为波形（.wav）文件。

选择"开始"→"所有程序"→"附件"→"录音机"命令，即可启动"录音机"程序，如图 7.41 所示。

图 7.41　录音机

点击 ● 开始录制(S)，则开始录制并计时。此时 ● 开始录制(S) 变为 ■ 停止录制(S)，单击后停止录制，并弹出存储对话框。这时可选择保存文件路径、文件名、文件格式并保存文件，也可以关闭存储对话框点击 ● 继续录制(S) 继续录制。

2. 媒体播放器

"媒体播放器"既可以播放音频文件，也可以播放视频文件，细节请见"Windows 视频工具"部分的介绍。

3. 其他音频播放工具

其他常见的音频播放软件有 Winamp、RealPlayer 等。如果要进行音频处理加工，则应使用 Audition、GoldWave 等专业音频处理软件。

7.3.3 Windows 视频工具

Windows Media Player，是微软公司出品的一款免费的播放器，是 Microsoft Windows 的一个组件，通常简称"WMP"。支持通过插件增强功能。

通过 Windows Media Player，计算机将变身为你的媒体工具。刻录、翻录、同步、流媒体传送、观看、倾听……任你尽情享用。你可以自定义布局，以你喜欢的方式欣赏音乐、视频和照片。此外，还可以使用此播放器收听全世界的电台广播，从在线商店下载音乐和视频，并且同步到手机或存储卡中。

1. 程序界面

如果要使用 Windows Media Player 播放视频文件，应选择"开始"→"所有程序"→"Windows Media Player"命令，打开如图 7.42 所示窗口。

2. 基本操作

程序窗口的左上角是导航地址条，有前进、后退的功能和详细标注界面所处的路径。在地址栏点击鼠标右键，还可以调出功能菜单。

图 7.42　Windows Media Player 播放界面

其中，播放器窗口的模式切换是我们常用到的功能。在地址栏右键后选择"视图"选项，有库、外观和正在播放三种模式。一般打开程序默认的都是库模式，如图 7.43 所示。

图 7.43　Windows Media Player 地址栏

现在我们来选择播放媒体。窗体左边是媒体库可视化导航，分为播放列表、音乐、视频、图片、录制的电视和其他媒体库（链接其他外接设备后可选择）。媒体库导航栏下方是在线商店，可从互联网获取你喜欢的资讯，如图 7.44 所示。

图 7.44　可视化媒体库

接下来，我们学习如何控制所播放的素材。用窗体下方的播放控制区的按钮可以很好地满足我们的需求。

图 7.45　播放控制区

按钮 🔀：无序播放播放列表中的媒体文件。

按钮 🔁：重复播放选中的媒体文件。

按钮 ⏹：停止播放。

按钮 ⏮：播放播放列表中的上一个文件。

按钮 ▶：播放或暂停媒体文件。

按钮 ⏭：播放播放列表中的下一个文件。

按钮 🔊：选择静音与否。

滑块 ━━●━━：拖动以控制音量大小。

除了 Windows 7 自带的 Windows Media Playe 媒体播放机以外，一般市面上现在有很多免费播放器可以选择，如暴风、射手、QQ 等都有媒体播放器。如果要进行视频处理加工，则应使用 Premiere、After Effect 等专业视频处理软件。

7.4　即时聊天软件

7.4.1　微信电脑版的使用

微信如今已是一款国内即时聊天软件里不可或缺的一款明星产品，以至于很多移动终端都将其作为出厂标配预装在设备里，足见其普及率之高。虽然在设计之初，微信强调的是移动端的使用，但如今随着用户数的攀升，其各终端的产品也逐渐丰富起来。

微信与手机 QQ 一开始没有太大的区别，微信最初导入的关系链全部是 QQ 关系。而人们的手机里面存在庞大的真实的关系链，即通信关系链。微信让手机通信关系链和积累了十几年的互联网的关系链融合起来，形成了更加丰富、更加实名化的关系链，这是微信和 QQ 最大的区别。今天我们来介绍下它的电脑端使用。

1. 获得微信软件

在微信官网下载并安装微信客户端，我们在这里为大家演示的是微信 Windows 版。

2. 使用微信 Windows 版软件

双击微信程序图标，打开微信💬。此时，弹出二维码登录提示信息，用手机微信扫一扫功能扫描后，在手机端点确定即可登录。也就是说电脑端的使用也离不开手机。

图 7.46 微信官网界面

图 7.47

在程序界面左侧有三个功能按钮。

:聊天，单击进入聊天界面。

搜索
西南交大网络...
西南交通大学
16:30
西南交大网络教育
西南交通大学
学院简介
招生对象
入学方式
我要报名
学在交大
个性服务

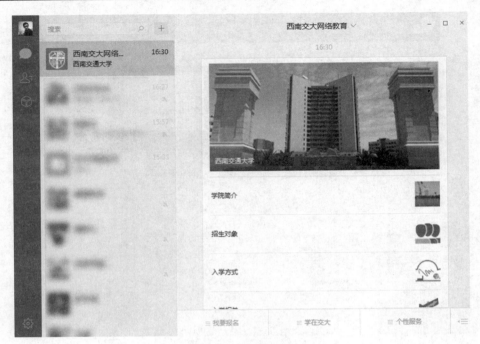

图 7.48 微信聊天界面

在这个窗口可以输入聊天内容，还可加入表情符号、文件和屏幕截图。

你好，世界！
发送(S)

图 7.49

如果是订阅号，还会有一些可选择的功能。

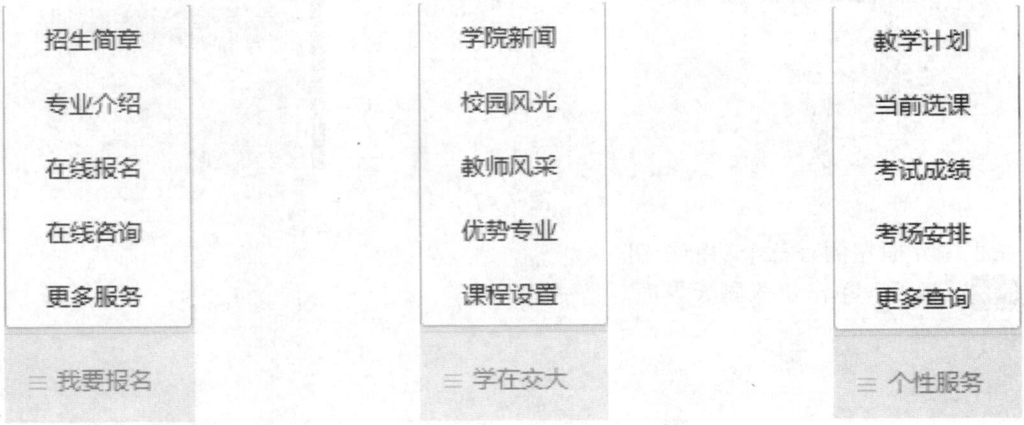

招生简章
专业介绍
在线报名
在线咨询
更多服务
我要报名
学院新闻
校园风光
教师风采
优势专业
课程设置
学在交大
教学计划
当前选课
考试成绩
考场安排
更多查询
个性服务

图 7.50

：联系人，单击查看微信联系人。

图 7.51　微信联系人界面

单击任意联系人，再点击进入聊天按钮可与之对话。在头像上单击右键会弹出功能菜单，可选择针对此联系人处理方式。

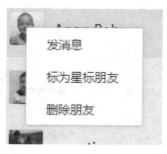

图 7.52

：收藏，单击进入收藏界面。点击

图 7.53　微信收藏界面

　　单击左侧收藏栏里的条目，可展示相应的收藏内容。同样，也可以右键弹出功能菜单，可选择针对此联系人处理方式。

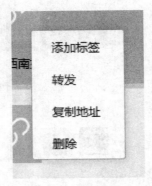

图 7.54

　　程序左下角还有个设置功能按钮，单击弹出设置菜单，可对程序进行设置。

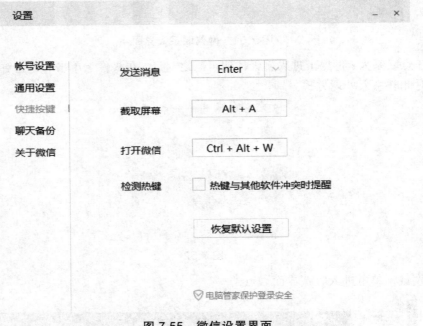

图 7.55　微信设置界面

　　微信电脑版的功能和移动端还是有很大的区别，比如不提供语音聊天、不能查看朋友圈、没有位置、红包、小视屏等功能。这也是出于微信这款软件侧重面不同而带来的结果，希望在以后的版本中会有所提升。

7.4.2　钉钉电脑版的使用

　　钉钉，阿里巴巴出品，专为中国企业和团队打造的沟通协同多端平台，含 PC、Web 和手机版。消息已读未读显示、DING 消息使命必达，让沟通更高效；移动办公签到、审批、邮箱，让工作更简单；澡堂模式、企业通讯录，信息更安全。使用钉钉，全方位提升企业内部沟通与协同。

　　钉钉满足用户的诉求和微信不一样，微信追求接收者的诉求，钉钉满足的是发送者的诉求，钉钉的目的在于提升效率。

1. 获得钉钉软件

　　钉钉同样提供多终端、跨平台的服务，今天我们学习的电脑端的版本。在钉钉官网下载安装程序，并安装。

图 7.56　钉钉安装程序下载界面

2. 使用钉钉软件

　　打开钉钉，它提供三种登录方式，分别是扫码、密码、验证码。其中密码登录是用之前注册的手机号账号和密码登录，可以脱离手机操作。

图 7.57　钉钉三种登录方式

　　第一次登录成功后会弹出"欢迎使用钉钉"的页面，有 5 条关于使用钉钉的提示。点击"开始使用"进入程序界面。

　　钉钉作为一款即时通讯软件，为了顺应用户的使用习惯，界面布局与功能和其他大多数同类软件大同小异，我们着重来看看它与众不同的功能。

　　　DING：钉一下，类似于提醒功能，强调信息的送达。在其中可以查看我收到的和我发出的所有 DING 的详细信息。要想添加一个，可以点击右上角的 DING 一下，新建一个 DING。

图 7.58 钉钉程序主界面

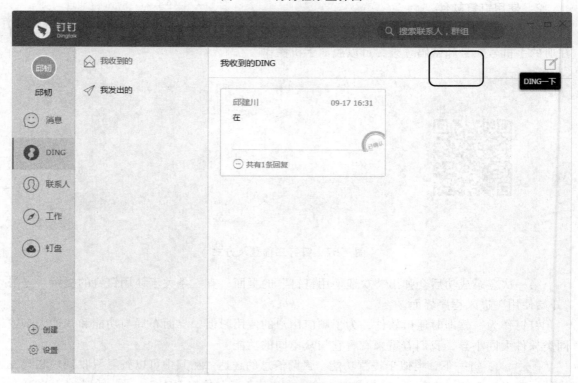

图 7.59 钉功能主界面

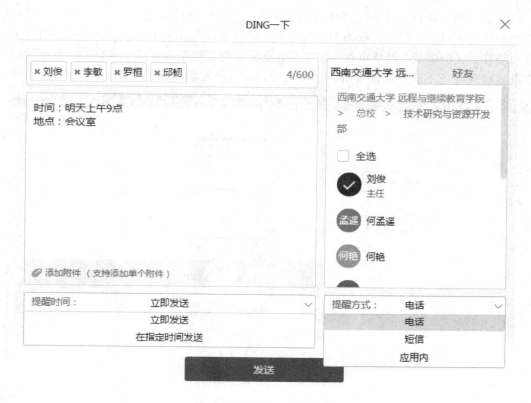

图 7.60 新建一个 DING

新建的 DING 除了内容外，还可以选择接收人、提醒时间和提醒方式。特别是紧要的事可以选择电话，这样不用一一通知，又能确保接收人确实收到提醒。如果有人没有收到，会在确认栏中突出显示。

图 7.61

钉钉为用户提供了免费电话通话时间，按用户的类别不同，赠送时长有所不同。在聊天界面或者联系人详细信息里，点击通话符号，然后用手机接听钉钉免费电话即可。

图 7.62

　　钉钉还为用户提供一个在工作中比较实用的功能——审批。在"工作"中点击"审批"可以看到待我审批的、我已审批的和我发起的。审批的种类非常丰富，而且还在不断完善中。有部门协作、立项申请、订货审批，等等。这充分实现了数据多走路，提高工作效率的宗旨。但在电脑端现在还不能发起新审批，这项功能目前只能在移动端上实现。

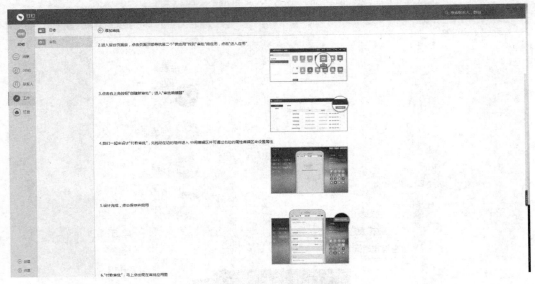

图 7.63　"审批"功能

7.5　多媒体信息处理工具的使用

7.5.1　文件压缩及解压缩的基本知识

　　多媒体文件，即包含字符、图像、音频和视频数据的文件一般都相当大，会占用大量的存储空间并且在传输时速度较慢。如果可以减少文件的大小而又不丢失数据或在容许的范围内丢失少量数据，就可以节省存储空间和传输时间。数据压缩是对数据重新进行编码，以减少所需存储空间的操作过程。数据压缩是可逆的，经压缩的数据可以恢复或基本上可以恢复成原状。数据压缩的逆过程也称为解压缩或展开。

　　压缩文件的基本原理是查找文件内的重复字节，并建立一个相同字节的"词典"文件，并用一个代码表示，比如在文件里有几处有一个相同的词"中华人民共和国"用一个代码表示并写入"词典"文件，这样就可以达到缩小文件的目的软件。常用压缩软件有 WinMount、WinRAR、WinZip、7-Zip、coolrar 等。常见压缩文件格式有：rar、zip、tar、cab、jar、iso 等。

7.5.2　压缩工具 WinRAR 的基本操作

1．压缩文件操作

　　通常，在安装 WinRAR 后，会将相关功能集成到右键快捷菜单里。而我们往往也习惯于从右键快捷菜单里实现压缩文件的功能。

在资源管理器中用鼠标选中需要压缩的文件或文件夹（可以按住 Ctrl 或 Shift 键以便选中多个文件或文件夹），使其高亮显示。

用鼠标右键单击要压缩的文件或文件夹，在弹出的快捷菜单中，WinRAR 提供了"添加到压缩文件（A）..."和"添加到***.rar"两种压缩方法，如图 7.64 所示。如果选择其中的"添加到***.rar"命令，WinRAR 就可以快速地将要压缩的文件在当前目录下创建成一个 RAR 压缩包。

图 7.64 右键快捷菜单

如果选择"添加到压缩文件（A）..."则会弹出 WinRAR 的压缩设置对话框，如图 7.65 所示。可对压缩文件进行一些复杂的设置（如分卷压缩、给压缩包加密、备份压缩文件、给压缩文件添加注释等）。有"常规""高级""选项""文件""备份""时间"和"注释"7 个选项卡，可以在各选项卡中设置相应选项。

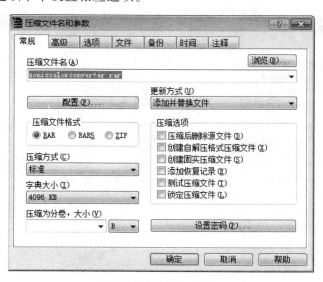

图 7.65 压缩参数

如果要想往已经存在的压缩包里添加按文件，最简单的方法是直接把选中的准备添加的文件（可用 Ctrl 或 Shift 键复选）直接拖到压缩包里。也可以双击压缩文件调出 WinRAR 的主界面后点击"添加"按钮，在弹出的"请选择要添加的文件"对话框里添加。最后单击"确定"。

2. 解压缩文件操作

我们最常用的解压缩方式是，在一个压缩包文件上右键单击，WinRAR 也将解压缩的功能集成到右键功能菜单中，如图 7.66 所示。

图 7.66 解压缩在右键功能菜单中

"解压文件"选项的作用是打开"解压路径和选项"窗口，可以更改解压路径、更新方式、覆盖方式等设置，也可以在"高级"中做更多参数设置，如图 7.67 所示。

双击压缩包文件，调出 WinRAR 程序，再单击"解压到"按钮，同样弹出"解压路径和选项"窗口。

图 7.67 "解压路径和选项"中的"高级"

"解压到当前文件夹"选项是指把压缩包文件解压到当前文件夹。如果有同名文件,会弹出提醒对话框,作相应选择后可继续解压缩,如图 7.68 所示。

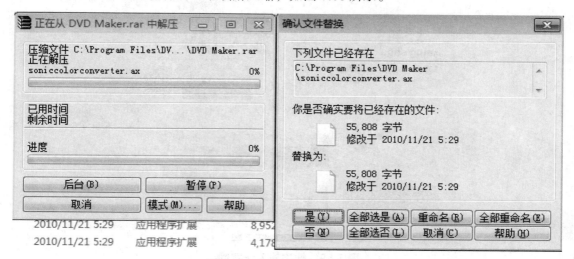

图 7.68 "文件替换"对话框

"解压到***\"选项是指在压缩包文件所在路径建立和压缩包的同名文件夹,将压缩包文件解压到这个同名文件夹。

如果只想解压缩部分文件,可以首先在 WinRAR 窗口中选中一个或多个文件,然后直接拖放到资源管理器中,或者在选中的文件上单击鼠标右键,选择"解压到指定文件夹"命令。

3. 制作自解压文件

顾名思义,自解压文件,可自行解压缩,而无需调用 WinRAR。双击自解压文件,会弹出 "WinRAR 自解压文件"对话框,可在其中设置解压缩的目标文件夹,然后单击"安装"按钮即可。

制作自解压文件也很简单。双击需要解压的压缩包文件,打开 WinRAR 窗口。单击"自解压格式"按钮,打开"压缩文件***"对话框,一般采用默认选项即可,单击"确定"按钮则可以将当前压缩包制作成可自解压的 EXE 文件。

7.6 输入法及下载工具的使用

7.6.1 输入法的使用

今天和大家一起学习一款国内使用较为广泛的输入法——搜狗输入法。输入法软件的种类比较多,也各有各的优势,搜狗输入法是其中一款功能较为丰富的,我们就以它为例做简单的介绍。

1. 获得输入法软件

在其官网下载并安装搜狗输入法,安装过程中各选项均选择默认即可。

图 7.69　搜狗输入法官网

图 7.70　安装界面

2. 使用搜狗输入法

安装完毕后，可选择用 QQ 号登录。

图 7.71　登录界面

登录完成，进入设置界面。按顺序分配，有"习惯""搜索""皮肤""词库"和"扩展"5个步骤。用户可根据自己的喜好进行设置，方便使用。如词库一栏，用户可结合自己的工作和爱好勾选常用的词库，在输入时会优先显示已勾选词库中的词。一般用户使用默认设置即可。

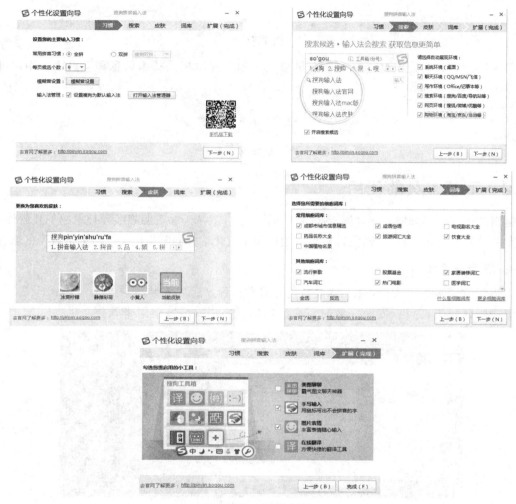

图 7.72 设置步骤

可设置成默认输入法，也可用"Ctrl" + "Shift"来切换输入法或者在语言栏点选。

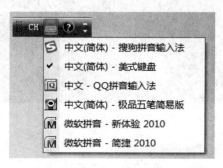

图 7.73 语言栏

使用时，点击对话框，文字在光标闪烁处▐输入。

你好，▐

图 7.74

程序运行时，自定义状态栏一般在屏幕右下角，显示相关状态信息和工具箱。用户可在此进行快速的调整和设置。

图 7.75　自定义状态栏

7.6.2　下载工具的使用

迅雷是迅雷公司开发的互联网下载软件。迅雷是一款基于多资源超线程技术的下载软件，作为"宽带时期的下载工具"，迅雷针对宽带用户做了优化，并同时推出了"智能下载"的服务。

1．获得迅雷软件

在迅雷官网 http：//dl.xunlei.com/下载迅雷安装程序，并安装。

选用默认设置即可，安装完成时可取消勾选来拒绝安装其他附带软件。

图 7.76　迅雷安装程序下载界面

图 7.77　安装软件

2. 使用迅雷

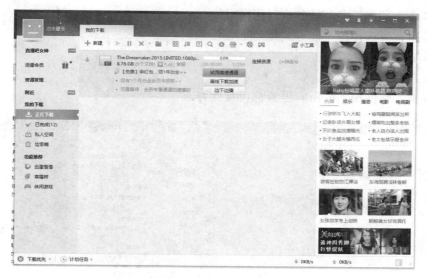

图 7.78 迅雷界面

迅雷软件的基础操作相对简单，在网上找到要下载的资源，右键选择"使用迅雷下载"即可。

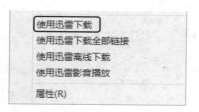

图 7.79 右键菜单

在程序界面左侧点击"正在下载"可查看任务详情，如速度、剩余时间等。

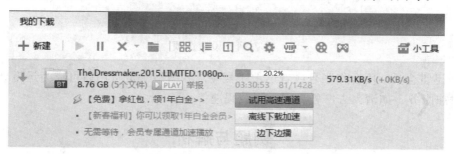

图 7.80

在任务栏上方有些常用功能按钮：

+ 新建：新建下载任务。

▶：开始下载任务。

Ⅱ：暂停下载任务。

✕：删除下载任务，可选择同时删除下载文件。

▣：打开文件存放文件夹。

▦：多选，可选择多个任务执行相同操作。

▤：排序，可选择按不同方式排列下载任务。

▥：按顺序下载。

🔍：搜索历史下载记录。

⚙：设置，软件相关的所有设置都可在此修改。

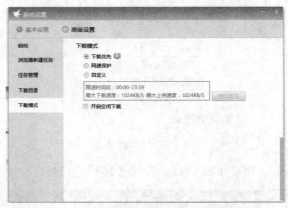

图 7.81　设置选项

▧：迅雷会员。用合作账号或者迅雷账号登录并缴纳一定费用后可成为迅雷会员，可享受一些附加服务，如清爽去广告界面、下载提速等。

例题与解析

1. 浏览器是可查阅的信息包括（　　）。

A. 文字　　　　　B. 音频　　　　　C. 视频　　　　　D. 以上皆是

【答案与解析】浏览器就是用户查阅网络资源的一个工具，大部分的网络信息资源都支持以浏览器为工具的展示。因此，本题选 D。

2. 以下哪种格式不是图像格式（　　）。

A. jpg　　　　　B. gif　　　　　C. bmp　　　　　D. mp3

【答案与解析】由常见的图像格式排除可知，或者熟悉的音频格式知道 MP3 是音频文件。因此，本题选 D。

3. 以下哪种格式是视频（   ）。

A. jpg   B. wmv   C. bmp   D. mp3

【答案与解析】由常见的视频格式可知 wmv 是视频文件。因此，本题选 B。

4. 本书介绍的聊天工具有（   ）。

A. QQ   B. 当当   C. 微信   D. 陌陌

【答案与解析】本书介绍的即时聊天软件有微信、钉钉。因此，本题选 C。

5. 常见的压缩文件格式有（   ）。

A. zip   B. wma   C. mp4   D. jpeg

【答案与解析】wma 是音频文件、mp4 是视频文件、jpeg 是图像文件。因此，本题选 A。

6. 使用 WinRAR 解压压缩文件的方法有（   ）。

A. 右键点选"解压文件"   B. 右键点选"解压到当前文件夹"

C. 右键点选"解压到******"   D. 以上皆是

【答案与解析】打开压缩文件，可选择以上多项，它们的区别在于解压文件的路径可以不同。因此，本题选 D。

7. 浏览器里 ↻ 按钮作用是（   ）。

A. 前进   B. 后退   C. 刷新   D. 搜索

【答案与解析】根据浏览器常用按钮符号可知此按钮是刷新功能。因此，本题选 C。

8. 播放器里 ▶ 按钮作用是（   ）。

A. 前进   B. 后退   C. 刷新   D. 播放

【答案与解析】根据播放器常用按钮符号可知此按钮是播放功能。因此，本题选 D。

9. 钉钉里 ⊙ 按钮作用是（   ）。

A. 钉一下   B. 后退   C. 刷新   D. 播放

【答案与解析】在钉钉中此按钮的功能是"钉一下"，也就是提醒的意思。因此，本题选 A。

10. 迅雷里 ✕ 按钮作用是（   ）。

A. 前进   B. 后退   C. 删除   D. 暂停

【答案与解析】在迅雷中此按钮的功能是删除下载任务，可选择同时删除下载文件。因此，本题选 C。

参考文献

[1] 《计算机应用基础》编委会. 计算机应用基础[M]. 成都：西南交通大学出版社，2015.

[2] 冯博琴，吴宁. 微型计算机原理与接口技术[M]. 3 版. 北京：清华大学出版社，2011.

[3] 张玲，等. 计算机基础知识与基本操作[M]. 3 版. 北京：清华大学出版社，2008.

[4] 微软 Learning 课堂. http://learning.microsoft.com/Manager/BrowseResults.aspx?browseval=
pt&pid=623%2523626&cid=626&nav=productandtechnology%3aMicrosoft+%e6%8a%80
%e8%a1%93%2fMicrosoft+Windows%2fWindows+7.

[5] 波特，施切尔特，斯蒂森. Windows 7 Inside Out（中文版）[M]. 清华大学出版社，2010.

[6] 龙马工作室. PowerPoint 2010 办公应用实战从入门到精通[M]. 北京：人民邮电出版
社，2014.

[7] Microsoft Commulity [EB/OL]. [2015-10-21].

[8] 谢希仁. 计算机网络[M]. 北京：电子工业出版社，2008.

[9] W Richard Stevens. TCP/IP 详解卷 1 协议[M]. 范建华，胥光辉，张涛，等，译. 北京：
机械工业出版社，2014.

[10] 景红. 大学计算机基础教程[M]. 成都：西南交通大学出版社，2013.

[11] 周林. 计算机网络与应用[M]. 北京：中国电力出版社,2007.

[12] 覃艳. 常用软件基础[M]. 成都：四川大学出版社,2014.

[13] 耿岩. 计算机常用软件应用项目教程[M]. 北京：机械工业出版社，2011.